“十二五”职业教育国家规划教材
经全国职业教育教材审定委员会审定

高等职业教育产教融合新形态教材

植物组织培养教程

第3版

王振龙　程贵兰　覃　成　主编

中国农业大学出版社
·北京·

内 容 简 介

本书符合“工学结合”要求，是高等职业教育产教融合新形态教材、“十二五”职业教育国家规划教材修订版。

本书基于组培新人职业画像，设计熟悉工作环境与认知组培岗位、组培基本技能训练、组培与快繁技术研发、组培技术应用、组培企业经营管理、组培专题 6 个模块和组培环境与岗位认知、组培技能实训、组培技术研发、组培苗木生产、组培企业经营管理 5 类 15 个项目。

本书配备动画、视频、图片等内容，可通过扫描二维码观看学习，也可访问爱课程网、智慧职教平台上的“植物组织培养技术”国家精品共享课、在线开放课程在线学习相关内容；插入“名人名言”和“思想领航”小栏目，突出课程思政育人；引导绘制思维导图，创新学习成果总结形式，培养创新思维工具与方法应用能力。

本书可供中职、高职和职业本科院校农业生物技术、农林专业学生使用，也可作为组培企业员工培训、组培苗木生产者、管理者的参考用书。

图书在版编目(CIP)数据

植物组织培养教程 / 王振龙，程贵兰，覃成主编. -- 3 版. -- 北京：中国农业大学出版社，2024.2

ISBN 978-7-5655-3113-2

Ⅰ.①植… Ⅱ.①王…②程…③覃… Ⅲ.①植物组织-组织培养-高等职业教育-教材 Ⅳ.①Q943.1

中国国家版本馆 CIP 数据核字(2023)第 234107 号

书　　名　植物组织培养教程　第 3 版
Zhiwu Zuzhi Peiyang Jiaocheng

作　　者　王振龙　程贵兰　覃　成　主编

策划编辑　康昊婷　　**责任编辑**　康昊婷
封面设计　郑　川　李尘工作室
出版发行　中国农业大学出版社
社　　址　北京市海淀区圆明园西路 2 号　　**邮政编码**　100193
电　　话　发行部 010-62733489，1190　　编辑部 010-62732617，2618
出版部 010-62733440　　读者服务部 010-62732336
网　　址　http://www.caupress.cn　　**E-mail**　cbsszs@cau.edu.cn
经　　销　新华书店
印　　刷　北京鑫丰华彩印有限公司
版　　次　2024 年 2 月第 3 版　　2024 年 2 月第 1 次印刷
规　　格　185 mm×260 mm　　16 开本　　21.5 印张　　537 千字
定　　价　69.00 元

第3版教材编委会

主　编　王振龙　辽宁农业职业技术学院
　　　　程贵兰　辽宁农业职业技术学院
　　　　覃　成　遵义职业技术学院

副主编　李菊艳　黑龙江农业职业技术学院
　　　　袁文辉　上海大地园艺种苗有限公司
　　　　关丽霞　辽宁农业职业技术学院
　　　　张　爽　黑龙江农业职业技术学院
　　　　梁小敏　江西农业工程职业学院
　　　　韩阳花　新疆农业职业技术学院

参　编　刘玉倩　遵义职业技术学院
　　　　祁永琼　云南农业职业技术学院
　　　　李进进　广东轻工职业技术学院
　　　　黄修梅　内蒙古农业大学职业技术学院
　　　　夏慧敏　江西农业工程职业学院
　　　　韩德伟　辽宁农业职业技术学院
　　　　庄丽娟　辽宁农业职业技术学院
　　　　徐亚英　黑龙江农业职业技术学院
　　　　刘怡菲　辽宁省林业科学研究院
　　　　李艳霞　黑龙江省林业科学研究所
　　　　姜　莹　大连爱思福农业发展有限公司
　　　　宁景华　大连佛伦德农业科技有限公司

主　审　王国东　辽宁农业职业技术学院

第2版教材编委会

主　编	王振龙	辽宁农业职业技术学院
	李菊艳	黑龙江农业职业技术学院
副主编	程贵兰	辽宁农业职业技术学院
	魏春红	云南农业职业技术学院
	黄海帆	河南农业职业学院
	李进进	广东轻工职业技术学院
	孙　林	大连钜蕾生物科技有限公司
参　编	关丽霞	辽宁农业职业技术学院
	韩阳花	新疆农业职业技术学院
	黄修梅	内蒙古农业大学职业技术学院
	张　燕	信阳农林学院
	祁永琼	云南农业职业技术学院
	张　爽	黑龙江农业职业技术学院
	程　晖	大连钜蕾生物科技有限公司
	丁俊杰	黑龙江省农业科学院
主　审	王际轩	辽宁省果树科学研究所
	袁文辉	上海大地园艺种苗有限公司

第3版前言

植物组织培养技术是现代生物技术的基础和重要组成部分,现已渗透到生命科学的各个领域,成为生物技术基础理论研究的必要手段和方法,并广泛应用于农业、林业、工业、医药等多种行业,有力推动了我国生物农业、生物医药等生物经济领域的技术创新,特别在农业工厂化高效生产上显现出强大的技术优势,有力促进了我国现代种苗业的快速发展。

党的二十大明确指出,加快建设农业强国,扎实推动乡村产业、人才、文化、生态、组织振兴。种业振兴是乡村产业振兴的基础和保障,持续提升以现代生物技术为支撑的生物经济对种业的贡献度,将有力促进种业的技术创新和现代农业快速发展,进而推动农业强国建设。“十四五”全国种业发展规划、生物经济发展规划的深入实施,同样会有力促进植物组织培养技术升级迭代和更加广泛的应用,组培产业规模效应和对生物农业发展的支撑与贡献将会更加突出,农业生物技术人才的需求将越来越大。这就要求在高质量发展的新阶段,高职院校“植物组织培养”课程建设应与时俱进,进一步明确为服务乡村振兴、助力种苗业和农业生物技术产业提质升级以及促进学生的全面发展而培养创新型、复合型的高素质技术技能人才的教学目标,同步深化教学内容、教学方法与考核评价改革。此外,“十三五”期间,伴随我国组培技术产业快速发展,形成了很多新技术、新成果;“十四五”期间我国职业教育发展迎来黄金时代,正持续推进职业教育一流课程、优质教材建设和专业群的数字化转型升级;互联网时代个体信息搜集渠道和学习方式也发生了深刻变化。在上述背景下,重新修订了本教材,力求做到教材内容更新与形式创新更加突出时代性、适用性、实用性和育人性。

新修订的教材具有以下特点:一是编写主体多元化。教材修订团队重点吸纳行业企业和科研院校的专家、学者和一线生产管理人员,参编院校教师的选择则适当考虑地区的覆盖面和从事组培技术研发与项目生产的差异性。跨界聚合资源,突出多元编写教材优势。二是教材结构与内容体现科学性、时代性、针对性、实用性。教材内容吸纳了“十三五”期间及“十四五”初期最新的组培新技术、新成果；基于岗位与能力分析、组培技术研发的方向与热点、组培技术对地方产业项目的支撑度，重点增减了各论的工学结合项目，同时以二维码、拓展学习的方式丰富教材内容；基于组培新人入职、开展和适应岗位工作以及职业生涯发展路径，以能力培养为目标和主线，遵循认知规律和能力形成规律，序化内容结构。三是体现以人为本和工学结合。教材彻底打破了以章节编排内容的传统知识教育体例，基于组培职场新人的工作与生涯发展画像，按照了解职场环境与岗位和从事生产岗、研发岗、管理岗、营销岗的职业发展一般逻辑，设计6个模块15个项目35项任务，形成以能力为本的三级内容架构。具体项目任务按照明确学习目标、任务描述、任务分析、任务实施、相关知识链接、问题探究、拓展学习、自我测试和自我总结的体例一体化设计，适合理实一体教学，充分体现出基于工作过程导向、促进学生全面发展的系统化设计。以绘制思维导图的创新形式自我总结，赋能新时代大学生掌握创新思维的工具与方法。四是支持信息化教学和泛在学习。教材以二维码插入大量视频、动画、微课等教学素材，相关在线精品共享课“植物组织培养技术”、在线开放课“园艺植物组织培养”配套教学资源。五是强化课程育人。项目学习目标明确素质目标，设置名人名言和“思想领航”栏目等方式有机融入课程思政元素，体现能力培养与育人并重的价值取向。

本教材支持教学与生产实践相结合，提倡以学生为主体分组完成实训（生产）项目，并基于学情分析、目标导向和课前、课中、课后三段式的教学设计，充分利用信息化教学手段和数字资源，开展线上线下混合式教学。

全书按照教材修订大纲分工进行编改，由副主编分别统稿，最后由主编汇总、编改定稿。在教材编写过程中，参考了部分学者和同行的研究成果，引用了江苏农林职业技术学院和上海农林职业技术学院在线开放课程部分微课资源；辽宁农业职业技术学院、遵义职业技术学院、上海大地园艺种苗有限公司和部分编者提供了很多图片和视频资源，在此一并表示诚挚的谢意！由于水平和能力所限，书中难免有错误和疏漏之处，恳请专家、同行和使用者批评指正。

编　者
2023年6月

第2版前言

植物组织培养是现代生物技术的基础和重要组成，现已渗透到生命科学的各个领域，成为许多基础理论深入研究的必要手段和方法，并广泛应用于农业、林业、工业、医药等多种行业，自身也逐步走向产业化发展的道路，有力地推动了我国农业和生物制药等领域的技术创新，特别在农业工厂化高效生产领域显现出强大的技术优势。社会对种苗脱毒与快繁方面的技能型人才的需求量越来越大。为了适应这种农业人才需求形势的变化，各高校在生物技术、园林、园艺、设施农业、农学等专业陆续开设了植物组织培养这门应用性很强的技术课程，也相继编写出版了一些组织培养教材，但真正适合高职高专学生的教材却不多，特别是适合工学结合，融“教、学、做”为一体，强化学生学习能力和职业能力培养的高职教材更少。笔者结合多年从事植物组织培养技术研究和农业职业教育工作实践经验，以及国内外组织培养的研究成果、企业先进实用的成熟技术，并针对高职生的特点和人才培养面向，组织国内多所高职院校和组培企业的专家、教授及生产一线技术人员编写了这本教材，希望对各高校相关专业的高职学生的学习有所帮助，也为组培企业的生产与技术人员提供参考。

本书属于工学结合教材。在编写过程中，坚持基于岗位与职业能力分析，突出能力培养，强调应用性、科学性与实用性，以及利于做中学的编写原则来确定教材内容，并遵循认知规律和职业能力形成规律，以项目和任务为载体，相关理论知识合理分布其中，有利于促进高职学生组培技术应用能力、理论知识水平和职业素质同步提升的编写思路来模块化设计教材结构，以求最大程度适应工学结合、理实一体化教学的需要。

全书共分岗位认知与熟悉工作环境、组培基本技能训练、组培技术研发、组培技术应用、组培企业经营管理 5 个模块和岗位认知等 15 个实训项目，基本涵盖了组培岗位所需的生产、管理、销售、规划设计与服务的知识与技能，充分体现了高职教育的岗位针对性和应用性。项目的选取基于组培技术与产业的发展态势，同时兼顾南北方地区组培产业发展的差异性；在具体的项目设计上按照学习目标、任务描述、任务分析、任务实施、问题探究、拓展学习、自我巩固和自我测试的体例编排，体现基于工作过程的教学设计。全书的模块、项目与任务之间相对独立，便于各高职院校教师结合区域特点、产学合作的实际，以及季节、农时等因素来灵活安排项目教学。此外，教材还增设了组培专题模块，介绍植物转基因技术、次生代谢产物生产、体细胞杂交技术3个组培专题，为学有余力的学生进一步深入学习研究组培及其相关技术奠定基础。

本教材按照岗位调研→知识、能力重构→项目与任务选取→制定编写大纲→编写任务分解→副主编和主编统稿、修改定稿的操作程序，校企合作共同完成编写任务。在教材编写过程中得到各参编院校、合作企业的领导及同事、同行们的大力支持和帮助。全书经辽宁省果树科学研究所无毒苗繁育中心王际轩高级研究员和上海大地园艺种苗有限公司袁文辉总经理悉心审阅，以及辽宁农业职业技术学院及凌源职教中心的矫天育、朴素艳和孙晓艳三位老师的大力协助，在此一并表示诚挚的谢意。由于水平和能力所限，加之时间仓促，难免有错误和疏漏之处，恳请专家、同行和使用者批评指正。

编　者

2014年2月

目　录

数字资源索引

模块1

走进职场——熟悉工作环境，认知组培岗位

本模块包括熟悉工作环境和组培岗位认知两个项目。以“参观+研学”行走式教学形式让学生熟悉组织培养工作环境和工作岗位，同时了解植物组织培养基本知识、技术与产业发展态势，激发学生学习兴趣；以组培苗生产操作流程为切入点，分析组培岗位的工作任务、目标、职责和任职要求，培养岗位意识，明确学习目标和职业生涯规划目标，提高学习内生动力。拓展学习内容提供了自主学习平台、思维导图绘制方法、国家相关发展规划、农业经济与生物经济的演进与发展，并介绍了理实一体化教学模式，旨在促进学生转变学习观念、学习方式、增强学习动力；主动树立创新意识，自觉运用创新工具与方法，积极适应今后的教学，并在未来学习实践中以意识觉醒、目标导引和行动自觉持续提升素质、强化能力建设。

名人名言

知识的第一步，就是要了解事物本身。

——瑞典生物学家　林奈

项目1　组培工作环境识别

植物组织培养是在无菌条件下培养离体植物材料。要满足无菌条件要求，就要人为创造无菌环境、使用无菌器具，人工控制培养条件，而无菌工作环境和培养条件的创造需要一定的设施、设备、器材和用具。这就要求在从事组培工作之前，首先应当对植物组织培养和组培工作环境有比较全面的了解，这是学习掌握植物组织培养技术的前提，也为后续组培空间与项目设计、实训实践以及适应未来组培苗木工厂化生产管理工作奠定基础。

学习目标

知识目标

1. 了解植物组织培养及产业发展概况；
2. 熟悉组培工作环境，包括组培设施的基本构成、功能定位和设备用品配备；
3. 掌握植物组织培养的含义、类型、特点与应用。

能力目标

具有一定的观察能力、沟通能力和理论联系实际的能力。

素质目标

1. 树立无菌意识、成本意识、团队意识和创新意识；
2. 培养爱国主义情怀、民族自豪感。

思想领航

重要的不是环境，而是对环境作出的反应。

——美国作家　鲍勃·康克林

世上没有绝望的处境，只有对处境绝望的人。

——美国心理学家　埃里西·贵洛姆

项目实施

任务1-1 组培工作环境识别

任务描述

具体任务：①学习植物组织培养相关理论知识；②观看植物种苗工厂化生产视频；③参观育苗工厂和校内组培室；④撰写调查报告和观后感。

实施形式：个人自学、教师精讲答疑与分组讨论相结合。

实施程序：下发任务工单→学生自学→教师精讲→校内外参观→组内讨论→组间分享→师生点评、答疑→提交调查报告、观后感。

实践成果：组培设施调查报告。

任务分析

了解植物组织培养基本知识，熟悉组培工作环境，这是从事植物组织培养工作的前提。本任务通过自学与参观相结合，学习植物组织培养的基本知识，熟悉组培室、组培工厂等组培设施的基本组成、功能分区和设备用品配置，对组培工作环境、工作要求有大致了解和感性认识，为后续学习与实践奠定基础。为保证任务完成效率和学习效果，学生应按照任务工单要求做好课前自学和参观前的准备；任课教师应认真筛选和就近联系组培企业（或科研单位），做好行走式教学设计和教学组织。

任务实施

教学任务安排见表 1-1-1。

表 1-1-1 教学任务安排

教学安排	教师任务	学生任务
1. 参观前准备	①下发任务工单，推送相关素材 ②就近联系组培企业或科研单位 ③做好“参观＋研学”行走式教学设计	①参照任务工单，课前自主学习 ②随机分组，按任务工单要求做好组员分工、明确参观的重点和需调查的事项等
2. 实地参观	①现场组织协调 ②结合参观进程穿插介绍植物组织培养基本知识和组培设施构成、功能定位、设备用品配备等	①以组为单位参观调查，做好记录 ②讨论、咨询相关问题
3. 交流讨论	①组织讨论 ②点评各组调查结果 ③答疑	①分组讨论组培设施的类型、特点等 ②组间分享交流 ③学生代表点评
4. 撰写调查报告	①明确调查报告撰写要求 ②批阅各组调查报告、观后感	①以组为单位，完成调查报告 ②以个体为单位，撰写观后感

知识链接

一、组织培养技术概览

(一)植物组织培养的含义

植物组织培养(简称“组培”),是将植物的离体材料(器官、组织、细胞、原生质体等)接种到培养基,在无菌条件下人工调控环境,使其生长、分化、增殖,再生出完整植株或生产次生代谢物质的过程(图 1-1-1 和图 1-1-2),由于培养物是在离体条件下的试管内培养,又称为离体培养、试管培养,也称为植物克隆(简称“组培”)。其理论依据是细胞全能性理论,即植物体任何一个具有完整细胞核的活细胞都具有该种植物的全套遗传信息和发育成完整植株的潜在能力。凡是用于植物组织培养的离体材料统称为外植体。由于培养过程中不经过性细胞融合,所以植物组织培养实质上属于无性繁殖范畴。

植物组织培养是怎么一回事

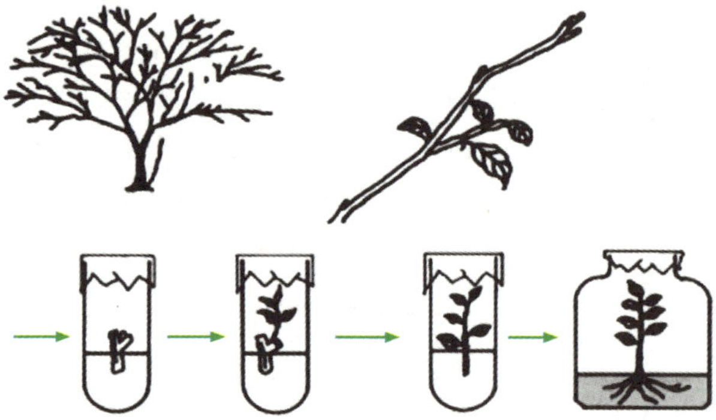

图 1-1-1　植物组织培养大致流程 Ⅰ

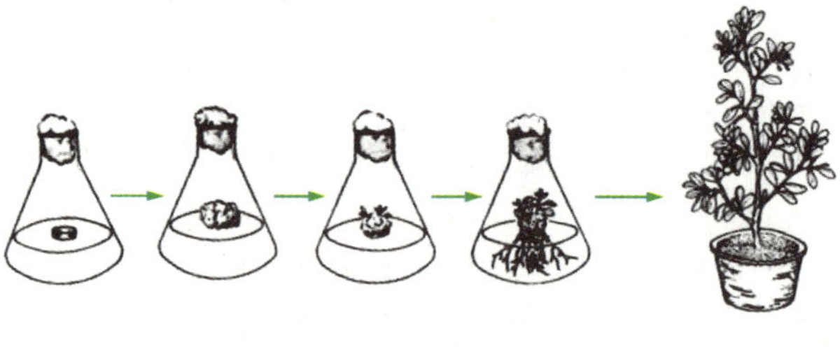

图 1-1-2　植物组织培养大致流程 Ⅱ

(二)植物组织培养的类型

植物组织培养有多种分类方法。根据培养方式的不同,分为固体培养和液体培养。固体培养是将外植体(培养物)置于用琼脂等固化剂固化的培养基表面进行培养,而液体培养是将外植体置于液体培养基中培养,为解决通气问题,一般要进行振荡处理,又称为液体振荡培养。

根据接种培养外植体量的多少，又分为大量培养和微量培养。根据培养过程是否给予光照，分为光培养和暗培养。根据培养器官的不同，植物组织培养分为植株培养、胚胎培养、器官培养、组织培养、细胞培养和原生质体培养，一般培养什么器官就称为什么培养。其中，植株培养一般多以种子为外植体进行培养；胚胎培养是以胚珠中分离出来的未成熟胚或成熟胚为外植体进行的离体培养；原生质体培养是指以除去细胞壁的原生质体为外植体进行的离体培养。通过原生质体融合即体细胞杂交，获得种间杂种或新品种。

(三)植物组织培养的技术特点

植物组织培养作为现代农业生物技术的重要组成和基本研究手段，广泛应用于生物学研究、单倍体育种和快速繁殖种苗，与其具有的技术特点(图1-1-3)是分不开的。

图1-1-3 **植物组织培养的技术特点**(引自李云，2021)

1.培养材料经济

通过植物组织培养技术手段能使植物体的单个细胞、小块组织、茎段等离体材料经培养获得再生植株。这不但在生物学研究上保证了材料来源单一和遗传背景一致，有利于试验成功，而且生产实践所需的离体材料较小，只需要几毫米，甚至不到1 mm大小的材料，做到了材料经济实用，有利于降低生产成本。单靠常规的无性繁殖方法需要几年或几十年才能繁殖出一定数量的苗木，而采用植物组织培养技术可在1～2年就能生产出数万株。由于取材少、培养效果好，对于新品种的推广和良种复壮更新，尤其是名、优、特、新的品种保存、利用与开发都有很高的应用价值和重要的实践意义。

2.培养条件可以人为控制

植物组织培养技术含量高，所采用的植物离体材料完全是在人为提供的培养基和小气候环境条件下生长、分化，摆脱了大自然四季、昼夜的变化及灾害性气候的不利影响，并且培养条件均一，对植物生长极为有利，便于周年稳定生产组培苗。

3.生长周期短，繁殖率高

由于植物组织培养是人为提供和有效控制离体材料所需的培养条件，因而离体材料生长、分化快，一般1个月左右的培养时间就能完成1个培养周期，大大缩短了植物的生长周期。由于培养的植物离体材料能够按几何级数增殖，故繁殖率高，生产效率高，并且能够批量提供遗传特性和规格一致的优质种苗和无病毒种苗，这是常规繁殖方法无法比拟的。

4.管理方便，利于工厂化生产和自动化控制

植物组织培养需在一定的设施条件下进行，能够实现温度、光照、湿度、营养、激素等培养条件的人为调控，培养空间也可以集中立体使用，并且能够连续周年生产，这为高度集约化的

工厂化生产和自动化控制创造了条件，具有现代农业的典型特点(图 1-1-4)。它与盆栽、田间栽培等相比，将植物搬进瓶里培养，省去了中耕除草、浇水施肥、防治病虫害等一系列繁杂劳动，客观上省地、省力、省工，更加环保，种苗更干净，便于工厂化集约管理。

图 1-1-4　组培工厂

(四)植物组织培养的发展与应用

1. 植物组织培养的发展

植物组织培养的研究可以追溯到 20 世纪初，在 20 世纪 60 年代得到迅速发展。根据其发展情况，大体分为探索阶段(20 世纪初至 30 年代前)、奠基阶段(20 世纪 30 年代中至 50 年代末)和迅速发展与应用阶段(20 世纪 60 年代至今)。

在探索阶段，提出了细胞全能性的概念，在胚培养和根培养方面进行了初步探索。

在奠基阶段，通过对培养条件和培养基成分的广泛研究，特别是对 B 族维生素、生长素和细胞分裂素作用的研究，实现了对离体细胞生长和分化的控制，从而初步确立了植物组织培养的技术体系，并首次试验证明了细胞全能性的设想。1943 年，美国科学家 White 提出了“植物细胞全能性”学说并出版了《植物组织培养手册》，使植物组织培养开始成为一门新兴学科。1958 年，Reiner 和 Steward 从胡萝卜愈伤组织和细胞培养中诱导分化产生了体细胞胚，并获得个体植株，验证了植物细胞全能性学说。

在迅速发展与应用阶段，人们以烟草为离体培养材料获得了许多突破性的进展，使得植物组织培养技术迅速发展；植物组织培养的研究范围扩展到花药培养、花粉培养、原生质体培养和细胞融合等领域，并把这一技术广泛应用于果树、花卉、蔬菜、中草药等经济作物的快速繁殖和脱毒，同时实现产业化生产(如兰花工业生产)。20 世纪 90 年代从事植物组织培养研究与应用的实验室已基本遍及世界各国，并且规模不断扩大。与组织培养相比，因从细胞悬浮培养和单细胞培养中筛选突变体具有更大的优越性，使得细胞培养的研究得以迅速发展和进一步完善。利用大规模细胞培养技术进行植物次生代谢产物的生产获得成功，进一步拓宽了细胞培养的研究领域，并使得工厂化生产植物产品这一设想变成了现实。不断完善的植物组织和细胞培养技术与重组 DNA 技术相结合而产生的植物遗传转化研究已成为植物生物工程研究的重要内容，为植物的遗传育种开辟了一条崭新的途径和广阔前景。目前，世界有两个对应的国际性学术组织，分别是国际植物组织培养与生物技术学会(IAPTCB)、国际离体生物学会(SIVB)；还有两种专门发表植物组织培养的国际刊物，分别是 *Plant Cell，Tissue and Organ Culture* 和 *In Vitro Cellular and Developmental Biology-Plant*。

我国的植物组织培养研究起步较晚，新中国成立至 1970 年之前，只有李继侗、罗宗洛、罗士韦等少数学者进行了银杏、玉米等部分植物的组织培养研究；1970 年以后植物组织培养的研究与发展速度较快，特别在烟草、水稻和小麦等的花药培养和原生质体培养方面取得了令人瞩目的成就，不少研究成果已走在世界前列。目前我国是世界从事植物组织培养人数最多、实验室面积最大的国家，植物组织培养技术普及程度及技术水平均居世界领先地位。

微课：植物组织培养发展简史（史俊）

图说植物组织培养发展简史（李云）

2. 植物组织培养的应用

（1）种苗快速繁殖　应用植物组织培养技术繁育种苗，具有繁殖速度快、繁殖系数高、繁殖周期短、能周年生产等特点，并且培养材料和所培养出的组培苗小型化，这就能够在有限的空间内短期培养出大量的种苗，远比嫁接、扦插、压条、分株等无性繁殖方法快得多。如在理想条件下，1 年内 1 个兰花花梗腋芽能够繁殖 400 万个原球茎、1 个草莓芽能够繁殖 10^8 个新生芽、1 个苹果茎尖可繁殖 1 千亿个小苗（图 1-1-5）。这种离体快繁技术成功应用在果树、花卉、蔬菜、林木、珍稀植物等几千种植物中，而且应用越来越广泛，对于一些繁殖系数低而不能用种子繁殖的“名、优、特、新、奇”的植物种类及品种在短期内实现快速繁殖的意义更大。以此技术支撑的工厂化育苗已逐渐成为国内外种苗规模化生产的重要方式。目前，观赏植物、园艺作物、经济林木、药用植物等大部分都实现了离体快速繁殖，试管苗已形成产业化。据统计，中国快速繁殖的植物已超 443 种，进入工厂化生产的主要有香蕉、甘蔗、桉树、葡萄、樱桃、苹果、脱毒马铃薯、脱毒草莓、非洲菊、芦荟等。

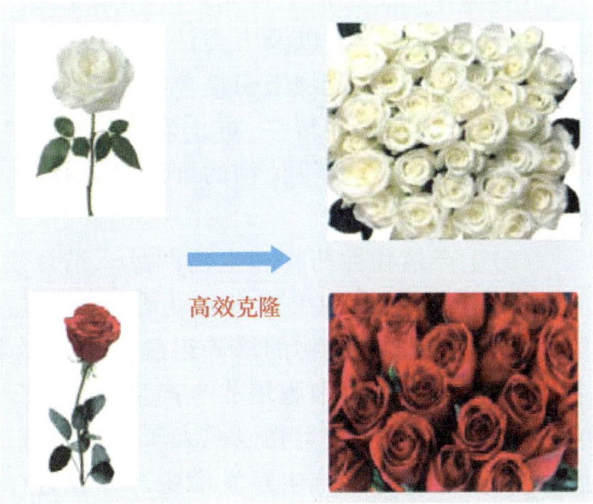

图 1-1-5　组培快繁示意图

（2）苗木脱毒　植物在生长过程中几乎都可能遭受病毒不同程度的危害，许多原本优良的农作物，特别是无性繁殖的作物如马铃薯、甘薯、草莓、大蒜等，因生产管理不善等原因感染某些病毒，会导致大面积的减产和品质下降，给生产造成重大经济损失。大量的生产实践证明，通过植物组织培养技术可有效去除植物体内的病毒。目前，茎尖脱毒技术在主要经济作物、园林观赏植物已大量应用，获得脱病毒种苗已超过 100 多种，越来越多的病毒被成功脱除；脱毒组培苗在国际市场上已形成产业化，茎尖培养脱毒与快速繁殖相结合，取得了显著的经济效益和社会效益。如欧美国家脱病毒种苗的年产值已达千万元以上。今后农业、林业生产对脱病毒种苗的需求量将不断增加。

“中毒”的百合

（3）培育新品种　植物组织培养技术为育种提供了新的手段和

图 1-1-6　马铃薯×番茄杂交(引自李云,2021)

方法,目前已在国内外作物育种上得到普遍应用。一是通过花药培养和花粉培养,进行单倍体育种;二是通过胚胎培养,使杂种胚发育成熟,实现远缘杂交,并且缩短育种年限;三是通过原生质体融合和体细胞杂交技术可部分克服有性杂交的不亲和性,获得体细胞杂种,从而创造新种或育成优良品种;四是在组织培养条件下开展基因工程育种(图 1-1-6);五是通过有用的细胞突变体的筛选和培养培育新品种,目前已筛选到抗病、抗盐、抗虫、抗除草剂、高赖氨酸、高蛋白、矮秆高产的突变体,有些已用于生产。

(4)保存和交换植物种质资源　农业生产是在现有种质资源的基础上进行的,由于自然灾害和生物之间的竞争以及人类活动对大自然的影响,已有相当数量的植物物种在地球上消失或正在消失。利用植物组织培养技术和低温条件保存种质,可大大节约人力和土地,同时也便于种质资源的交换和转移,防止病虫害的人为传播,给保存和抢救有用的物种基因带来了希望。如胡萝卜和烟草等植物的细胞悬浮物在 −196～−20 ℃ 的低温下贮藏数月,仍能恢复生长,再生成植株。

(5)生产植物性药物和生物制品　结合发酵技术,利用组织或细胞的大规模培养,可提取出人类所需要的多种天然有机化合物,如蛋白质、脂肪、药物、香料、生物碱及其他活性物质。目前,已有 20 多种植物的培养组织中的有效物质高于原植物,国际上已获得这方面专利 100 多项。近年来,用单细胞培养生产蛋白质,将给饲料和食品工业提供广阔的原料生产途径;用组织培养方法生产微生物以及人工不能合成的药物或有效成分的研究正在不断深入,有些已投入工业化生产(如抗生素发酵生产),预计今后将有更大发展。

总之,植物组织培养为遗传学、细胞学、植物生理学、植物胚胎学、植物病理学等方面的研究提供了条件和方法,对农业、工业、医药、环境卫生等的发展将产生巨大的影响,其应用范围将日趋广泛。

植物克隆饰品

植物组织培养

二、组培产业发展态势

(一)组培技术的发展态势

1.技术条件的研究进展

许多学者为使组培技术更利于苗木快繁和规模化生产,除考虑激素影响之外,在培养条件的研究上也获得了一定进展。

（1）培养基的改善　利用陶粒、蛭石、脱脂棉纤维、成型岩棉、聚乙烯发泡材料等作为培养基支撑材料，增加培养基的高孔隙度、高气体扩散量和高含氧量，以此促进组培苗的生长，获得明显的效果。另外，在培养基成分的改善方面也取得了一定进展。如培养基中不添加糖类化合物而变为无糖、光独立的培养基，增加光照和二氧化碳，促进植物的自养作用；添加谷氨酸，促进植株的光合作用和自养生长；添加碳素墨水，提高生根率；添加青霉素，克服玻璃化苗现象；用雨水配制培养基，有利于发根，促进苗的生长和移栽等。部分植物采取开放组培模式，在培养基中加入抑菌剂，培养基不经高温高压灭菌直接使用，既有明显的抑菌效果，又不影响组培苗的生长与分化。

（2）培养容器的改善　在培养容器中采用透光封盖、透气封盖和改善培养箱等，对组培苗的生长均有良好的效果。采用大型的容器（如日本选用培养盒）后可以较容易地调节环境因子，减少人工操作的工作量，并有利于实现自动化、机械化操作。随着开放组培研究的深入，培养容器的选择呈现多样化趋势。

（3）光照条件的改善　改善光源、光质和光强度，发现蓝光和红光有利于某些植物侧芽的产生，蓝光有利于蛋白质含量增加，红光有利于提高糖含量和促进叶绿素合成等。根据不同的植物种类组培的需要，区别对待并智能化控制 LED 灯照明强度、光照时间以及设定不同光质的光源，将是未来发展趋势。

新型组培光源——LED 光源

（4）气体条件的改善　新芽的生长可在无糖培养基中补充 CO_2 来完成。通过增施 CO_2，使组培苗具有更优良的生物学性状、生长健壮，并且加速其生长发育进程。此外，可促进乙烯的产生，调节生长，克服玻璃化苗。光照强度和 CO_2 浓度对于综合效应最重要，也是植物进行光合作用的关键因素，通过调控这两种因素的水平，可以促进幼小植株的光合作用，促进其良好的生长发育。

2.组培技术的发展前景

（1）培养容器大型化　目前大量使用的是玻璃或耐高温塑料制成的三角瓶、罐头瓶，最大体积不超过 500 mL。通过模拟植物在微生态条件下的气体交换、营养吸收、形态建成，计算植物微群落生长的最佳空间形状与大小，依此改进容器形态，扩大容器体积，增加单位培养面积中组培苗的数量。同时改良封口材料，达到优质（通气隔菌）、方便、耐久的目的。

（2）技术简单化　这里主要是指免转接一步成苗。培养基的配制和组培材料的转接是植物组培快繁的两大主要日常工作，而实际上植物的正常生长只需水分、矿质营养、空气等，并不需要经常移植，而经常移植还会对植物的生活力造成一定程度的影响。在对培养基成分和植物营养分析的基础上，通过培养容器中水分、矿质营养、激素的调整和气体的交换，实现免转接一步成苗。这其中包括组培苗根原基的诱导与瓶外生根。除免转接一步成苗之外，采用接种机器人代替人工接种，正成为未来研究与应用的一大亮点。开放组培技术的研究与应用，使部分植物组培已脱离严格无菌的操作环境，技术操作更加简单、便捷，组培成本也显著降低。

（3）培养环境自然化　除培养基原料和人工费之外，目前组培企业的最大支出是能源费用。一些地方推行的自然光照培养，虽然减少了照明用电，但却极大地增加了夏季降温和冬季加温的能源费用。实践中可通过对光、温、气（含真菌、水汽）的综合调控，达到恒温、恒光、恒湿、无菌的低成本运行。

（二）组培产业化发展态势

组培产业化，是指将组培技术成功地应用于某种或多种植物的离体繁殖实践之中，使这一生产过程的各个环节（人、机、料、法、环等）得到有效控制，从而形成一系列标准化的生产工艺、达到一定的生产规模并取得良好效益的生产活动。要求生产技术相对成熟、生产过程标准化、生产达到一定的规模（有别于实验室研究）、产品质量标准化并取得良好的经济效益。

组培技术的商业性应用始于20世纪70年代美国的兰花工业，20世纪80年代以来，以商品为目的组培苗生产量以20%～30%的速度递增，年产组培苗在10万株以上的植物微繁殖公司约占50%，年产量大于50万株的公司约占25%，整个西欧年产组培苗达2亿多株。美国的Wyford国际公司研究培育出了1 000多个新品种，年产组培苗达到3 000万株；以色列Benzur苗圃年产组培苗达到800万株。伴随组培产业的发展，企业规模将不断扩大。据估计，组培苗的贸易额约占世界生物技术产业年交易总额的10%（约150亿美元），并以每年10%～15%的速率递增。即便组培产业发展如此迅速，需求仍超过生产，为该产业留下了足够的发展空间。西方一些发达国家的组培产业化发展很快，除了工厂化人工种子和苗木生产之外，在工厂化保健品和药物原料生产方面也形成了产业化。在组培技术不断完善的过程中，与之相应的设备、环境也在不断发展。美国犹他州立大学用植物克隆工厂生产的小麦全生育期不到2个月，每年生产4～5次。奥地利生产一种塔式植物克隆工厂（高30 m），已被北欧、俄罗斯及中东国家采用。丹麦建有绿叶菜植物克隆工厂，日本建成由计算机调控的花卉蔬菜生产型克隆工厂。由于组培产业化生产需要大量的技术劳动力，高昂的劳动力成本已成为发达国家组培产业发展的最大制约因素，有的欧洲国家尝试应用接种机器人代替人工接种。在发展中国家，支付较低的工资就能生产出低成本的试管植物。如印度，虽然起步比西方晚了近10年，试管苗年产量却飞速发展。印度Harrisons Malayalam有限公司年产观赏植物组培苗400万株，Growmore生物技术有限公司年产600万～1 500万株试管苗。因此，业内人士认为，国际组培产业今后发展的趋势是东移（主要是东南亚）和南移（拉美），由发达国家向劳动力低廉的发展中国家转移。

我国目前组培苗生产在技术水平上与国际接近，推动我国组培苗商品化发展的重要原因是为外方提供"组培苗代加工"业务。目前，我国为国外代加工生产的组培苗品种有百合等20余种，而且全国已建成葡萄、苹果、香蕉、马铃薯、甘蔗等快繁生产线11条，建立了几十个中等以上规模的组培苗商品化生产基地；花卉、果树、蔬菜、中草药等100多个品种实现工厂化生产，如华南的脱毒香蕉苗以及一些花卉组培苗、北方的脱毒草莓和脱毒马铃薯、中原地区的脱毒大蒜等。目前，花卉组培苗产业化生产的品种主要有洋兰（如大花惠兰、蝴蝶兰、文心兰），占据了国内花卉市场的半壁江山，规模化生产企业主要集中在云南；鲜切花组培苗产业化生产的主要品种有香石竹、唐菖蒲、非洲菊、百合、勿忘我、红掌等，主要集中在上海和云南，在山东、辽宁等省份也有小规模的生产；农作物组培苗产业化生产的主要品种有脱毒马铃薯、脱毒草莓。桉树、甘蔗和香蕉是我国较早实现组培苗产业化生产的品种，生产企业主要集中在广西。在药物原料生产方面也取得一定进展，如抗癌药物紫杉醇——红豆杉细胞培养物75 t发酵罐的商业化生产。花药培养、原生质体培养、胚胎培养、细胞突变体筛选、组织细胞培养物的超低温保存、体细胞胚胎及人工种子等高新组培技术的成果转化与规模化生产取得较大进展。

我国在地理气候、植物资源及技术储备上的许多条件与印度相似。同时我国植物种质资源和具有一定文化知识的劳动力资源比较丰富，完全有可能成为今后世界上组培苗的主要生产国和外资在这方面投入的主要国家。伴随我国产业结构的调整，植物组培技术在果树、花卉等发展与应用方面将具有非常大的潜力和优势。中研普华集团《2017—2022年中国植物组培室行业发展深度调研与投资趋势预测研究报告》预测组培技术发展趋势：①组培技术育苗植物种类不断增加，组培技术不断提高、应用范围不断扩大。②组培技术程序简化，组培成本降低。例如：用全自然光代替人工光照的组培育苗技术，使组培育苗的成本大幅度降低；新药品、新方法的运用使传统的组培技术得以改进，使组培育苗技术更经济、更实用。③组培技术逐渐向自动化方向发展。随着现代化温室在我国的应用及环境控制水平的提高，组培育苗将与现代化温室、电脑自控调节等手段相结合，使其效率更高。

问题探究

☆ 如何认识植物组织培养技术应用在现代农业发展中的作用与意义？

☆ 按照培养器官分类，不同植物组织培养类型有何异同？

☆ 植物组织培养与常规植物无性繁殖有何异同？

三、组培工作环境

植物组织培养是在无菌条件下培养离体植物材料。要满足无菌条件要求，要先建设组培设施。根据组织培养的目的、规模和设施设备条件的先进程度，组培设施一般分为组培室（也称组培实验室)、组培育苗工厂和家庭式组培室。目前,国内高校、企业和科研单位大多建有组培室,南方一些地区和广东、上海、北京等大中城市的种苗繁育企业建有组培育苗工厂或更先进的克隆工厂,花卉、蔬菜、果树等产业体系和市场比较健全的地区的专业合作社或专业大户建有家庭式组培室。

(一)组培室

1. 设施构成

组培室一般由洗涤室、配制室、灭菌室、缓冲间、接种室、培养室、观察室等分室组成(图 1-1-7)。配制室可细分为称量室、培养基灌装室、药品贮藏室。如果组培室较小,可将配制室、灭菌室合并为一个准备室,观察室可单独设置或在培养室内隔断而成。各分室的功能定位见表 1-1-2。

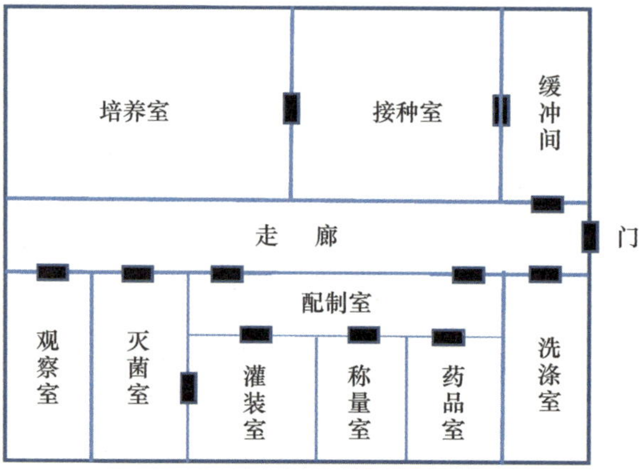

图 1-1-7 组培实验室平面布局示意图

组培室构成

组培室的功能分区

表 1-1-2 组培室各分室的功能定位

分室名称	功能定位
洗涤室	培养容器和用具等的洗涤、干燥和贮存;培养材料的预处理;组培苗的出瓶、清洗与整理等。
配制室	母液和培养基的配制;培养材料的预处理。
灭菌室	培养基、接种工具与用品的消毒灭菌。
缓冲间	接种室门口设置缓冲间,防止带菌空气直接进入接种室和工作人员进出接种室时带进杂菌,对接种室有洁净作用。
接种室	离体材料的表面灭菌、接种;培养物的转接等无菌操作。
培养室	热处理脱毒和培养离体材料。
观察室	对培养材料进行细胞学和解剖学观察、鉴定与成分检测;培养物显微摄像等。

2. 设备用品配备

组培技术含量高、操作复杂,除了需要建立组培设施外,还需要一定的设备和用品作辅助,才能完成离体培养的全过程。组培室一般配置的设备用品分别见表 1-1-3、表 1-1-4。

表 1-1-3　组培设备

设备类别	设备名称
洗涤设备	电热水器、电热干燥箱、超声波清洗器、工作台、水槽、药品柜、玻璃器皿贮藏柜、医用小平车等。
培养基配制设备	普通冰箱、蒸馏水器、电磁炉、水浴锅、酸度计、橱柜、搅拌器、电子天平（精确度 0.01 g、0.001 g、0.000 1 g）、托盘天平、工作台、药品柜、医用小平车等。
灭菌设备	高压灭菌锅（有大型卧式、中型立式、小型手提式和电脑控制型）、液体过滤灭菌装置、干热消毒柜、烘箱、微波炉、臭氧发生机、喷雾消毒器、工作台、配电盘等。
接种设备	超净工作台（或接种箱）、接种器具杀菌器、紫外灯、医用小平车、配电盘等。如作脱毒处理需配备解剖镜等设备；有的接种室还配有接种机器人、鞋套机等。
培养设备	空调机、人工气候箱或光照培养箱、摇床、转床、振荡器、光照时控器、照度仪、紫外灯、配电盘等。有的配备控湿设备。
观察与生化鉴定设备	普通显微镜、倒置显微镜、荧光显微镜、普通解剖镜、低温冰箱、培养箱、切片机、水浴锅、低温高速离心机、电子分析天平、细胞计数器、PCR 仪、酶联免疫检测仪、分子成像仪、液相色谱仪、电机、毛管电泳仪、图像拍摄处理设备、电脑、工作台等。观察室可根据条件和功能需要配备设备。

表 1-1-4　组培用品

类别	玻璃器皿、器械用具名称
洗涤用品	洗液缸、搁架、试管刷、晾干架、周转筐（塑料或铁制）等。
培养基配制用品	试管（20 mm×150 mm、25 mm×150 mm、40 mm×150 mm）、培养瓶（50～500 mL 三角瓶、50 mL PC 塑料瓶或果酱瓶、300～400 mL 罐头瓶）； 试剂瓶（100 mL、250 mL、500 mL、1 000 mL 的棕色或白色试剂瓶）； 烧杯（100 mL、150 mL、250 mL、500 mL、1 000 mL 的玻璃或塑料刻度烧杯）、培养皿（ϕ6 cm、ϕ9 cm、ϕ12 cm）； 移液管（0.5 mL、1 mL、2 mL、5 mL、10 mL）、移液枪（25 μm～10 mL）、移液管架、注射器（25 mL），吸管（14 cm、18 cm）、量筒（50 mL、100 mL、500 mL、1 000 mL）、容量瓶（100 mL、250 mL、500 mL、1 000 mL）、分液漏斗、滴瓶； 不锈钢桶或铝锅、周转筐、玻璃棒、火柴、记号笔、标签纸、蒸馏水瓶（桶）、尼龙绳、聚丙烯塑料封口膜、棉塞、牛皮纸、纱布等。
接种与灭菌用品	酒精灯、喷壶、钻孔器（“T”形）、接种工具架、不锈钢筛网、接种针和接种钩、手术剪（12 cm、15 cm、18 cm）、解剖刀（4 号刀柄，21～23 号刀片）、手术镊（扁头镊子 20～25 cm、钝头镊子 20～25 cm、尖头镊子 16～25 cm、枪形镊子 20～25 cm 等）、培养皿（ϕ6 cm、ϕ9 cm、ϕ12 cm）；无菌服、口罩、实验帽、拖鞋或一次性鞋套等。
培养用品	培养瓶、培养架、荧光灯或 LED 灯等。
组织细胞观察与生化鉴定用品	载玻片、盖玻片、染色缸、滴瓶、烧杯、试管、玻璃试剂瓶、支架等。其他根据需要配备。

微课：组培常用仪器设备及用品

微课：组培相关器皿器械

(二)组培工厂

1.设施构成

组培工厂是在封闭设施内通过高精度控制、以工业化生产方式实现周年连续生产的一种高效农业生产方式。组培工厂包括组培苗生产车间和驯化栽培区。

(1)组培苗生产车间　组培苗生产车间主要包括洗涤车间、培养基配制车间、灭菌车间、接种车间(图 1-1-8)、培养车间(图 1-1-9)和检测车间等,配套系统有培养基自动灌装流水线、风淋消毒系统、空调净化系统、臭氧杀菌系统、人工光源控制系统、监控系统等,有条件的组培苗生产车间还配有 CO_2 补气系统、ERP 管理系统和自动化物流系统等。

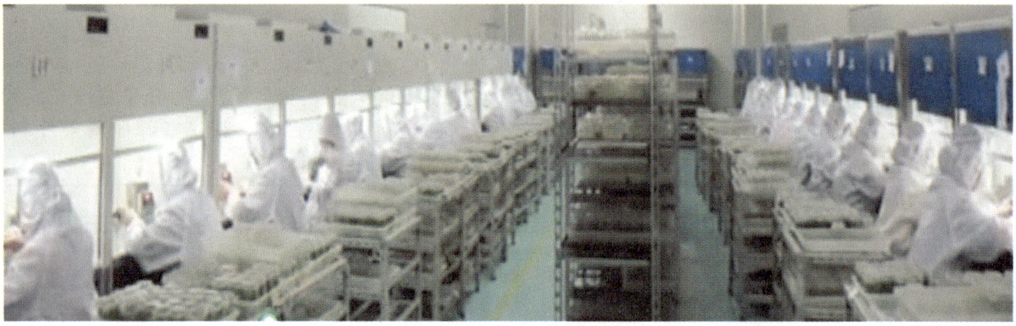

图 1-1-8　接种车间

图 1-1-9　培养车间

(2)驯化栽培区　驯化栽培区包括驯化车间(一般为连栋温室,见图 1-1-10)、育苗苗圃(或称育苗车间,见图 1-1-11),二者独立设置或一体化建造、分区控制。其中,育苗苗圃包括原种圃、品种栽培示范区和繁殖圃等。原种圃用于引进和保存育苗所需的无病毒或珍稀的优良种质资源,主要采用防虫网室保存(部分种类可用试管冷藏保存)。品种栽培示范区主要是栽培本单位生产的各种组培苗的成年植株,展示其优良的观赏性状和生产习性,也作为组织培养材料的采集地;繁殖圃包括育苗区、无性繁殖区和培育大苗区,直接向市场供应不同规格的商品苗木。此外,还建有办公室、值班室、仓库、会议(培训)室、冷藏室、产品展示厅、包装操作间等附属用房(地)。其中,冷藏室在 1～5 ℃的温度范围内可以暂时存放原种材料和待出库移栽的组培苗，以及用于种质资源的离体保存。冷藏室通过低温处理，可以控制某些种类组培苗的分化和生长速度、打破某些植物休眠。如球根花卉唐菖蒲的小球茎在冷藏室 3～5 ℃下冷藏 1 个月，就可以解除休眠。因此，冷藏室对于育苗工厂按计划生产和按时供应大量种苗起着重要调节的作用。

图 1-1-10 驯化车间

图 1-1-11 育苗苗圃

随着我国设施农业、智慧农业的发展，上海大地园艺种苗有限公司等农业高科技企业开始建造智能化生产种苗温室，配套环境控制系统、人工光源系统、立体栽培系统、水肥一体化系统、苗床＋传送带混合的物流配送系统、数据采集与智能控制系统等，打造涵盖种苗生产操作、栽培、冷藏贮存、种苗商品化处理、自动物流配送的全自动化生产装备系统的智能工厂，集成组培苗驯化移栽、苗木栽培与示范，实现种苗自动化作业、信息化管理、环境精准化调控和高效化周年生产。

2. 设备用品配备

与组培室相比，组培工厂的设备、用品的台套数量增加，部分设备趋于大型化和自动化，以满足规模化生产的需要。为提高劳动生产率和降低生产成本，应用自动化生产线（图 1-1-12），可省去大量的人工洗瓶、冲瓶、淋瓶、烘干、灌装等复杂工序，显著提高工作效率。组培工厂常见的部分设施设备见表 1-1-5。

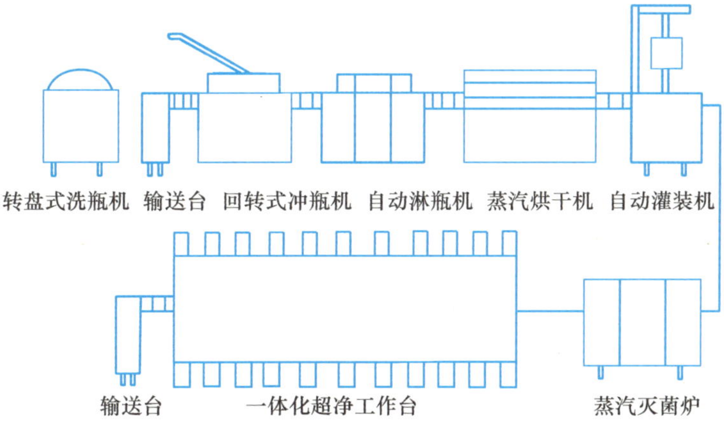

图 1-1-12 组织培养流水线（引自王喆之等，2001）

表 1-1-5　组培工厂的部分设施设备

车间类别	主要设施和大型设备名称
洗涤车间	配备泡瓶池、洗衣机、洗瓶机、换气扇、多层移动架子车等。有的配备自动洗瓶消毒流水线。
培养基配制车间	设置药品称量室，配备大容量培养基熬制锅（桶）、低温冰箱、培养基自动或半自动灌装机、多层移动架子车等。有的配备培养基灌装流水线。
灭菌车间	配套设置培养基冷却室，配备大型卧式高压灭菌锅（外购或自制）、臭氧杀菌系统、多层移动架子车等。
接种车间	设置更衣室、手部消毒室、风淋室、脱毒处理室，配备风淋系统、空调净化系统、臭氧杀菌系统、气压门、超净工作台、多层移动架子车等。
培养车间	配备空调净化系统、臭氧杀菌系统、气压门、多层立体培养架、折叠梯子、人工气候室、多层移动架子车等。
移栽驯化车间	配备驯化移栽床架、自动遮阳系统、地源热泵或锅炉水暖加温系统、移动喷淋系统、湿帘风机加湿降温系统等。
育苗苗圃	同移栽驯化车间。

家庭组培室的场地、设备与用品

（三）家庭组培室

家庭组培室一般由平房或楼房改建而成，相对于常规组培室而言，使用面积小，设施设备条件比较简陋，设备种类和数量少，一般情况下分为准备室、接种室和培养室。在房间较少的情况下，接种室与培养室合二为一，甚至用简易接种箱代替接种室。准备室可与厨房或餐厅通用。家庭组培室的主要设备用品见表 1-1-6。

表 1-1-6　家庭组培室的设备用品

设备与用具名称		用　途	备　注
设备	家用高压锅	培养基和用具灭菌，1 次灭菌需要 20 min	部分设备用品可自制或混用
	天平（精确度 0.01 g）	培养基配制用，能够完成所有药品的称量	
	简易接种箱或无菌接种器	接种用	
	空调机	环境温度调控	
	便携式臭氧消毒器	环境消毒	
用品	不锈钢饭盒或医院用消毒盒	接种时盛放酒精和接种工具用	可自制
	瓷碟、瓷碗、不锈钢碗	代替培养皿接种用	
	培养架	培养组培苗用	
	镊子、手术剪、解剖刀	接种用	

问题探究

☆组培室与常规实验室在设施构成与功能定位上有何不同？

☆组培室（车间）各分室（分车间）怎样才能做到布局合理？

拓展学习

一、理实一体教学模式

植物组织培养课程基于行动导向理论，以完成工作任务为主要学习方式，以生产合格的组培产品为主线，以项目和具体的工作任务为载体，以培养和提升学生职业能力为目标，通过理实融合式教学（图 1-1-13）和学生“做中学”，从而实现知识学习与能力、素质培养同步。理实一体教学，改变先理论后实践的授课方式和以教师为主体的被动学习方式，突出“能力本位”的教学理念和学生的主体地位，实现教学场景真实化、教学过程工作化、教师师傅化、学生员工化、知识学习与能力素质培养同步化。师生只有在观念和角色上实现真正的转变，才能更好地适应这种教学模式，才能构建良性的师生互动关系和职业化的课堂，从而提高学生职业能力，使学生顺利向职业人过渡。理实一体教学模式下师生角色定位如表 1-1-7 所示。

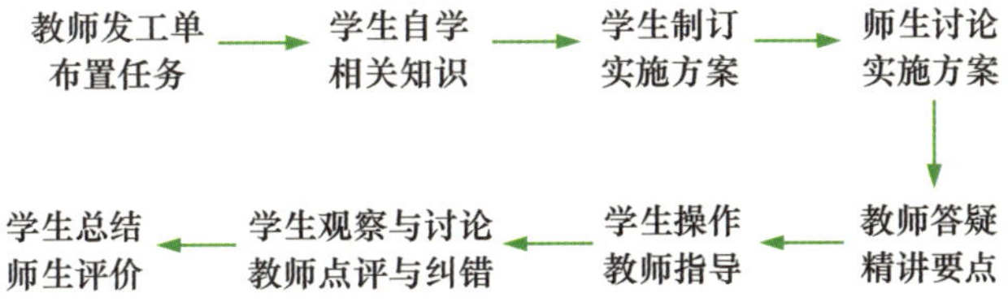

图 1-1-13　植物组织培养课程理实一体教学模式

表 1-1-7 理实一体化教学模式下师生的角色定位

角色定位	身份属性	
	教师	学生
1	被学习者	学习者
2	师傅	徒弟、助手
3	技术顾问	组培操作工
4	技术咨询员	团队成员
5	生涯导师	培训学员
6	学生的朋友	教师的朋友

二、思维导图及绘制方法

思维导图及绘制方法

三、相关国家发展规划

乡村振兴战略规划（2018—2022 年）

全国乡村产业发展规划（2020—2025 年）

“十四五”生物经济发展规划

四、自主学习平台

1. 组培网：http://www.zupei.com/

2. 国家精品资源共享课《植物组织培养技术》：http://www.icourses.cn/coursestatic/course_4240.html

3. 智慧职教云平台：https://www.icve.com.cn/

4. 学习强国/慕课/农学/植物组织培养（北京林业大学 李云教授）

五、科学家事迹

罗宗洛:凡能够做的事,我决心尽力地做

李继侗:高山硕石,笃行致远

六、组培创业故事

"农创客"胡重九的创业故事

陈小野回乡创业发展组培育苗助民增收

屠樑:卖几元钱的"植物组培"月入 5 万

自我测试

一、填空题

1. 植物组织培养又称为植物克隆、离体培养,其本质是(　　　　)。
2. 用于植物组织培养的离体材料统称为(　　　　)。
3. 根据培养器官的不同,植物组织培养分为(　　　　)、(　　　　)、(　　　　)、(　　　　)、(　　　　)、(　　　　)。
4. 植物组织培养繁殖苗木是呈(　　　　)级数增长的。
5. 在组培室的缓冲间和接种室之间设置(　　　　),以减少开关门时的空气扰动。
6. 组培室各分室的平面布局主要依据(　　　　)。

二、选择题

1. 植物组织培养的特点是(　　　　)。

A. 培养材料经济　　B. 培养条件可以人为控制

C. 生长周期短,繁殖率高　　D. 管理方便,利于工厂化生产和自动化控制

2. 植物组织培养可用于(　　　　)。

A. 种苗快速繁殖　　B. 保存和交换植物种质资源

C. 苗木脱毒　　D. 培育新品种

E. 生产植物性药物和生物制品　　F. 作物栽培

三、连线题(将设备与所属组培分室连线)

高压灭菌锅	接种室
超净工作台	
冰箱	配制室
分析天平	
空调机	灭菌室
光照定时器	
紫外灯	洗涤室
晾干架	
培养基灌装机	培养室
显微镜	
洗瓶机	观察室

测试要求:先独立自测后核对答案

温馨提示:自律彰显素养　诚信成就人生

项目1自我测试题参考答案

自我总结

结合学习与实践,练习绘制本项目的思维导图。

项目 2 组培岗位认知

植物组织培养是现代生物技术的基础和重要组成，是农业生物技术中最早实现产业化并取得显著经济效益和社会效益的领域，特别在农业工厂化高效生产领域显现出强大的技术优势，其研究与应用有力推动了农业现代化进程；与细胞工程、基因工程等生物技术的协同应用，对生物农业、生物医药、环境保护等生物经济的发展发挥基础性技术支撑作用，因而具有广阔的应用前景。

学习植物组织培养知识与技能，是为了将来从事组培工作。在此之前了解组培工种及各岗位的工作任务、目标、职责和任职要求，清楚未来“到何处去”，有助于学生明确学习目标和努力方向，有助于培养岗位意识和激发学习的积极性。这从职业教育和从业角度来说都是非常必要的。

学习目标

知识目标

1. 了解组培工作岗位任务、目标、职责与任职要求；
2. 了解组培苗生产操作流程；
3. 了解组培人员职业发展路径。

能力目标

具有一定的观察能力、沟通能力和分析解决问题的能力。

素质目标

1. 树立岗位意识、市场意识、团队意识和责任意识；
2. 培养“三农”情怀，提升学习内生动力。

思想领航

——最好的岗位永远都是留给拥有实力和拼搏精神的人。

——岗位上的每一步都要踏实，才能走向成功。

项目实施

任务 2-1 组培岗位认知

任务描述

具体任务：分析组培各工种的岗位工作任务、目标、职责与任职要求。

实施形式：个人自学与分组讨论相结合（可结合项目 1 同步实施）。

实施程序：教师下发任务工单→学生自学→观看视频→现场参观→组内讨论→组间分享→师生点评→现场考评。

任务分析

组培岗位的工作任务、目标、职责与任职要求等，对学生而言相对陌生。学生需要在自学的基础上，通过观看视频、查阅案例和现场参观等多种途径与手段，依据组培苗木生产操作流程，才能比较清楚地了解和认知组培工种、具体工作岗位，最终完成岗位认知的学习任务。教师需要提供相关素材和信息，扮演好学生小组讨论分析的随机参与者和引导者，助力学生完成学习任务。

任务实施

教学任务安排见表 2-1-1。

表 2-1-1 教学任务安排

教学安排	教师任务	学生任务
1. 课前准备	①下发任务工单 ②准备并下发视频等相关素材	①对照任务工单自学 ②利用相关素材和网站拓展学习
2. 现场参观	①就近联系组培企业或科研单位 ②强调纪律，明确具体的参观任务	①做好参观前的准备 ②列出重点了解的事项和内容
3. 组内讨论	①提出问题 ②巡回答疑解惑	①针对问题展开分析 ②提出相关疑问
4. 组间分享与师生点评	①现场“主持”组间讨论 ②现场纠错与点评	①小组选派代表发言 ②组间点评
5. 现场考评	①填写评价单	①填写评价单

知识链接

一、组培苗生产操作流程

组培苗生产操作流程如图 2-1-1 所示。

生产方案制定 → 培养基制备 → 接种 → 培养 → 驯化移栽与养护 → 组培苗销售或定植

图 2-1-1　组培苗生产操作流程

二、组培岗位分析

基于企业调研，不管组培企业的规模实力与技术水平如何，其工作岗位大体按照组培苗生产操作流程设置，主要包括生产岗、研发岗、管理岗、营销岗。其中，生产岗的技术工种包括培养基制备工（图 2-1-2）、接种工（图 2-1-3）、培养工（图 2-1-4）、驯化移栽养护工（图 2-1-5）。组培规模企业或外向型企业还专门设立质检岗、物流岗。大学毕业生从事组培工作，最初主要从事组培苗生产，经过 3～5 年的历练，才可能从事组培技术研发和生产管理工作。表 2-1-2 列出组培企业主要生产岗位工作的任务、目标、职责与任职要求。

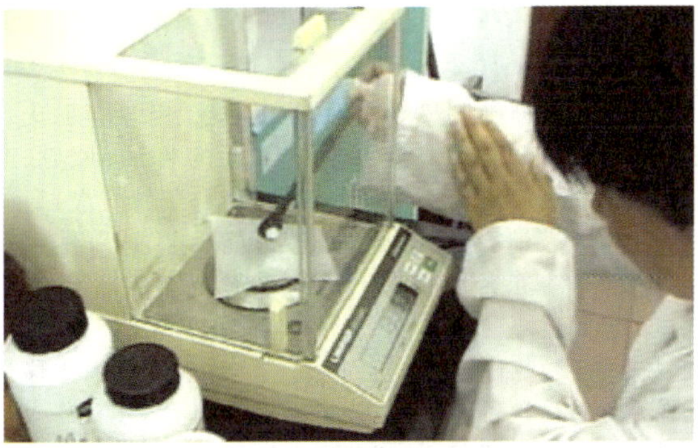

图 2-1-2　培养基制备工

图 2-1-3　接种工

图 2-1-4　培养工

图 2-1-5　驯化移栽养护工

表 2-1-2　组培企业生产岗位分析

岗位要素 \ 岗位名称	培养基制备工	接种工	培养工	驯化移栽养护工
工作任务	配制母液和工作培养基。	主要负责组培接种，兼做脱毒处理。	负责培养室（车间）管理和组培苗生长情况的跟踪巡查。	负责组培苗的驯化移栽及日常养护。
工作目标	按需、准确、规范、熟练配制培养基。	无菌操作规范、熟练，污染率控制在5%～10%；脱毒彻底。	培养材料正常生长分化，培养瓶分类管理、标志清晰，观察记录全面客观。	组培苗成活率高，苗壮、长势强，达到规格要求，按计划交苗。
工作职责	1. 对培养基配制质量负全责； 2. 按照母液和培养基配制操作流程及技能要求配制； 3. 认真做好计算、核对与操作，及时填写、保存工作记录； 4. 保证桌面整洁无残留液，用品摆放合理有序，保持所用器具及工作区域的卫生。	1. 保持接种室（车间）洁净卫生； 2. 做好接种前的准备，严格按照无菌操作规程操作； 3. 遵守“接种须知”，认真做好工作记录； 4. 严格执行脱毒处理方案； 5. 保质保量完成生产任务。	1. 保持培养室（车间）洁净卫生； 2. 每天及时捡出污染瓶、畸形苗； 3. 根据培养需要有效调控环境条件； 4. 定期做好观察记录，及时反馈； 5. 保证用电安全； 6. 脱毒苗鉴定准确。	1. 保持棚室整洁卫生； 2. 按照驯化移栽要求规范操作； 3. 精心、科学管理，保证组培苗生长发育的营养与环境条件； 4. 认真观察并有效解决生产问题； 5. 保证组培苗驯化移栽成活率与养护质量、销售期。
任职要求：知识与能力	1. 清楚玻璃器皿洗涤方法与标准，熟练清洗玻璃器皿； 2. 会熟练配制母液和培养基； 3. 会使用高压灭菌锅； 4. 清楚培养基配制目的、操作流程、各环节技能要求，以及其他与培养基制备相关的理论知识。	1. 准确识别植物器官，正确选择和处理外植体； 2. 根据不同外植体选择适宜的接种方法，具备娴熟、规范的无菌操作能力； 3. 具有无菌观念，清楚外植体表面灭菌原理、无菌操作的方法、规程与注意事项。	1. 准确判别污染瓶和畸形苗，并有效处理； 2. 清楚组培原理、培养条件、常用的组培与快繁方法与影响因素； 3. 具备组培苗观察能力和易发问题的分析解决能力； 4. 会使用相关设备，有效调控培养环境； 5. 能够根据培养对象实施科学、有效的管理。	1. 熟悉组培苗驯化移栽的目的、原则、时期与条件要求； 2. 能够根据驯化移栽对象制定科学的实施方案，并且熟练、规范进行驯化移栽操作； 3. 熟悉相关设施设备的特点、性能与使用方法，具备简易栽培设施建造与维护能力； 4. 具备一定的栽培养护能力。
任职要求：素质	1. 爱岗敬业，诚实守信，吃苦耐劳，服从领导，遵守操作规范和职业道德； 2. 工作积极主动，具有责任心、成本意识、市场意识、创新意识、团队精神和科学思维方法； 3. 学习能力、沟通能力、计划能力、适应能力、分析解决问题能力和自我管理能力强。			

三、组培人员职业发展路径

规模化组培企业岗位分工相对细化，员工职业发展的一般路经如图 2-1-6 所示。随着组培苗生产更加智能化，会衍生组培苗生产智能监控、智能设备运维、组培苗木包装等新的岗位，未来部分岗位分工有较大可能是岗位细化与岗位复合两类情况并存。刚毕业的大学生大多从事组培接种工作，职业逻辑起点是组培技术员，后期通过自身努力，可能转到研发岗、业务岗或其他生产岗。为控制人力成本支出，大多数高职院校、科研院所和中小微企业一般选聘或委派一名技术主管，一人承担多个角色，全面负责组培技术研发和生产管理。

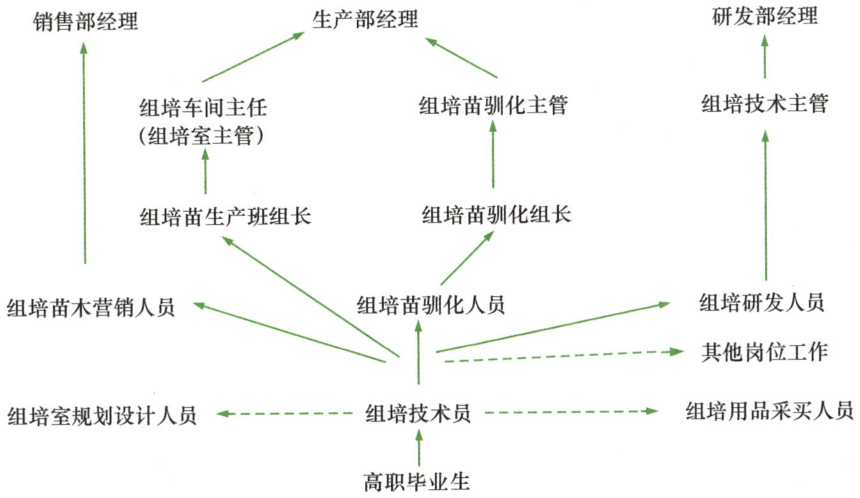

图 2-1-6 组培人员职业发展路径

问题探究

☆组培生产岗各岗位的工作职责与要求有何不同？

☆对照组培岗位任职条件，自己还存在哪些不足？在校期间该如何赋能自己？

拓展学习

农业 1.0 到 4.0 的演进

全球生物经济发展现状

人工智能在组培苗工厂化生产的应用

自我测试

一、填空题

1. 组培苗木生产操作流程是制定生产方案—培养基制备—(　　　　)—培养—(　　　　)。

2. 组培岗位一般包括(　　　　)、(　　　　)、(　　　　)和(　　　　)。

3. 接种工主要负责(　　　　)，培养基配制工的工作目标是(　　　　)配制培养基。

4. 培养基配制工、接种工、培养工和驯化移栽工属于(　　　　)类岗位。

二、判断题

1. 组培岗位设置的主要依据组培苗生产操作流程来设置的。(　　)

2. 任何组培岗位都对从业人员在知识、能力与素质三方面有明确要求。(　　)

3. 培养工的日常工作主要是调控培养环境，跟踪观察记录组培苗生长分化情况，并及时妥善处理组培异常问题。(　　)

4. 尽管组培岗位分工不同，但都需要讲诚信、爱岗敬业、遵规守纪和具有团队精神。(　　)

测试要求：先独立自测后核对答案

温馨提示：自律彰显素养　诚信成就人生

项目 2 自我测试题参考答案

自我总结

结合参观和学习讨论，绘制心仪的组培岗位的思维导图。

模块2

练就基本功——组培基本技能训练

掌握组培基本操作技术是做好组培工作的前提和关键。本模块设计了培养基制备、外植体采集与处理、无菌操作、植物脱毒处理与效果鉴定4个项目6项任务，主要学习如何采集和处理外植体、配制培养基、无菌操作、植物脱毒处理与效果鉴定等组培基本技能（包括相关的设备使用）以及相关的理论知识，同时在实践中培养学生具有无菌意识、责任意识、环保意识和团队精神、工匠精神等职业素养，初步具备培养基制备工、接种工等组培工种相关的职业素养和工作能力。由于技术操作水平的提高是一个渐进过程，并且关系到组培质量，所以应创造条件反复练习和考核各技术操作环节，从而达到技能操作规范、熟练的程度，也为完成后续实践项目和适应未来组培岗位工作奠定基础。

名人名言

天才，意味着一生的辛勤劳动。

——奥地利遗传学家　孟德尔

项目3　培养基制备

培养基是离体植物材料生长分化的载体和介质，承载着离体植物材料的营养供给。培养基配制是组培日常性工作之一，是组培基本的操作技能和关键性技术环节，其质量的高低和针对性的强弱，关系到组培的质量和进程。因此，从事组培工作必须熟练掌握培养基制备技能。

学习目标

知识目标

1. 了解培养基制备所需的药品、主要设备；
2. 理解常用培养基的种类、成分、特点；
3. 掌握常用植物激素的理化性质、生理作用；
4. 掌握培养基配制目的、母液和培养基制备方法。

能力目标

1. 会正确洗涤玻璃器皿、熟练使用组培常用设备；
2. 准确配制母液和制备培养基；
3. 能正确分析和解决培养基制备的常见问题 。

素质目标

1. 树立无菌意识、成本意识、质量意识和环保意识；
2. 具有团队精神、劳动精神、责任心和求真务实的态度。

思想领航

——细节可以让普通的人变得不平凡。

——成功取决于你对细节的关注和整理。

项目实施

任务 3-1 玻璃器皿的洗涤

任务描述

实训任务：各组完成一定数量玻璃器皿的清洗(包括新购玻璃器皿、用过但未污染瓶、污染瓶和玻璃量具等，教师现场明确任务)，熟悉相关设备使用。

清洗方法：酸洗法；碱洗法。

清洗手段：人工+洗瓶机；人工+灭菌锅；纯人工操作。

清洗要求：符合操作程序，达到洗涤标准。

任务分析

玻璃器皿的洗涤是培养基制备的一项辅助性前期工作，所需设备用具较少，操作难度较小，却很重要。如果玻璃器皿清洗不彻底，则会给后期离体材料培养造成污染的潜在风险。只要方法选择适宜，认真清洗，并达到洗涤标准，就可以认定完成清洗任务。要求学生(学员)清洗时要相互配合、不怕脏累、有责任心，既重效率，又重质量，从保证培养基制备质量的高度来认真对待玻璃器皿的洗涤工作。

任务实施

一、操作前准备

(一)做好计划

各小组根据现场任务安排，制定洗涤方案，确定洗涤方法和所需设备用品，并做好人员分工。

(二)准备设备用品

1.设备用具

洗瓶机，电热烘干箱，高压灭菌锅，分析天平，水浴锅，电饭煲，医用小平车；铝锅，塑料盆或塑料桶，塑料周转筐，容量瓶(500 mL、1 000 mL)；烧杯(500 mL、1 000 mL)，试管夹，试管刷，玻璃棒，晾干架，乳胶手套等。

2.洗涤对象与试剂

洗涤对象：新购和用过的培养皿、锥形瓶、罐头瓶、果酱瓶、试管、广口瓶等玻璃器皿；污染瓶(管)和待洗的移液管、量筒(杯)、容量瓶等量具。

试剂:37%盐酸、市售洗衣粉、高锰酸钾、酒精(分析纯)、蒸馏水等药剂。

(三)配制药剂

0.1%高锰酸钾溶液:按照 1 g 高锰酸钾:1 000 mL 水的比例按需配制。

1%盐酸溶液:根据 $C_1 \times V_1 = C_2 \times V_2$ 的公式计算需要移取的浓盐酸体积量,再加入相应的水(配制溶液的体积−浓盐酸移取量),搅拌均匀即可。

10%~20%洗衣粉液:配制方法参照 0.1%高锰酸钾溶液的配制。

(四)练习使用相关设备

1.电热鼓风干燥箱

电热鼓风干燥箱,简称烘箱,有的也称为“热空气消毒箱”,主要由箱体、工作室、加热器、循环风机、温度控制调节仪、超温保护及报警装置(仅智能型温度调节仪上附带)等构成(图 3-1-1)。其工作原理是通电加热,由温度控制器控温,通过循环风机吹出热风,以保证密闭箱体内的温度平衡。扫码学习电热鼓风干燥箱的使用方法。

在使用电热鼓风干燥箱时要注意以下五点:①干燥箱内严禁放入易燃、易挥发物品,以防燃烧或爆炸;②干燥箱工作期间,箱门不宜频繁打开,以免影响恒温效果;③定期检查温控器是否准确、加热管有无损坏、线路是否老化、通风口是否堵塞;④保持干燥箱内外处于洁净状态;⑤突然停电,应把电源开关和加热开关关闭,防止来电时自动启动。

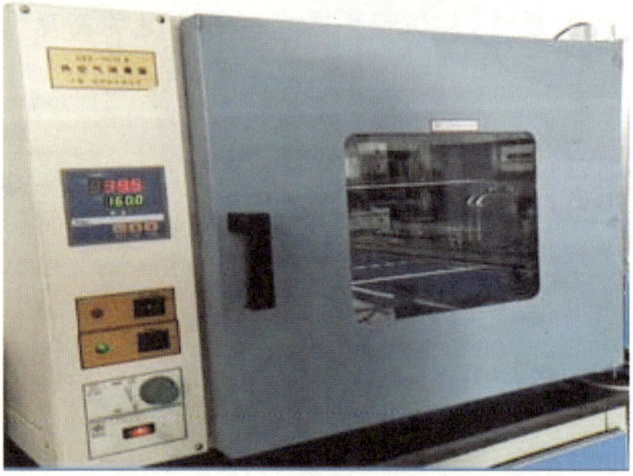

图 3-1-1 DH-101 型电热恒温鼓风干燥箱

电热鼓风干燥箱的使用

2.洗瓶机

扫码学习 HT-100 型半自动洗瓶机的构造与使用方法(图 3-1-2)。

在使用 HT-100 型半自动洗瓶机时要注意以下六点:①洗瓶机要有良好的接地,电源选择适宜,并有漏电保护;②待洗的培养瓶刷洗前应先浸泡一定时间;③工作人员要戴好手套,防止碎瓶伤手;④冲洗时,培养瓶务必对准瓶托,并且水流冲力不宜过大;⑤若转盘或毛刷不转动,应调整皮带的松紧度或更换皮带;⑥电动机虽有声音,但转盘不转,应立即断开电源、检查线路和各个接头点,待故障排除后方可通电。

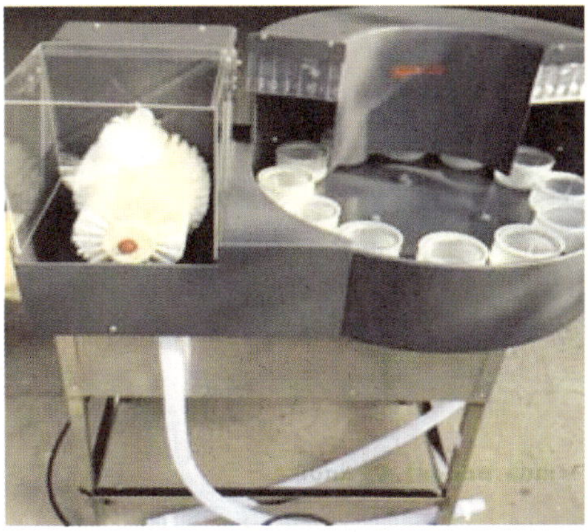

图 3-1-2 HT-100 型半自动洗瓶机

HT-100 型洗瓶机的使用

3. 高压灭菌锅

高压灭菌锅有大型卧式、中型立式、小型便携式和电脑控制型之分，根据生产规模和自身条件可以自行选择高压灭菌锅的类型。一般组培室灭菌常用的是便携式高压灭菌锅(图 3-1-3)和立式自动高压灭菌锅(图 3-1-4)。高压灭菌锅的工作原理是利用所产生的高压湿热水蒸气(温度 121～123 ℃，压力 0.10～0.15 MPa)杀灭细菌和真菌。

图 3-1-3 便携式高压灭菌锅

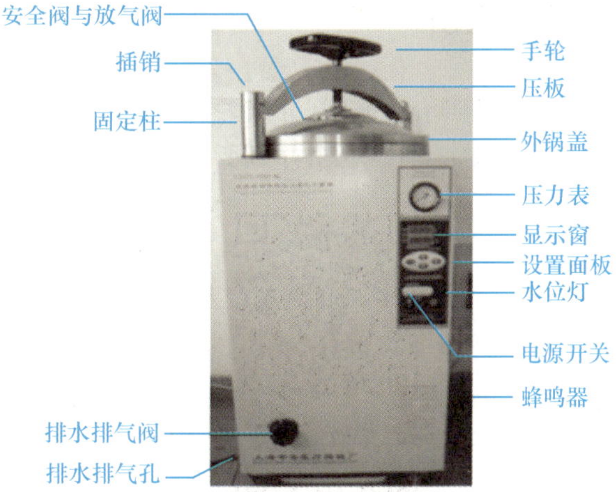

图 3-1-4 SYQ · LDZX-40B1 立式自动高压灭菌锅

便携式高压灭菌锅、立式自动高压灭菌锅的操作流程分别见图 3-1-5 和图 3-1-6。扫码学习便携式高压灭菌锅和立式自动高压灭菌锅的构造与使用方法。

加水 → 装锅 → 封盖 → 通电加热 → 排冷空气 → 升温保压 → 断电降压 → 出锅冷却

图 3-1-5 便携式高压灭菌锅操作流程

装锅 → 通电加水 → 封盖 → 设置参数 → 通电加热 → 自动排冷空气 → 升温、自动保压 → 断电降压 → 出锅冷却

图 3-1-6　立式自动高压灭菌锅操作流程

便携式高压灭菌锅的使用

立式自动高压灭菌锅的使用

使用高压灭菌锅时，要注意以下几点：①装锅时严禁堵塞安全阀的出气孔，锅内必须留出空位，以保证水蒸气畅通；②采用耐热玻璃瓶灌装待灭菌液体，液体体积不超过容器体积的3/4，切勿使用未打孔的瓶塞或软木瓶塞；③委托专业人员或厂家定期检修压力表，如果压力表的指示不正确或不能回复零位，应及时更换新表；④橡胶密封垫长久使用会老化，应定期更换；⑤平时保持设备的清洁和干燥，长期不用则排净锅内存水；⑥安全阀应定期检查其可靠性，当工作压力超过 0.165 MPa 时需要更换合格的安全阀。

二、清洗

学生对照清洗方法，分组轮流操作。要求洗涤方法（见知识链接）选择适宜、操作程序正确、动作熟练、配合默契，并且要达到洗涤标准。教师巡回指导。

污染瓶的洗涤

新购玻璃器皿的洗涤

使用过但未污染的玻璃器皿的洗涤

玻璃量具的洗涤

三、清理现场

值日组清理现场。要求设备用具归位、现场整洁、记录填写完整。

四、讨论与评价

小组自检任务完成情况，分析讨论操作存在的问题；教师抽检、点评，最后组间互评任务完成质量。

知识链接

植物组织培养需要大量的三角瓶、罐头瓶、果酱瓶等玻璃器皿。如果新购、用过或已污染的玻璃器皿清洗不彻底，会给后期的培养基彻底灭菌带来压力，也可能造成离体材料在培养过程中发生污染，造成不必要的损失，进而影响组织培养的进程，甚至导致培养失败。因此，玻璃器皿的洗涤是植物组织培养很重要的一项常规性工作，也是从事组织培养实践的第一关。

一、清洗方法

(一)新购玻璃器皿的清洗

新购的玻璃器皿需要清洗后才能使用。清洗方法分为酸洗法和碱洗法，具体见图 3-1-7。

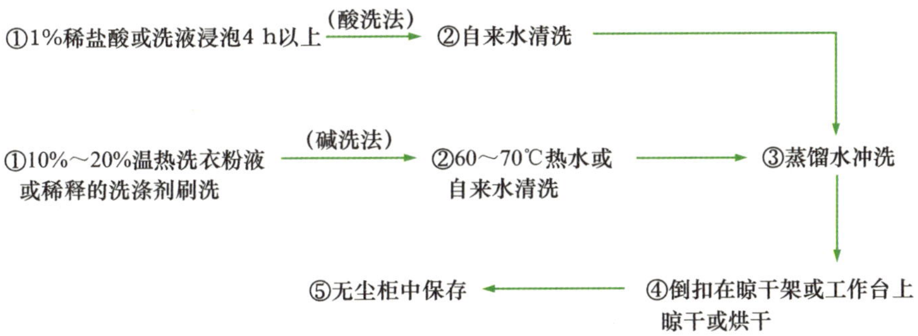

图 3-1-7　新购玻璃器皿的清洗流程

(二)使用过但未污染的玻璃器皿的清洗

使用过但未污染的玻璃器皿的清洗方法与新购玻璃器皿清洗方法基本相同，具体见图 3-1-8。

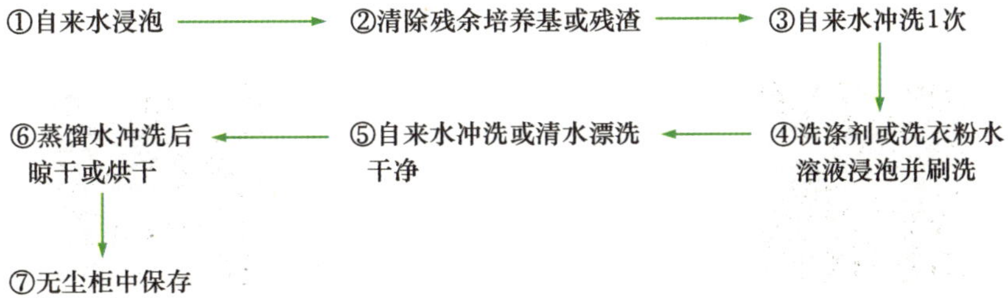

图 3-1-8　使用过的玻璃器皿的清洗流程

(三)污染瓶的清洗

对于污染较轻的培养瓶,先用 0.1%高锰酸钾溶液或 70%～75%酒精溶液浸泡消毒后再清洗;对于污染较重的培养瓶,须将污染瓶高压湿热灭菌后再清洗。清洗方法首选碱洗法。如果玻璃器皿上粘有蛋白质或其他有机物时,采用酸洗法清洗。

(四)玻璃量具的清洗

移液管清洗:在溶化的洗衣粉水溶液中浸泡 30 min 以上→95%酒精溶液反复吸洗数次→清水中吸洗数次→蒸馏水吸洗和冲洗→置于移液管架上自然晾干。

量筒(杯)、容量瓶等玻璃量具清洗:在溶化的洗衣粉水溶液或洗液中浸泡 1 h 以上→流水冲洗→蒸馏水冲洗 1～3 次→工作台上自然晾干。

二、洗涤标准

玻璃器皿透明锃亮,内外壁水膜均一,不挂水珠,无油污和有机物残留。

问题探究

☆配制培养基时直接使用新购的培养瓶,有何潜在风险?

☆玻璃量具清洗后是否可以用烘干箱烘干表面残留水分?

☆自动高压灭菌锅与便携式高压灭菌锅在操作流程上有何不同?

拓展学习

洗液的配制与使用

自动洗瓶流水线

任务 3-2　培养基制备

任务描述

配制任务：①配制 MS 大量元素、MS 微量元素、MS 铁盐、MS 有机物母液各 1 L，1 mg/mL 的各种激素母液 100 mL；

②分别配制 MS、2/3 MS 和 MS+6-BA 1 mg/L+NAA 0.5 mg/L 培养基各 1 L；

③培养基灭菌。

操作程序：母液配制→培养基配制→培养基灭菌。

实践成果：各种母液；灭过菌的培养基。

配制要求：分组操作，规范操作，配制准确，灭菌彻底。

任务分析

培养基制备是组培关键技能之一，包括母液配制、培养基配制和灭菌三大技术环节，所需设备用品多，技术要求严格，操作难度中等，生产上需要多人配合和较长工时才能完成任务。要求配制人员认真掌握配制方法和技术要领，严格执行操作流程，以高度的责任心、一丝不苟的务实作风和良好的协作精神，高质量完成培养基配制任务，为下一步接种做好准备。

任务实施

子任务 1　母液配制

一、操作前准备

(一)做好计划

学生根据任务工单要求自学相关内容，然后分组设计配制方案，列出设备用品清单，做好人员分工。

(二)准备设备用品

1. 设备

电子分析天平(精确度 0.01 g 和 0.000 1g 各 1 台)、磁力搅拌器、冰箱等。

2. 用品

配制 MS 培养基母液所需的试剂(表 3-2-1)，去离子水、植物激素(NAA、GA、6-BA)、95%

酒精、0.1 mol/L 氢氧化钠(NaOH)、0.1 mol/L 盐酸(HCl);酒精灯、铁架台、烧杯(500 mL、1 000 mL)、容量瓶(500 mL、1 000 mL)、棕色瓶(1 000 mL、500 mL、100 mL)、标签纸、母液配制登记表、钢笔等。

表 3-2-1　MS 培养基母液配制表

化合物名称	原配方量/mg	扩大倍数	称取量/mg	母液体积/mL	1 L 培养基应移取量/mL	母液名称
硝酸铵(NH_4NO_3)	1 650	10	16 500			
硝酸钾(KNO_3)	1 900	10	19 000			
氯化钙($CaCl_2 \cdot 2H_2O$)	440	10	4 400	1 000	100	大量元素母液
硫酸镁($MgSO_4 \cdot 7H_2O$)	370	10	3 700			
磷酸二氢钾(KH_2PO_4)	170	10	1 700			
硫酸锰($MnSO_4 \cdot H_2O$)	22.3	100	2 230			
硫酸锌($ZnSO_4 \cdot 7H_2O$)	8.6	100	860			
氯化钴($CoCl_2 \cdot 6H_2O$)	0.025	100	2.5			
硫酸铜($CuSO_4 \cdot 5H_2O$)	0.025	100	2.5	1 000	10	微量元素母液
硼酸(H_3BO_3)	6.2	100	620			
钼酸钠($Na_2MO_4 \cdot 2H_2O$)	0.25	100	25			
碘化钾(KI)	0.83	100	83			
硫酸亚铁($FeSO_4 \cdot 7H_2O$)	27.8	100	2 780			
乙二胺四乙酸二钠($EDTA\text{-}Na_2$)	37.3	100	3 730	1 000	10	铁盐母液
烟酸(维生素 PP)	0.5	50	25			
盐酸吡哆醇(维生素 B_6)	0.5	50	25			
盐酸硫胺素(维生素 B_1)	0.1	50	5.0	500	20	有机物母液
肌醇	100	50	5 000			
甘氨酸	2.0	50	100			

(三)练习使用相关设备

1. 电子分析天平

目前,市售的电子分析天平规格型号多样,有国产、进口和不同精确度之分。一般由天平机体、称重舱、天平盘、键板、液晶显示屏等构成(图 3-2-1)。扫码学习电子分析天平的使用。

天平为精密仪器,最好置于空气干燥、凉爽的房间内,严禁靠近磁性物体,不要把水、化学试剂、金属等弄到天平盘上。称量时,双手、药品、容器及硫酸纸一定要洁净干燥,切勿将药品直接放到天平盘上;不要撞击天平所在台面;最好关闭附近的门窗,以防气流影响称重。注意天平必须首检后方可称量,必须进入预热状态方可断电。

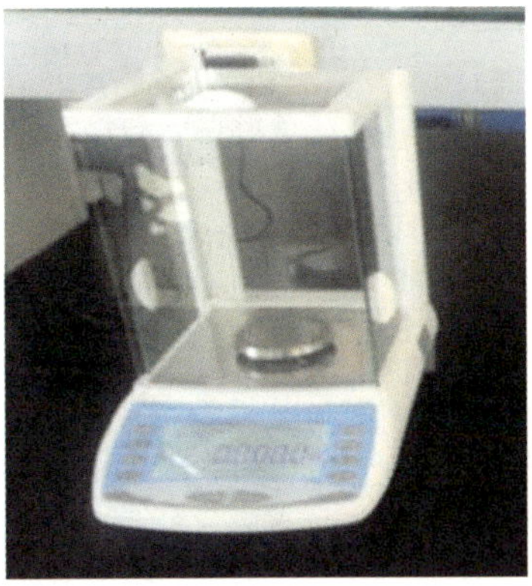

图 3-2-1　电子分析天平

电子分析天平的使用

2. 磁力搅拌器

磁力搅拌器(图 3-2-2)有单头和双头、数显和非数显之分,有恒温加热、调温加热之别,搅拌速度一般可调节。其工作原理是通过由微电机带动高温强力磁铁产生的旋转磁场来驱动容器内的搅拌子转动,对溶液进行加热、搅拌,从而使溶质在溶剂中充分溶解。扫码学习磁力搅拌器的使用方法。注意磁力搅拌器在使用过程中,要保持清洁干燥,严禁液体进入机体;如发现搅拌子跳动或不搅拌,可检查容器是否倾斜、位置是否放正。一般设定中等转速搅拌,可延长使用寿命。

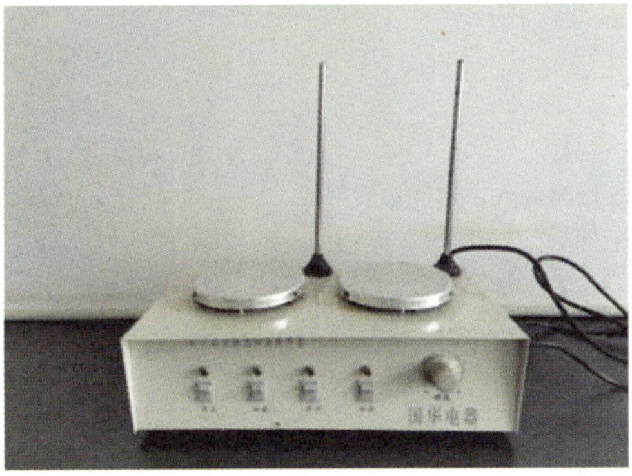

图 3-2-2　恒温磁力搅拌器

磁力搅拌器的使用

二、配制 MS 母液

(一)配制 MS 大量元素母液

参照表 3-2-1 和图 3-2-3 配制 MS 大量元素母液。

MS 大量元素母液的配制

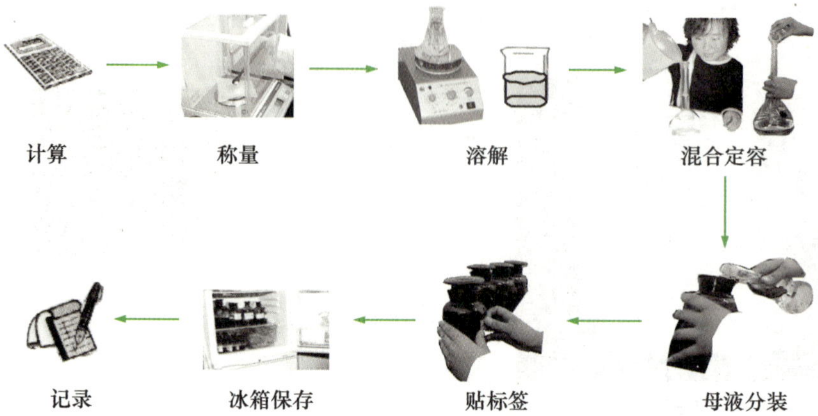

图 3-2-3 母液配制操作流程

(二)配制 MS 微量元素母液、有机物母液

参照表 3-2-1 和图 3-2-3 分别配制微量元素母液、有机物母液。配制方法与大量元素母液配制相同。

(三)配制 MS 铁盐母液

参照表 3-2-1 和图 3-2-4 配制 MS 铁盐母液。

铁盐母液的配制

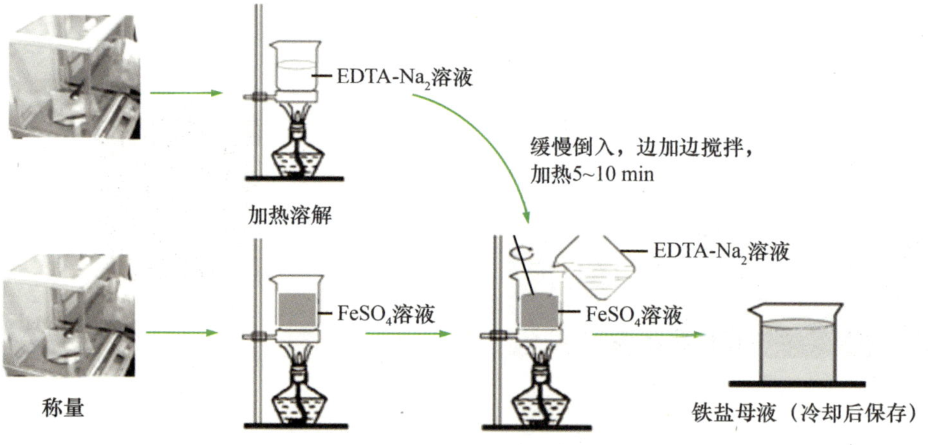

图 3-2-4 铁盐母液配制示意图

技术提示

1. 大量元素母液配制时，浓缩倍数不宜过高；混合定容时，应将彼此会发生反应的盐类化合物间隔倒入容量瓶内，充分摇匀，否则会引起大量元素母液发生沉淀。建议大量元素母液的混配顺序是磷酸二氢钾→硝酸钾→硫酸镁→硝酸铵→氯化钙。

2. 铁盐母液配制时，EDTA-Na_2溶液在与 $FeSO_4$ 溶液混合时一定要缓慢，边混合、边搅拌、边加热，使二者充分螯合，待充分冷却后再保存。

3. 在 MS 母液瓶上贴标签，应注明母液名称、浓缩倍数(或浓度)、配制日期。最好注明配制 1 L 培养基时应移取的量，以方便培养基配制时移取母液。

4. 配制母液所需药品(盐类化合物)应采用分析纯或化学纯试剂。

5. 母液配制时使用蒸馏水或去离子水。

三、配制激素母液

(一)配制生长素类激素母液

称取萘乙酸(NAA)、吲哚丁酸(IBA)等生长素 100 mg，用少量 95%酒精(C_2H_5OH)或 0.1 mol/L 氢氧化钠(NaOH)助溶，再用去离子水分别定容至 100 mL，摇匀即成 1 mg/mL 的母液。注意 2,4-D 用氢氧化钠助溶。

(二)配制细胞分裂素类激素母液

称取 6-苄基氨基腺嘌呤(6-BA)、激动素(KT)等细胞分裂素 100 mg，用少量 0.1 mol/L 盐酸(HCl)加热助溶，再用去离子水分别定容至 100 mL，摇匀即成 1 mg/mL 的母液。

植物激素的配制

(三)配制赤霉素母液

称取赤霉素(GA) 100 mg，用少量 95%酒精助溶，再用去离子水定容至 100 mL，摇匀即成 1 mg/mL 的母液。

四、填写母液配制登记表

母液配制结束后，各组填写母液配制登记表(表 3-2-2)，相关人员签字。

表 3-2-2　母液配制登记表

项目	大量元素母液	微量元素母液	铁盐母液	有机物母液	激素母液					
					BA	NAA	IBA	2,4-D	KT	GA
浓缩倍数										

计算人：________　校核人：________　配制人：________　审批人：________　配制日期：________

五、讨论与评价

小组自检任务完成情况，并分析讨论存在的问题；教师抽检、点评，最后小组间互评实践成果。

六、清理现场

安排值日组，清理现场。要求设备用具归位，现场整洁，记录填写完整。

子任务2 培养基配制

一、操作前准备

（一）做好计划

学生根据任务工单要求自学相关内容，然后分组设计培养基配制方案，列出设备用品清单，做好人员分工。

（二）准备设备用品

1. 设备

电子分析天平（精确度 0.01 g）、电磁炉、酸度计、医用小平车等。

2. 用品

MS 母液、6-BA 母液、NAA 母液；琼脂粉、蔗糖、0.1 mol/L NaOH、0.1 mol/L HCl；移液管架、移液管（1 mL、0.5 mL）、铝锅、塑料刻度烧杯（1 000 mL）、容量瓶（1 000 mL）、量筒（100 mL）、人用注射器、培养瓶（150 mL 锥形瓶或 250 mL 罐头瓶）、硬质塑料周转筐、记号笔、pH 试纸、胶头滴管、玻璃棒、吸耳球、培养基配制登记表、钢笔等。

（三）练习使用酸度计

酸度计（pH 计）主要由控制与处理系统、液晶显示屏、电极及电极支架四部分构成（图 3-2-5），一般有台式、便携式之分，目前大多使用台式数显酸度计。扫码学习酸度计的使用方法。酸度计在使用前要做好标定；操作时不要手触电极头或碰坏电极前端。每次使用酸度计结束后，一定用蒸馏水清洗电极，并用滤纸吸干电极表面附着的水分，再从主机上拆下保存。

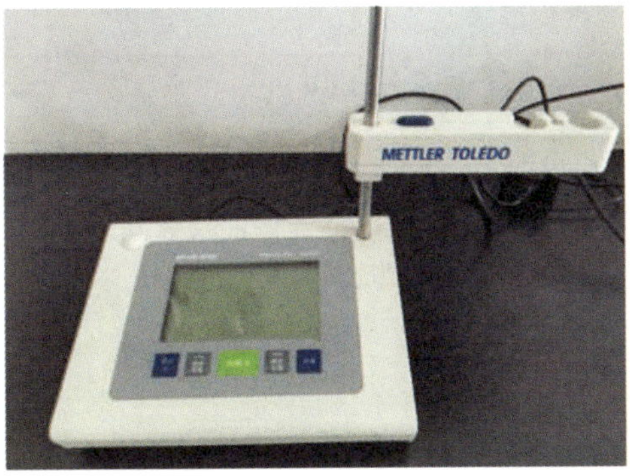

图 3-2-5　精密 pH 计

pH 计的使用

二、培养基配制

(一)分组配制

学生分组完成 MS、2/3MS、MS+6-BA 1 mg/L+NAA 0.5 mg/L 三种配方、各 1 L 的培养基配制任务。培养基配制操作流程见图 3-2-6,各技能环节操作要求见表 3-2-3。

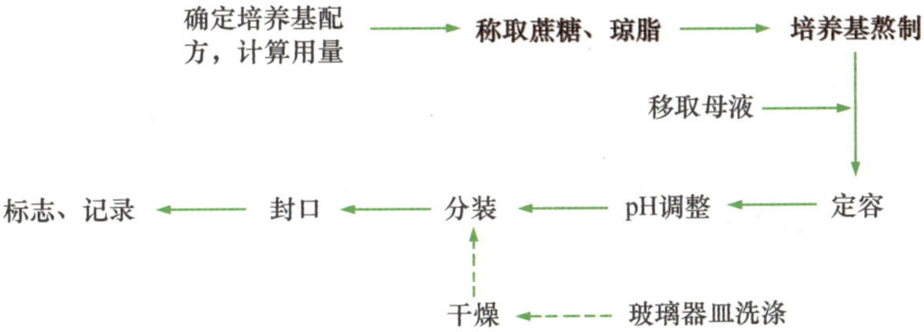

图 3-2-6　培养基配制操作流程

培养基配制
(使用琼脂粉、pH 试纸)

培养基配制
(使用琼脂条、pH 计)

调整培养基 pH

移液枪加注激素

表 3-2-3　培养基配制的技能要求

操作环节	图示	技能要求
确定配方 计算用量		培养基配方选择适宜，母液与所配培养基相符；母液移取量及蔗糖、琼脂用量计算准确。
称量	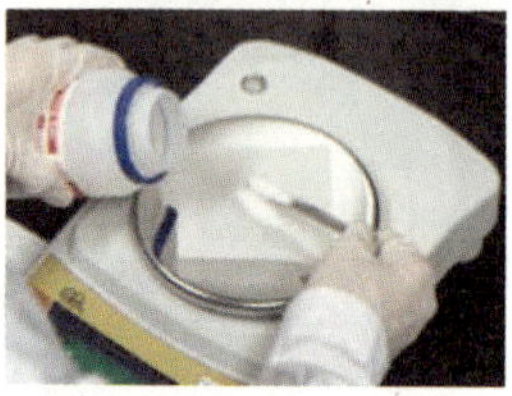	琼脂、蔗糖等称量操作规范、准确、熟练。
移取母液	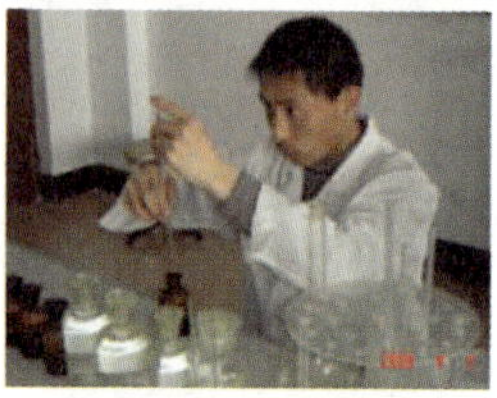	移取准确，一次性移取，不滴不漏，母液勿吸入吸耳球；移液管与母液瓶一一对应。2 min 内移完母液。
培养基熬煮	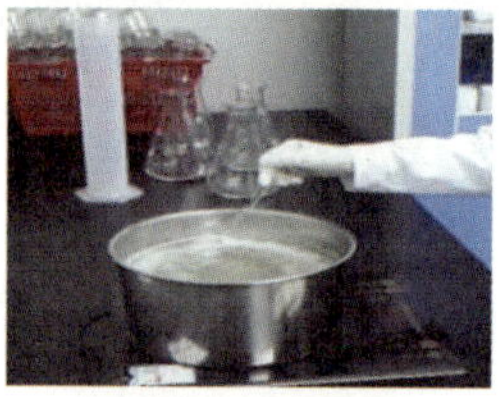	先旺火迅速烧开，再用文火煮化，注意经常搅拌，不能煳锅；熬好的培养基液体澄清透明。1 L 培养基熬制一般需要 10 min 左右(添加琼脂条时)或 3～5 min(添加琼脂粉时)。
定容		配制少量培养基可用容量瓶、大烧杯或大量筒定容。要求定容操作规范、准确，做到平视溶液凹面与刻度线卡齐。一次配制培养基量较大时，要求液体培养基达到容器内沿规定的刻度位置。
pH 调整	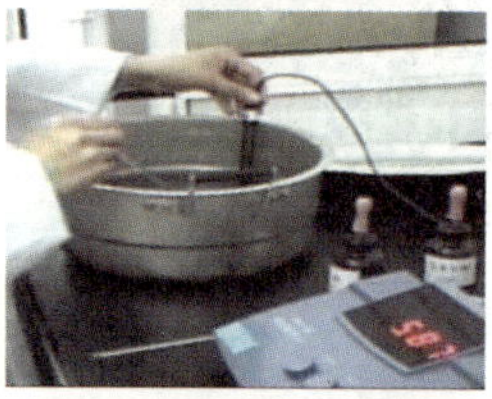	培养基温度 50～55 ℃范围内准确检测 pH，操作熟练；滴加 0.1 mol/L NaOH 或 0.1 mol/L HCl 溶液，调整 pH 至规定值[一般(5.8～6.0)+(0.1～0.2)]。
分装		趁热分装。采用烧杯倾倒、注射器或胶管分装时，要求将培养基垂直、均等倒入培养瓶，培养基不能溅留在培养瓶口。

续表 3-2-3

操作环节	图示	技能要求
封口	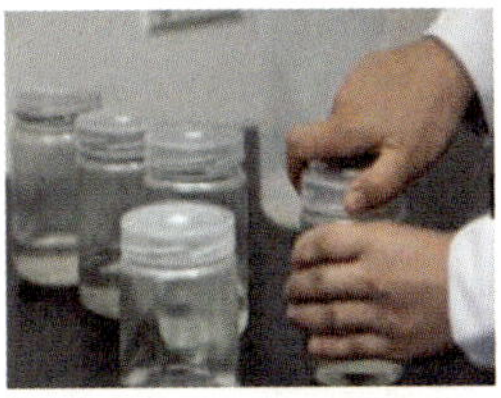	采用罐头瓶时，瓶盖拧紧即可，注意手指勿接触瓶盖内侧。如采用高压聚丙烯塑料封口时，确认封口膜无破损之处，手拿培养瓶倾斜度小于 45°，扎绳位置在瓶颈处，线绳不重叠、松紧适宜，1 min 内完成 12 个培养瓶封口为满分。
标识与记录	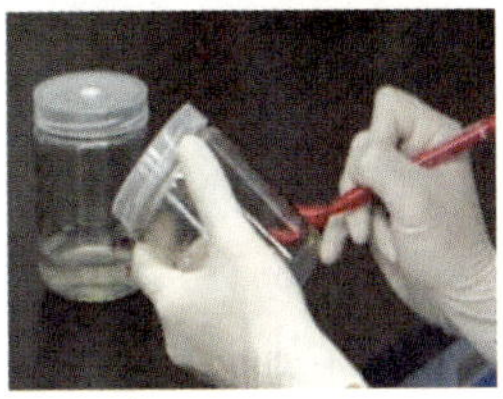	标识清楚，位置适宜；记录填写及时、规范。

（二）填写培养基配制登记表

培养基配制结束后，各组填写培养基配制登记表（表 3-2-4），相关人员签字。

表 3-2-4　培养基配制登记表

培养基代号	培养基体积	培养瓶数	培养基 pH	使用对象	备注

计算：______　校核：______　配制：______　审批：______　配制日期：______

（三）讨论与评价

同子任务 1。

（四）清理现场

同子任务 1。

技术提示

1. 生产上配制培养基时，可用白砂糖替代蔗糖、自来水替代蒸馏水。大批量配制培养基时，可用培养基灌装机或启用培养基灌装流水线分装。
2. 资深培养基制备工可采用经验法快速调整培养基的 pH。
3. 使用 pH 试纸检测时，注意试纸不能接触比色卡。
4. 培养基配制要建档备案，并妥善保管，以备查阅。

子任务 3 培养基灭菌与保存

一、操作前准备

教师指定一个学生小组灭菌(以后小组轮流灭菌);学生做好灭菌前准备(选定高压灭菌锅,熟悉设备使用,准备周转筐、医用小平车、隔热手套等用品)。

培养基灭菌

二、培养基灭菌

按照高压灭菌锅操作流程(图 3-1-5、图 3-1-6)进行培养基灭菌操作。要求合理设定灭菌温度与保压时间,确保培养基彻底灭菌。

三、现场讨论与测评

在培养基灭菌前,可以现场随机安排口试,考查学生对高压灭菌锅使用方法的掌握程度;组织学生分组讨论培养基灭菌时容易发生的问题。

四、培养基配制技能比赛

在培养基灭菌期间,安排其他学生小组练习移母液、封口,后期组织开展组内、组间技能比赛,统计各小组学生的初始操作水平(表 3-2-5)。指导教师作点评。

表 3-2-5 培养基配制技能比赛成绩

组别	学生姓名	移取母液		封口		学生成绩	小组平均成绩
		用时	存在问题	用时	存在问题		

五、培养基冷却与保存

将出锅后的培养基置于培养基冷却室,待凝固后转移至培养基保存室低温环境下临时贮存。

六、清理现场

同子任务 1。

七、实训反思

学生撰写实训报告，反思如何提高培养基制备的工作效率和质量？

技术提示

1. 培养基应在 24 h 内灭菌，不宜重复灭菌；灭菌时要排净锅内冷空气，使压力与温度关系相对应，保证锅内升温均匀。

2. 合理设定灭菌温度和灭菌时间，防止灭菌时间过长带来培养基的成分和 pH 等发生不利于离体材料培养的变化；避免由于灭菌温度不足而造成培养基灭菌不彻底，最终引发接种后大面积污染。

3. 培养基灭菌结束后，不能马上打开灭菌锅；不可久不放气，否则会引起培养基成分变化，导致培养基无法凝固。

4. 培养基灭菌后最好近期内使用，可临时置于洁净、无尘、黑暗的环境中低温保存。

5. 使用新灭菌锅或接种数量少且贵重的材料时，培养基灭菌后须放置 3 d 后确认灭菌彻底再接种。

6. 如果用琼脂粉作固化剂，并有搅拌设备时，可以搅拌均匀后直接分装。

7. 灭菌期间，操作人员坚守岗位，以便及时处置突发事件。

知识链接

一、配制培养基的目的

完整植株通过光合作用和矿质代谢来营建自身，而离体植物材料缺乏完整植株那样的自养机能，需要以异养方式从外界直接获得其生长发育所需的各种养分。配制培养基的目的就是人为提供无机营养和有机营养，以满足离体植物材料生长发育的需要。在生产实践中，应根据不同培养对象和培养目的配制相应的培养基。

二、培养基的成分

组培所需的各种营养物质主要从培养基中获得。培养基的主要成分包括水、无机盐、有机物、植物激素、培养物的支持材料五大类物质。

（一）水分

水是植物细胞的组成成分，也是一切植物代谢过程的介质。配制培养基时选用蒸馏水或去离子水，不但可以确保培养基配制的准确性，也有利于减少发霉变质和延长培养基母液的保存时间。大规模生产时，配制培养基可用自来水代替蒸馏水。

（二）无机盐

根据植物体对氮（N）和矿质元素的需求量的多少，矿质元素（包括氮素）可分为大量元素和微量元素。这两类元素都是离体植物材料生长发育必需的基本营养成分，一旦缺乏就会出现缺素症，导致生长发育不良。无机盐就是这些元素的化合物。

1. 大量元素

大量元素是指植物生长发育所需浓度大于 0.5 mmol/L 的营养元素，主要有 N、P、K、Ca、Mg、S 等。其中，N 是植物矿质营养中最重要的元素，分为硝态氮（NO_3^-）和铵态氮（NH_4^+）。这两种状态的氮都是植物组织培养所需要的。当作为唯一的氮源时，硝态氮的作用效果明显好于铵态氮，但在单独使用硝态氮时，培养一定时间后培养基的 pH 会向碱性方向转变。若在硝酸盐中加入少量铵盐，则会阻止这种转变。缺磷时，植物细胞的生长和分裂速度均会降低。K、Ca、Mg 等元素能够影响植物细胞代谢中酶的活性。

2. 微量元素

微量元素是植物生长发育所需的浓度小于 0.5 mmol/L 的营养元素，主要有 Fe、Mn、Cu、Mo、Zn、Co、B 等。它们虽然用量少，但对植物细胞的生命活动却有着十分重要的作用。其中，Fe 是用量较多的一种微量元素，对叶绿素的合成和延长生长等发挥重要作用。Fe 元素不易被植物直接吸收，并且容易沉淀失效。因此，通常在培养基中加入由 $FeSO_4 \cdot 7H_2O$ 与 EDTA-Na_2（螯合剂）配成的螯合态铁，可以减少沉淀，提高 Fe 元素的利用率。用酒石酸钠钾和柠檬酸可以替

螯合剂与螯合物

代 EDTA-Na_2 作为 Fe^{2+} 的螯合剂，有时效果更佳，但螯合剂对某些酶系统和培养物的形成有一定的影响，需慎重使用。

(三)有机化合物

1. 碳水化合物

碳水化合物，又称为糖类化合物，提供外植体生长发育所需的碳源、能量，维持培养基一定的渗透压。其中，蔗糖是最常用的糖类，可支持许多植物材料良好生长。培养基中添加蔗糖的浓度一般为2%～5%，常用3%，但在胚培养时可高达15%，这是因为蔗糖对胚状体的发育起着重要作用。在大规模生产时，可用食用白糖代替，以降低生产成本。

温馨提示

蔗糖在高温高压下会部分水解，形成葡萄糖和果糖，更容易被植物细胞吸收利用。在酸性环境中，这种水解更加迅速。如果是以葡萄糖或果糖为碳源配制成的培养基，则需要过滤除菌后才会有好的培养效果，否则培养基通过高温高压灭菌，会产生对细胞有害的糖与有机氮的复合物，妨碍细胞的生长。

2. 维生素类

植物离体培养时不能合成足够的维生素，需要另加一至数种维生素，才能维持正常生长。常用的维生素有维生素 B_1、维生素 B_6、维生素 PP、维生素 C 等，一般用量为0.1～1.0 mg/L。除叶酸需要少量氨水先溶化外，其他维生素均能溶于水。维生素 B_1 对愈伤组织的产生和生活力有重要作用；在低浓度的细胞分裂素下，特别需要添加维生素 B_1、维生素 B_6，才能促进根的生长；维生素 PP 与植物代谢和胚的发育有一定关系；维生素 C 有防止组织褐变的作用。

3. 肌醇

肌醇(环己六醇)能够促进糖类物质的相互转化，更好地发挥活性物质的作用，促进愈伤组织的生长、胚状体和芽的形成，对组织和细胞的繁殖、分化也有促进作用，但肌醇用量过多，则会加速外植体的褐化。肌醇的使用浓度一般为100 mg/L。

4. 氨基酸

氨基酸是良好的有机氮源，可直接被植物细胞吸收利用，在培养基中含有无机氮的情况下更能发挥作用。常用的氨基酸有甘氨酸、谷氨酸、半胱氨酸以及多种氨基酸的混合物(如水解乳蛋白和水解酪蛋白)等。

5. 天然有机化合物

组织培养所用的天然有机复合物的成分比较复杂，大多含氨基酸、激素等一些活性物质，因而能明显促进细胞和组织的增殖与分化，并对一些难培养的材料有特殊作用。常用的天然有机复合物有椰乳、香蕉泥(汁)、番茄汁、苹果汁、马铃薯提取物和酵母提取液等。由于这些天然有机复合物营养非常丰富，所以培养基配制和接种时一定要十分小心，以免引起污染。

(四)植物激素

植物激素是培养基内添加的关键性物质，对植物组织培养起决定性的作用。

1. 生长素类

(1)种类与活性强弱　常用的生长素类激素有 IAA、IBA、NAA、2,4-D,其活性强弱为 2,4-D>NAA>IBA>IAA,一般它们的活性比为 IAA∶NAA∶2,4-D = 1∶10∶100。

(2)作用　主要用于诱导愈伤组织形成,促进根的生长。与细胞分裂素协同作用,能够促进细胞分裂和伸长。

(3)稳定性和溶解性　除了 IAA 不耐热和光,容易受到植物体内酶的分解外,其他生长素类激素对热和光均稳定。生长素类激素溶于酒精、丙酮等有机溶剂。在配制母液时多用 95%酒精或稀 NaOH 溶液助溶。一般配成 0.1～1.0 mg/mL 的母液贮于冰箱中备用。

2. 细胞分裂素类

(1)种类及活性强弱　细胞分裂素是一类腺嘌呤的衍生物,常见种类有 6-BA、KT、ZT、2-ip 等。其活性强弱为 2-ip>ZT>6-BA>KT。

(2)作用　抑制顶端优势,促进侧芽的生长。当组织内细胞分裂素/生长素的比值高时,有利于诱导愈伤组织或器官分化出不定芽;促进细胞分裂与扩大,延缓衰老;抑制根的分化。因此,细胞分裂素多用于诱导不定芽分化和茎、苗的增殖。

(3)稳定性与溶解性　细胞分裂素对光、稀酸和热均稳定,但它的溶液常温保存时间过长会逐渐丧失活性。细胞分裂素能溶解于稀酸和稀碱中,在配制时常用稀盐酸助溶。有时购买的 6-BA 或其他细胞分裂素在稀酸中不能溶解,可用热蒸馏水助溶。通常配制成 1 mg/mL 的母液,贮存在冰箱等低温环境中。

3. 赤霉素

(1)作用　主要用于刺激不定芽发育成小植株,促进幼苗茎的伸长生长。赤霉素和生长素协同作用,对形成层的分化有影响:当生长素/赤霉素比值高时有利于木质化,比值低时有利于韧皮化。此外,赤霉素还用于打破休眠,促进种子、块茎、鳞茎等提前萌发。一般在器官形成后,添加赤霉素可促进器官或胚状体的生长。

(2)稳定性和溶解性　赤霉素溶于酒精,配制时可用少量 95%酒精助溶。它与 IAA 一样不耐热,需在低温条件下保存,使用时采用过滤灭菌法加入培养基。如果采用高压湿热灭菌,将会有 70%～100%的赤霉素失效。

(五)培养物的支持材料

琼脂是一种由海藻中提取的高分子碳水化合物,溶解在热水中成为溶胶,冷却至 40 ℃时即凝固成凝胶。其本身并不提供任何营养,但固化效果好。市售的琼脂有琼脂条和琼脂粉两种商品类型。前者价格便宜,但杂质较多,凝固力差,煮化时间长,用量较多,一般琼脂以颜色浅、透明度好、洁净的为上品;后者纯度高,凝固力强,煮化时间短,但价格略高。综合考虑以购买进口的大包装琼脂粉最经济实惠。

图 3-2-7　滤纸桥培养茎尖

(引自 Bbojwani 和 Razdan,1996)

玻璃纤维、滤纸桥等也可替代琼脂。其中,滤纸桥法(图 3-2-7)在解决生根难的问题上经常被采用。其方法是将一张滤纸折叠成"M"形或倒"U"形,放入液体培养基中，再将培养材料放在“M”形或倒“U”形的中间凹陷处，这样培养物可通过滤纸的虹吸作用不断从液体培养基中吸收营养和水分，又可保持有足够的氧气。

（六）其他

1. 活性炭

培养基中加入活性炭（AC）的目的主要是利用其吸附性，减少一些有害物质的不利影响，如能够吸附一些酚类物质，能够减轻组织的褐化（在兰花组培中作用效果明显）。此外，创造暗环境，有利于某些植物的生根。据报道，活性炭能恢复胡萝卜悬浮培养细胞的胚状体发生能力；0.3% 活性炭能降低玻璃化苗的发生率。注意活性炭的吸附性没有选择性，既能吸附有害物质，也能吸附有益物质，尤其是活性物质，因此选择添加活性炭时应慎重。此外，高浓度的活性炭会削弱琼脂的凝固能力。所以，添加活性炭要适当提高培养基中琼脂的用量。根据质地的不同，活性炭有木质和骨质活性炭之分，前者适宜植物组培使用，后者则对培养物产生副作用，购买时要仔细挑选。一般所说的木质活性炭为木炭经粉碎加工形成的粉末结构，有大颗粒与小颗粒之分，各有优缺点。大颗粒活性炭用于组培效果较好，价格较高，而小颗粒活性炭容易下沉在培养基底部，而影响培养效果。

活性炭

2. 抗生素

在培养基中添加抗生素的主要目的是防止外植体内生菌造成的污染。当表面灭菌效果不理想时，可考虑使用抗生素。使用抗生素时，应注意以下问题：①不同抗生素能有效抵制的菌种具有差异性，实践中要有针对性地选择抗生素种类；②当所用抗生素的浓度高到足以消除内生菌时，也会抑制有些离体植物材料的生长分化；③当单独使用抗生素对污染防控无效的情况下，可考虑几种抗生素配合使用；④在停用抗生素后，污染率往往显著上升，可能是原来受抑制的菌类集体复活、集中暴发的结果。因此，总体来说，高等植物组织培养，特别是商业性快繁应当尽量避免使用抗生素。常用的抗生素有青霉素、链霉素、土霉素、四环素、利福平、卡那霉素和庆大霉素等，用量一般为 5～20 mg/L，并且大部分抗生素要求过滤灭菌。

三、培养基的种类与特点

（一）培养基的种类

根据态相不同，培养基分为固体培养基与液体培养基，二者的主要区别在于培养基中是否添加了固化剂；根据培养阶段不同，可分为初代培养基、继代培养基和生根培养基；根据培养进程和培养基的作用不同，分为诱导（启动）培养基、增殖（扩繁）培养基和壮苗培养基、生根培养基；根据其营养水平不同，分为基本培养基和完全培养基。基本培养基即平常所说的培养基，如 MS、White 培养基。完全培养基由基本培养基、添加适宜的激素和天然有机复合物组成。对培养基的某些成分适当调整后的培养基称为改良培养基。

（二）常用培养基的特点

虽然基本培养基有许多类型，但在组培试验和生产中应根据组培对象、培养部位和培养目的的不同而选用不同的基本培养基，因为不同的培养基具有不同的特点和适用范围。常用的基本培养基的配方及特点见表 3-2-6 和表 3-2-7。

表 3-2-6 植物组织培养常用的基本培养基配方

化合物名称	培养基含量/(mg/L)						
	MS	White	B_5	WPM	N_6	Knudson C	Nitsch
NH_4NO_3	1 650						720
KNO_3	1 900	80	2 527.5	400			950
$(NH_4)_2SO_4$			134		2 830	500	
$NaNO_3$					463		
KCl		65					
$CaCl_2 \cdot 2H_2O$	440		150	96	166		166
$Ca(NO_3)_2 \cdot 4H_2O$		300		556		1 000	
$MgSO_4 \cdot 7H_2O$	370	720	246.5	370	185	250	185
K_2SO_4				900			
Na_2SO_4		200					
KH_2PO_4	170			170	400	250	68
$FeSO_4 \cdot 7H_2O$	27.8			27.8	27.8	25	27.85
EDTA-Na_2	37.3			37.3	37.3		37.75
Na_2-Fe-EDTA			28				
$Fe_2(SO_4)_3$		2.5					
$MnSO_4 \cdot H_2O$				22.3			
$MnSO_4 \cdot 4H_2O$	22.3	7	10		4.4	7.5	25
$ZnSO_4 \cdot 7H_2O$	8.6	3	2	8.6	1.5		10
$CoCl_2 \cdot 6H_2O$	0.025		0.025				0.025
$CuSO_4 \cdot 5H_2O$	0.025	0.03	0.025	0.025			
MoO_3							0.25
$Na_2MoO_4 \cdot 2H_2O$			0.25	0.25			
KI	0.83	0.75	0.75		0.8		10
H_3BO_3	6.2	1.5	3	6.2	1.6		
$NaH_2PO_4 \cdot H_2O$		16.5	150				
烟酸(维生素 PP)	0.5	0.5	1	0.5	0.5		
盐酸吡哆醇	0.5	0.1	1	0.5	0.5		
盐酸硫胺素	0.1	0.1	10	0.5	1		
肌醇	100		100	100			100
甘氨酸	2	3		2	2		
pH	5.8	5.6	5.5	5.8	5.8	5.8	6.0

表 3-2-7　常用基本培养基的比较

基本培养基名称	培养基特点	主要适用范围
MS	无机盐和离子浓度较高，为较稳定的平衡溶液。其中，钾盐、铵盐和硝酸盐含量较高。	广泛用于植物的器官、花药、细胞和原生质体培养。
B_5	含有较高钾盐和盐酸硫胺素，但铵盐含量低，这可能对有些培养物生长有抑制作用。	南洋杉、葡萄等木本植物及豆科、十字花科植物的培养。
White	无机盐含量较低，$MgSO_4$ 和硼素含量较高。	生根培养。
N_6	成分较简单，但 KNO_3 和 $(NH_4)_2SO_4$ 含量高。	小麦、水稻及其他植物的花药培养等。
KM-8P	有机成分较复杂，包括所有的单糖和维生素。	禾谷类和豆科植物的原生质融合的培养。
WPM	硝态氮和钙、钾含量高，不含碘和锰。	木本植物的茎尖培养。

四、培养基的配制方法

配制培养基有两种方法可以选择：一是购买培养基配方规定的所有化学试剂，根据需要自行配制；二是直接购买商品干粉培养基，如 MS、B_5 培养基。目前国内实验室和一些组培企业多是自行配制培养基，以控制研发和生产成本。

（一）母液的配制

配制培养基是组织培养日常必做的工作之一。通常先将各种试剂配制成浓缩一定倍数的母液（又称浓缩贮备液）。提前配制母液，不但节省配制时间，而且能够保证配制的准确性和快速移取，有效提高工作效率，也方便培养基的短期低温保藏。根据营养元素的类别与化学性质的不同，分别配成大量元素母液（浓缩 10～20 倍）、微量元素母液（浓缩 100～200 倍）、铁盐母液（浓缩 100～200 倍）、有机物母液（浓缩 50～200 倍，不含糖类化合物）和激素母液（浓度一般为 0.5～1.0 mg/mL）。配好的母液冷藏（2～4 ℃）于冰箱内备用。注意母液保存时间不要过长，大量元素母液最好 1 个月内用完。如发现母液有混浊或沉淀现象发生，则弃之勿用。

母液配制注意事项

基本培养基的母液配制方法是根据培养基配方、配制量和浓度扩大倍数来计算各种试剂的称取量，然后按照配制流程（图 3-2-3）分别配制各种母液。激素母液配制方法见子任务 1。激素母液配制时注意选择适宜的助溶剂；浓度不能过高，否则激素会结晶析出，影响配制精确度。

（二）培养基的配制

组培生产上多采用固体培养基。其配制是根据配方及配制量要求移取母液，再添加蔗糖和琼脂等固化剂熬制而成，涉及技术环节较多，要求严格按照配制操作流程（图 3-2-6）和各环节的技能要求（表 3-2-3）配制，确保配制质量，否则会给组培苗木生产造成严重损失。需要提醒的是，受组培条件所限和培养基制备的目的不同，不同单位在琼脂选用上有琼脂粉和琼脂条之分；加入激素时，有的用移液管量取，有的用移液枪；pH 调整时，有的使用 pH 试纸，有的使用 pH 计；培养基熬煮时，有的用电炉＋铝锅，有的使用电磁炉，或者使用自制或定制的大型不锈钢熬煮桶；在培养基分装时，有人工作业（直接倾倒、注射器分装）和流水线操作等，因而在相应的技术环节操作上会存在一定差异。

五、培养基灭菌

培养基灭菌是培养基制备的关键环节。如果培养基灭菌不彻底，则会带来接种后培养瓶大面积污染，导致培养失败；如果培养基灭菌过度，则培养基的成分、浓度会发生变化而影响培养效果。因此，应按照操作流程严格灭菌。

（一）培养基灭菌方法

主要采用高压湿热灭菌方法灭菌。培养基高压湿热灭菌的最短时间与培养容器的体积有关（表 3-2-8）。如果培养基配方中要求加入生长素（IAA）、赤霉素（GA）、玉米素（ZT）和某些维生素等不耐热的物质（包括抗生素），则需要采用过滤灭菌方法。过滤灭菌原理是通过直径为 0.45 μm 以下的微孔滤膜使溶液中的细菌和真菌的孢子因大于滤膜直径而无法通过滤膜，从而达到灭菌的效果。需过滤灭菌的溶液量大时，常使用抽滤装置；反之，可用无菌医用注射器（图 3-2-8）。具体的操作步骤如下：

表 3-2-8　培养基高压蒸汽灭菌所必需的最少时间

容器的体积/mL	在 121 ℃灭菌所需最少时间/min
20～50	15
75～150	20
250～500	25
1 000	30

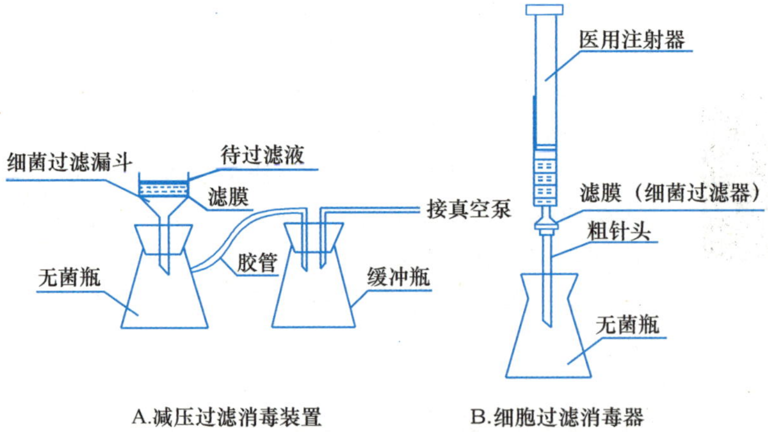

图 3-2-8　液体过滤灭菌装置（引自程家胜，2003）

①将用铝箔包裹好的细菌过滤器、注射器，以及承接滤过灭菌液的容器和瓶塞用耐压塑料袋包好后随培养基一起进行高压湿热灭菌；

②分别配制一定浓度的激素、抗生素、维生素溶液，预先放置在超净工作台上；

③双手消毒，然后在超净工作台上组装细菌过滤装置；

④用移液枪吸取或直接将待过滤的液体注入细菌过滤漏斗或注射器内，启动减压过滤灭菌装置或用力推压注射器活塞杆，使液体流过滤膜；

⑤将滤液按照培养基配方要求加入的量，用移液枪（枪头已灭菌）立即加入未凝固的固体培养基中，轻轻晃动几次，使之充分混匀；若使用液体培养基，可在培养基冷却后加入。

（二）影响培养基等湿热灭菌的因素

1. 灭菌器内冷空气排出的程度

冷空气的存在会影响蒸汽的温度和穿透力。冷空气排出的程度和灭菌器内温度的关系见表 3-2-9。

表 3-2-9　压力蒸汽灭菌器内空气排出程度与温度的关系（引自薛广波，1993）

表压		排出不同程度冷空气时灭菌器内的温度/℃				
lb/in²	kg/cm²	全排出	排出 2/3	排出 1/2	排出 1/3	未排出
5	0.35	109	100	94	90	72
10	0.70	115	109	105	100	90
15	1.05	121	115	112	109	100
20	1.41	126	121	118	115	109
25	1.76	130	126	124	121	115
30	2.11	135	130	128	126	121

注：lb/in²：表示磅每平方英寸。

2. 灭菌物品的数量、包装和放置

培养基等灭菌物品的包装不宜太大，也不宜扎太紧。放入灭菌锅内的物品应少于灭菌器容积的 85%；排放物品时，应留有空隙以利于蒸汽的穿透，切忌形成死腔；陶瓷的盆、实验服、口罩纺织品等应垂直放置，空瓶的瓶口不应向上。

3. 加热速度

由于蒸汽穿透需要时间，所以当加热速度太快时，灭菌锅内的温度已达到所需的温度，但培养基等物品内部的温度仍然没有达到，则杀菌效果就不理想。所以应按正常速度加热。

4. 超高热蒸汽

在一定的压力下，若锅内的蒸汽温度超过饱和状态下应达到温度的 2 ℃以上，则为超高热蒸汽。虽然温度高，但水分不足，遇到培养基等灭菌物品不能凝结成水，导致不能释放出潜热，所以对灭菌不利。为了避免这种现象出现，锅内的水量应多于产生蒸汽所需的水量，即水量应放足，达到高水位。此外，灭菌物品不宜太干燥。

六、培养基保存

灭菌后的培养基在室温下冷却后即可使用。如果灭菌后不是立即使用，则应置于 4 ℃以下的低温环境贮存。贮存室要保持无菌、干燥，以免造成培养基的二次污染。如果培养基中含有易于光解的成分（如 IAA 和 GA 等），则保存期间尽可能避免光线的照射。灭菌后的培养基一般应在 2 周内使用，最多不超过 1 个月。贮存时间过长，培养基的成分、含水量等会发生变

化，而且容易造成潜在的污染。此外，培养基灭菌后如果出现沉淀或琼脂不凝固等现象时，该培养基不能继续使用，应查明原因重新配制。

七、培养基制备的常见问题

培养基制备的常见问题见表 3-2-10。

表 3-2-10　培养基配制的常见问题

常见问题	原因	预防措施
固体培养基灭菌后不凝固	1. 琼脂贮藏时间过久 2. 培养基中添加 6-BA 过多 3. 培养基过酸过碱 4. 培养基中添加活性炭过多 5. 培养基灭菌时间过长或灭菌后久不放气 6. 琼脂质量差	1. 购买新琼脂 2. 适当增加培养基中的琼脂添加量 3. 调整培养基 pH 至适宜 4. 合理设定灭菌时间 5. 对新购的琼脂做凝固力试验
培养基浓度不符要求	1. 母液移取量不足或超量 2. 培养基熬制时间过长 3. 定容不准确 4. 培养基灭菌时间过长	1. 准确移取母液 2. 控制培养基熬制时间 3. 定容时凹液面与刻度线卡齐 4. 合理设定灭菌时间
培养基 pH 不符要求	1. pH 检测与调整有误差 2. 培养基灭菌时间过长 3. 培养基熬制时间过长	1. 熟悉 pH 计使用方法 2. 选择适宜的 pH 调整方法 3. 合理设定灭菌时间 4. 控制熬制时间
大量元素母液出现沉淀	1. 母液浓缩倍数过大 2. 混合定容顺序不正确	1. 合理确定母液浓缩倍数 2. 科学确定大量元素混合顺序
生长激素母液出现结晶	1. 助溶剂偏少或选择错误 2. 激素母液浓缩倍数过大 3. 保存温度过低或保存时间过长	1. 合理选择助溶剂，适当增加助溶剂用量 2. 合理确定母液浓缩倍数 3. 置于 4 ℃低温环境保存，保存时间不能过久 4. 水浴加热再溶解
加入活性炭的培养基灭菌后颜色不均匀	培养基灭菌后凝固前未及时摇匀	空白培养基灭菌后持续摇动，直到凝固
培养基灭菌后含量不符要求	生长素、赤霉素不耐热，灭菌后部分失效	采用过滤灭菌方法

问题探究

☆ 配制培养基时可否以缓冲液代替蒸馏水？

☆ MS 大量元素母液配制时，为什么要注意 5 种盐类化合物的混合顺序？

☆ 如果使用自来水配制培养基母液，结果会如何？

☆ 请总结出培养基配制时母液移取量的计算公式。

拓展学习

移动式培养基自动灌装设备

固定式培养基自动灌装设备

培养基自动灌装生产线

自我测试

一、填空题

1. 玻璃器皿可采用（　　　　）或（　　　　）洗涤，要求洗过的玻璃器皿（　　　　）。

2. 用过且未污染的培养瓶可选择（　　　　）或（　　　　）等方法洗涤。

3. 培养瓶污染较重，必须（　　　　）之后再清洗。

4. 高压灭菌锅的灭菌原理是利用（　　　　）来杀灭细菌和真菌的。一般灭菌温度设定（　　　　），灭菌压力控制在（　　　　），灭菌时间一般设定（　　　　）。

5. 手提式高压灭菌锅的一般操作程序是加水装锅—封盖—通电加热—（　　　　）—升温

保压—(　　　　)—出锅冷却。

6. 培养基的成分主要包括(　　　　)、(　　　　)、(　　　　)、(　　　　)和(　　)五类物质。

7. 提前配制母液，不但节省(　　　　)，而且能够保证(　　　　)的准确性和快速移取，有效提高(　　　　)，也方便培养基的短期低温保藏。

8. 600 mL 地雷瓶盛装蝴蝶兰培养基，高压灭菌时间一般设定为(　　　　)min。

9. 培养基配制的操作流程是计算—(　　　　)—(　　　　)—移取母液—(　　　　)—(　　　　)—分装—标识记录。

10. 为防止培养基中 IAA、GA 等不耐热物质失效，应采取(　　　　)方式灭菌。

11. 培养基中琼脂和蔗糖一般添加的量分别是(　　　　)和(　　　　)。

12. 清洗 pH 计的电极时，要用(　　　　)水，并用滤纸吸干电极表面附着的水分。

二、判断题

1. 利用洗瓶机洗涤玻璃瓶时，必须预先浸泡。(　　)
2. 如果玻璃器皿上粘有蛋白质或其他有机物时，采用碱洗法清洗。(　　)
3. 采用耐热玻璃瓶灌装待灭菌液体，液体体积不超过容器体积的 3/4。(　　)
4. 污染瓶堆放在培养室边角处，不会对培养室带来多大影响。(　　)
5. 小张因工作不认真，将移液管与培养瓶混在一起，放在烘干箱中烘干水分，再配培养基时，仍用烘干的移液管移取激素母液。(　　)
6. 活性炭的吸附性没有选择性，而且会提高培养基的凝固力。(　　)
7. 激素母液浓度一般为 0.5～1 mg/L。(　　)
8. 配制母液用水要求是蒸馏水或去离子水，所需药品为工业品或农用品。(　　)
9. 培养基中肌醇添加量过多，会引起污染。(　　)
10. 琼脂不但是固化剂，也能为培养材料提供少量营养。(　　)
11. 配制 IBA、NAA 母液时，可用稀盐酸助溶。(　　)
12. 调整培养基 pH 时，一般是滴加 1 mol/L 的盐酸或氢氧化钠溶液。(　　)
13. 使用 pH 试纸比色时，不能将蘸湿的滤纸条与比色卡直接接触。(　　)
14. 熬煮培养基的实质是使蔗糖充分溶解。(　　)

三、案例分析题

组培室主管安排江月配制 2/3 MS 培养基 4 L。由于疏忽大意，按照配制 4 L MS 培养基计算用量，并且母液移取量已倒入容量瓶。有的同学说只能重新配制，你的意见呢？

测试要求：先独立自测后核对答案

温馨提示：自律彰显素养　诚信成就人生

项目 3 自我测试题参考答案

自我总结

结合学习与实训，绘制本项目知识与技能要点的思维导图。

项目 4　外植体采集与处理

植物组织培养的成败除与培养基、培养条件的正确选择有关外，另一个重要因素就是外植体本身，即从活体植物上切分、用于进行离体培养的细胞、组织或器官。外植体选择是否适宜，以及对其处理的方法是否得当，直接关系到植物组织培养的难易程度、培养方向和培养效果。因此，掌握外植体的选择原则与处理方法是十分重要的。

学习目标

知识目标

1. 了解常用灭菌剂的灭菌原理，理解灭菌与消毒的含义及其相互关系；
2. 掌握外植体采集与处理的程序、原则、方法以及容易发生的常见问题。

能力目标

1. 会制定外植体采集与处理实施方案；
2. 熟练进行外植体灭菌。

素质目标

1. 树立无菌观念、系统思维、环保意识；
2. 具有团队精神、劳动精神和责任心；
3. 具有较强的执行力、观察力。

思想领航

——行是知之始，知是行之成。

——观察与工作经验和谐地运用到生活上就是智慧。

项目实施

任务 4-1 外植体采集与处理

任务描述

具体任务：外植体采集、预处理和灭菌。

操作形式：分组操作。

操作程序：制定实施方案→外植体选择→(材料预处理)→外植体采集→外植体修整→外植体灭菌。

实践成果：彻底灭菌的外植体。

任务分析

外植体的选择与处理是植物组织培养重要的技术环节之一，包括外植体的选择、预处理、采集和表面灭菌等多个操作步骤，其技术关键在于选定外植体、制定灭菌方案并有效实施，做到外植体彻底灭菌，这是把好“材料无菌关”、控制组培污染的规定动作和必然要求。操作人员应准确把握外植体选择原则、科学合理制定灭菌方案、有效把握外植体灭菌程度。外植体采集主要在室外进行，注意观察材料采集地的生态条件并对环境污染程度进行评估，为科学制定外植体灭菌方案提供重要依据。实训时可与无菌操作训练合并进行。

任务实施

一、操作前准备

(一)做好计划

学生分组制定实施方案，确定外植体的种类和具体采集部位、预处理方法、采集原则、修整方法、外植体灭菌方案与操作流程，列出用品清单，做好人员分工。

(二)准备设备用品

分析天平(精确度 0.01 g)、磁力搅拌器、量筒(100 mL)、塑料烧杯(500 mL)、玻璃棒、塑料盆、手按式喷壶、市售白色塑料袋、线绳、纱布、手术剪、解剖针、解剖刀、镊子、铁铲等设备用具；市售杀菌剂、杀虫剂和次氯酸钠、升汞(氯化汞)、95%酒精、吐温-80、无菌水等预处理用药剂、材料灭菌试剂。

(三)配制药剂

预处理药剂：1 000 倍多菌灵溶液(杀菌剂)；1 500 倍万灵溶液(杀虫剂)。

外植体消毒剂、灭菌剂：将 95%酒精、5.2%次氯酸钠试剂分别稀释成浓度为 70%、1.3%溶液；升汞配成 0.1%溶液；无菌水通过自来水高压湿热灭菌获得，可以提前与培养基一并灭菌处理。

二、外植体采集与预处理

（一）外植体采集前准备

（1）依据培养方案和外植体选择的原则（见本任务知识链接）选定接种材料，制定外植体采集计划。

（2）对选定的接种材料现场喷杀菌剂和杀虫剂。

（3）将选定的接种部位进行套袋处理（图 4-1-1 和图 4-1-2）。

图 4-1-1　枝条套袋实景

图 4-1-2　枝条套袋示意图

（二）实地采集外植体

根据接种的外植体类型，采集相应的接种材料。采集外植体前，要观察记录母本植株或器官所处的生态环境，评估环境有害微生物的多寡，并作为制定外植体灭菌方案的重要依据。为了避光保湿，可将离体材料用湿纱布包裹好，装入避光处理的烧杯或铝盒内，并尽快拿到或运到相应组培室或组培工厂。接种不同外植体，应采集相应的接种材料。接种芽、茎段、叶片，要剪取幼嫩的枝条；接种花托、花药，剪取直径 1 cm 左右的花蕾（含花托）；接种果实、种子，直接摘取果实或种子。

（三）外植体修整

参照表 4-1-1 修整外植体。

表 4-1-1　外植体修整方法

外植体类型	修整方法
根及地下部器官	剪除老根、烂根；切除损伤及污染严重部位；用软毛刷刷洗，去除泥土、虫卵等附属物；幼根剪或切成 1 至几厘米长的根段。
茎尖、茎段	剪或切除枝条上的叶片、叶柄及刺、卷须等附属物；软质枝条用软毛刷蘸肥皂水刷洗，硬质枝条用刀刮除枝条表面的蜡质、油质、茸毛等；枝条剪成带 2～3 个茎节的茎段，长 4～5 cm。
叶片	叶片带油脂、蜡质、茸毛，可用毛笔蘸肥皂水刷洗；较大叶片可剪成若干带叶脉的叶块，大小以能放入冲洗用容器即可。

续表 4-1-1

外植体类型	修整方法
果实、种子、胚乳	一般不用修整,直接冲洗消毒。对于种皮较硬的种子可去除种皮,预先用低浓度的盐酸浸泡或机械磨损。
花蕾、花药	一般不用修整。

(四)流水冲洗

将装有离体材料的烧杯上覆纱布,置于水池内(图 4-1-3)或将材料用纱布包裹好,系于水龙头上(图 4-1-4)。打开水龙头,流水冲洗至少 30 min 以上。

图 4-1-3　流水冲洗外植体Ⅰ

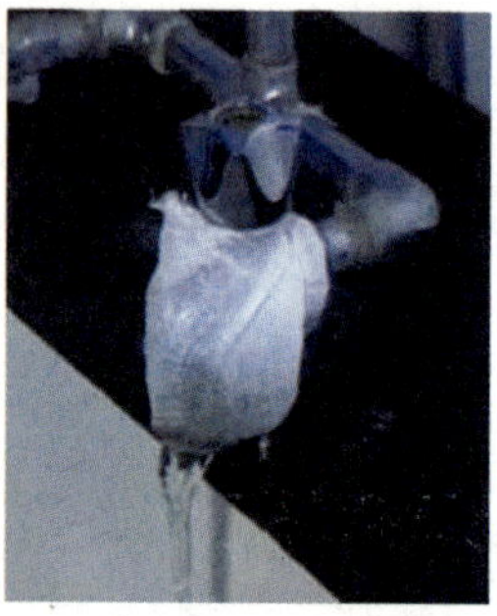

图 4-1-4　流水冲洗外植体Ⅱ

三、外植体灭菌

参照表 4-1-2 和外植体灭菌一般操作流程在超净台上对外植体进行表面灭菌,并比较氯化汞、次氯酸钠两种灭菌剂的灭菌效果。

表 4-1-2　不同外植体的灭菌方法

外植体类型	灭菌方法
根及地下部器官	①流水冲洗;②纯酒精漂洗;③用 0.1%～0.2%升汞液浸 5～10 min 或 2%次氯酸钠溶液浸泡 10～15 min;④无菌水漂洗 3～5 次。
茎尖 茎段 叶片	①流水冲洗后用肥皂、洗衣粉或吐温洗涤;②70%酒精浸泡数秒;③根据材料老嫩和枝条的坚实程度,用 2%～10%的次氯酸钠溶液(加或不加吐温-80)浸泡 10～15 min,或者用 0.1%～0.2%的升汞消毒 3～10 min ;④无菌水漂洗 3～5 次。
花药	①70%酒精浸泡数秒;②无菌水冲洗 2～3 次;③饱和漂白粉滤液中浸泡 10 min;④无菌水漂洗 2～3 次。
胚 胚乳	方法一:成熟或未成熟的种子消毒后剥离出胚或胚乳; 方法二:去除种皮后,用 4%～8%的次氯酸钠溶液浸泡 8～10 min;②无菌水漂洗 3～5 次。
果实 种子	①根据果实和种子清洁度,流水冲洗 10～20 min 或更长时间;②70%酒精漂洗几秒到几十秒钟(取决于果实和种子的成熟度与果皮、种皮的厚薄);③果实用 2%次氯酸钠溶液浸泡 10 min 后,无菌水冲洗 2～3 次;④种子用 10%的次氯酸钠溶液浸泡 20～30 min,或用 0.1% 升汞溶液浸泡 5～15 min 后,无菌水漂洗 3～5 次。

四、填写外植体灭菌统计表

填写外植体灭菌统计表(表 4-1-3)。

表 4-1-3　外植体灭菌统计表

外植体类型	第一次灭菌			第二次灭菌			操作人签字
	消毒剂名称	处理方式	处理时间	消毒剂名称	处理方式	处理时间	

组别：________　　填表人：________　　组长(签字)：________

技术提示

1. 外植体采集回来后不宜久放，应及时修整、表面清洗和流水冲洗。

2. 外植体表面灭菌时间是以灭菌液开始倒入容器至从容器倒出为止的时间。

3. 灭菌时要浸没材料，随时轻轻摇动；灭菌后应尽快切取外植体接入培养基，以减少外植体在空气中的暴露时间，避免风干、褐化和二次染菌。

4. 为提高灭菌效果，可先做预备试验，采取交替灭菌和多次灭菌方式；在灭菌剂中适当加入表面活化剂(如吐温-80 等)。

5. 根据外植体的种类、取材环境、取材部位和老嫩程度综合确定灭菌方案。外植体灭菌方案应明确灭菌剂的种类、浓度和灭菌时间。

6. 如果外植体较大而硬，可直接用灭菌剂处理，如果实、叶片、茎段、种子等外植体。如果接种幼嫩的茎尖，一般先取较大的茎尖，经表面灭菌后再在无菌条件下借助解剖镜剥取适宜大小的茎尖进行培养。

7. 对于取自植物体内部、由多层包被的微小材料，如花粉、子房、未成熟种子、茎尖等，也可不进行表面灭菌，在无菌条件下剥离后直接接种。

知识链接

一、外植体的选择与处理

外植体采集与处理一般操作流程见图 4-1-5。

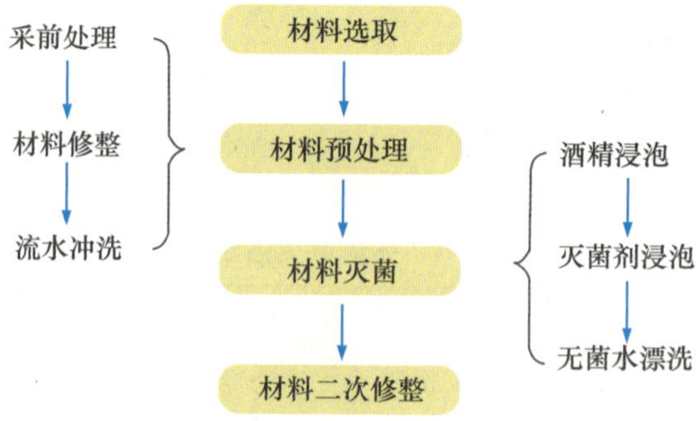

图 4-1-5　外植体的采集与处理一般操作流程

(一)外植体的选择

从理论上讲,任何含完整细胞核的植物活细胞都具有全能性,只要条件适宜,都能再生成完整植株。所以,外植体可以是植物细胞、组织或器官,甚至是原生质体。不同植物种类以及同种植物的不同器官对诱导条件的反应是不一致的,有的部位诱导成功率高,有的部位很难脱分化,即使能够脱分化,再分化频率也很低,出芽不长根或长根不长芽。因此,生产实践中必须选取最易表达全能性的部位,以降低生产成本。一般多选择茎段、茎尖、叶片、花药等作为组培与快繁的外植体。

1. 外植体选择的原则

①具有植物固有的特征和代表性;

②材料幼嫩,生长健壮,无病虫害;

③最好在生长初期选取接种材料;

④根据培养目的选取适宜的外植体,并且大小要适宜。

2. 外植体选择应考虑的因素

(1)植物基因型　组培的难易程度与植物的基因型相关。一般来说,草本植物易于木本植物、双子叶植物易于单子叶植物。因此,选取优良的或特殊的、具有一定代表性的基因型,可以提高组培的成功率,增加其实用价值。

(2)生理状态　外植体发育年龄和生理状态直接影响植物离体培养过程中的形态发生。越幼嫩、生长年限越短的组织越具有较高的形态发生能力,组织培养越容易成功。

(3)取材季节　外植体最好在其生长开始的季节选取,若在生长末期或已经进入休眠期选取,则外植体会对诱导反应迟钝或无反应。如百合鳞片外植体,春、秋季取材容易形成小鳞茎,而夏、冬季取材则形成小鳞茎较难。

(4)植物的长势　生长健壮的植物器官或组织代谢旺盛,再生能力强,离体培养容易成功。

(5)取材部位　在确定取材部位时,一方面要考虑培养材料的来源是否有保证、是否容易成苗;另一方面要考虑培养途径与技术路线是否会引起不良变异,而丧失原品种的优良性状。对于培养较困难的植物,在培养材料较多的情况下,最好先比较不同外植体的诱导及分化能力,既保质又保量。

外植体的选择

(6)外植体大小　选择外植体的大小,应根据培养目的而定。如果是胚胎培养或脱除病毒,则外植体宜小;如果是进行快速繁殖,外植体宜大。但是，外植体过大，灭菌往往不彻底，容易造成污染；外植体过小，植物离体培养难以成活。一般外植体大小控制在 0.5～1.0 cm 为宜。例如，叶片、花瓣约为 0.5 cm×0.5 cm，茎段 1 cm 左右、一般带 1～2 个节。胚胎培养或脱毒培养所需的外植体会更小，如脱毒培养的茎尖分生组织带 1～2 个叶原基，其大小为 0.2～0.5 mm。

(二)接种材料的预处理

从室外取回的接种材料往往带有较多的泥土、杂菌等，不宜直接接种，而且要达到外植体的规格要求，需要对材料进行必要的处理。组培实践中可以结合外植体的种类与特点采取不同的处理方法。

1.喷药和套袋

提前选定枝条等取材部位，对取材部位喷施杀虫剂、杀菌剂，然后套上白色塑料袋，并用线绳扎住，待长出新枝条后再采样。

2.材料预培养

挖取小植株，剪除一些不必要的枝条后，改为盆栽，并喷杀虫剂和杀菌剂，在室内或置于人工气候室内培养。也可将一些植株的枝条插入水中或低浓度的糖液中培养。选取新抽生的嫩梢或新生芽进行接种。为了加快外植体的诱导与分化，对一些材料(如花药)需要进行高、低温处理或药剂处理、辐射处理等。

3.外植体的初次修整

外植体表面灭菌前，预先进行必要的修整，以方便外植体剪切和材料表面消毒灭菌。当外植体表面灭菌后再进行二次修整，达到外植体接种的规格要求。不同外植体的修整方法见表 4-1-1。为了节约材料，在剪切茎段时，要注意枝条剪切的相对位置。

4.流水冲洗

外植体采集回来后不宜久放，应及时修整、表面清洗和流水冲洗。流水冲洗时间要根据取材环境与离体材料本身的特点来综合确定，一般最低保证流水冲洗时间在 30 min 以上，其中木本植物、容易褐化的或取自地下的接种材料需流水冲洗 2 h 以上，达到彻底冲洗掉离体材料表面附带的泥土、虫卵、病菌孢子等物理消毒效果。

(三)外植体灭菌

1.消毒与灭菌的含义

植物组培要求在无菌环境中进行，要经常对环境、接种材料、接种工具与用品进行灭菌。可以说灭菌是组培常规工作之一。很多植物组培失败的原因主要是菌类污染，而造成菌类污染的原因就是灭菌不彻底。这就需要组培工作者正确理解灭菌与消毒的关系。所谓灭菌就是指用物理或化学的方法，杀死物体表面和孔隙内的一切微生物或生物体，如果只能杀死、消除或抑制部分微生物，灭菌就变成消毒了。灭菌与消毒的主要区别在于前者杀菌强烈，能杀死所有活细胞；后者作用缓和，主要杀死或抑制附在植物材料表面的微生物，芽孢、厚垣孢子一般不会死亡。但是，灭菌(剂)与消毒(剂)是相对的，如果消毒时间过长或消毒剂浓度过高，也可杀死全部活的细胞，消毒就成为灭菌了。反之，灭菌剂只能起到消毒作用。

2.外植体灭菌

外植体接种前必须进行表面灭菌。由于植物种类、母本植株的生态环境、取材部位、取材季节和天气状况的不同，采集的离体材料带菌程度也存在差异，对不同种类、不同浓度灭菌剂的敏感度也不一样。因此，选择哪种灭菌剂、灭菌剂的浓度和灭菌时间一定要有针对性，这样才能达到预期的灭菌效果。

外植体采集与处理

外植体表面灭菌的原则是：杀死离体植物材料表面的全部微生物，又不损伤离体植物材料（或轻微损伤）。为此，选用的灭菌剂不但要有良好的灭菌效果，而且容易被无菌水冲洗掉或能够自行分解，同时不会影响植物细胞的生长。目前可供选用的灭菌剂种类较多，不同灭菌剂的灭（抑）菌原理和灭菌效果也是有差异的。实践中可根据具体情况从表 4-1-4 中选用 1～2 种灭菌剂。除了氯化汞可以短期贮存之外，其他灭菌剂应在使用前临时配制。

表 4-1-4　植物组培常用灭菌剂的灭（抑）菌原理与实施效果的比较

灭菌剂	使用浓度	灭菌时间/min	去除的难易	灭菌效果	灭（抑）菌原理
酒精	70%～75%	0.5～2	容易	好	使菌体蛋白质变性和淀粉酶失去活性
过氧化氢	10%～12%	5～10	最易	好	分解中释放的初生态氧破坏菌体蛋白质
漂白粉	饱和溶液	5～30	容易	很好	利用分解产生氯气杀菌
次氯酸钙	9%～10%	5～30	容易	很好	利用分解产生氯气杀菌
次氯酸钠	0.7%～2%	5～30	容易	很好	利用分解产生氯气杀菌
氯化汞	0.1%～0.5%	3～10	较难	最好	使蛋白质变性、酶失活
抗菌素	4～50 mg/L	30～60	中等	较好	抑制病原微生物的代谢

外植体灭菌操作流程与灭菌方法分别见表 4-1-2 和图 4-1-5。注意事项见任务实施内容。

二、外植体采集与灭菌的常见问题

外植体采集与灭菌的常见问题与预防措施见表 4-1-5。

表 4-1-5　外植体采集与灭菌的常见问题与预防措施

常见问题	原因	预防措施
外植体名实不符	1. 植物种类弄错 2. 变态器官、枝条与复叶等识别错误	1. 采集现场 2 人以上确认 2. 学习植物分类相关知识
灭菌过度	1. 灭菌剂浓度高 2. 灭菌时间过长	1. 准确评估母本植株生态环境 2. 合理确定灭菌方案 3. 严格执行灭菌方案
灭菌不彻底	1. 灭菌时间短 2. 灭菌剂浓度低 3. 灭菌剂配制有误	1. 合理确定灭菌方案 2. 严格执行灭菌方案 3. 准确配制灭菌剂溶液

问题探究

☆ 外植体灭菌时为什么选用 70%～75%的酒精，而非 95%酒精？

☆ 如何做到外植体彻底灭菌？

拓展学习

植物器官的识别

自我测试

一、填空题

1. 选择外植体之前应考虑的因素主要包括(　　　　)、(　　　　)、(　　　　)、(　　　　)、(　　　　)和外植体大小等。

2. 外植体采集的原则：

①＿＿＿＿＿＿＿＿＿＿＿＿＿＿＿＿＿＿＿＿＿＿＿＿＿＿＿＿＿＿；

②＿＿＿＿＿＿＿＿＿＿＿＿＿＿＿＿＿＿＿＿＿＿＿＿＿＿＿＿＿＿；

③＿＿＿＿＿＿＿＿＿＿＿＿＿＿＿＿＿＿＿＿＿＿＿＿＿＿＿＿＿＿；

④＿＿＿＿＿＿＿＿＿＿＿＿＿＿＿＿＿＿＿＿＿＿＿＿＿＿＿＿＿＿。

3. 外植体表面灭菌的原则是＿＿＿＿＿＿＿＿＿＿＿＿＿＿＿＿＿＿＿＿。

4. 消毒与灭菌的根本区别是＿＿＿＿＿＿＿＿＿＿＿＿＿＿＿＿＿＿＿＿。

5. 次氯酸钙的灭菌原理是＿＿＿＿＿＿＿＿＿＿＿＿＿＿＿＿＿＿＿＿＿；

氯化汞的灭菌原理是＿＿＿＿＿＿＿＿＿＿＿＿＿＿＿＿＿＿＿＿＿＿。

6. 为提高灭菌效果，可采取(　　　　)和(　　　　)的灭菌方法；也可在灭菌剂中适当加入(　　　　)。

7. 离体植物材料灭菌方案的核心是灭菌剂的(　　　　)和(　　　　)。

8. 外植体灭菌一般操作流程是先在70%～75%酒精中浸泡(　　　　)秒,再在灭菌溶液中浸泡一定时间,最后在(　　　　)中漂洗1～3次。

二、判断题

1. 外植体灭菌方案是由接种材料的成熟度、母体植株的生态环境决定的。(　　)

2. 外植体采集前对取材部位套袋,与果树套袋的目的与做法相同。(　　)

3. 木本植物、容易褐化的植物和取自地下的接种材料需流水冲洗2 h以上。(　　)

4. 外植体灭菌时,不一定要求灭菌剂完全浸材料。(　　)

5. 外植体灭菌时间是以灭菌液开始倒入容器至从容器倒出为止的时间。(　　)

6. 外植体表面灭菌后,可以视现场时间方便与否择机接入培养基。(　　)

7. 外植体灭菌过度的可能原因主要是灭菌剂的浓度和灭菌时间不适宜。(　　)

8. 针对不同的植物种类、器官所选择的修整方法是不同的。(　　)

9. 判断变态器官是否为茎的依据是其上是否有节和节间,节上着生芽。(　　)

测试要求: 先独立自测后核对答案

温馨提示: 自律彰显素养　诚信成就人生

项目4自我测试题参考答案

自我总结

结合学习与实训,绘制本项目知识与技能要点的思维导图。

项目 5 无菌操作

接种是将经过表面灭菌的离体植物材料在无菌环境中切割或分离出器官、组织或细胞，转入无菌培养基上的过程。由于整个过程都是在无菌条件下进行的，又称为无菌操作。无菌培养的中间繁殖体转接也是接种的一种形式。这是组织培养与工厂化繁苗最基本的操作技能和最重要的技术环节，要求严格遵守无菌操作规程、规范和熟练操作，确保无菌操作质量。为此，需要接种人员强化练习和反复实践，才能胜任接种工作。只有正确掌握和有效应用无菌操作技术，才能为下一步的无菌培养创造条件、奠定基础，才能有效控制组培与工厂化繁苗成本、充分发挥组培技术的优势与价值。因此，组培工作人员必须熟练掌握无菌操作技术。

学习目标

知识目标

1. 掌握组培环境和器械用品的消毒灭菌方法；
2. 掌握无菌操作规程、接种方法和注意事项。

能力目标

1. 熟练使用超净工作台和接种器具；
2. 根据培养对象和培养目的能够规范、熟练和高质量地接种。

素质目标

1. 树立无菌观念、环保意识；
2. 具有系统思维、全局观念、团队精神、工匠精神；
3. 养成注重细节和严谨、规范、高效的工作作风。

思想领航

——态度决定一切，细节决定成败，行动成就未来。

——态度决定高度，思路决定出路，格局决定结局。

——天下难事，必作于易；天下大事，必作于细。

项目实施

任务5-1　无菌操作训练

任务描述

具体任务:①接种用品准备和环境灭菌;②熟悉接种设备的构造与使用;③茎段和叶片接种反复练习,要求每瓶分别接种茎段3个、叶片4块。

操作形式:分组单人操作;小组接种比赛。

操作程序:接种用品准备→环境灭菌→茎段接种→叶片接种→接种质量检查与评价。

实践成果:每人接种茎段30瓶以上、接种叶片20瓶以上。

任务分析

本任务是通过茎段和叶片的反复接种训练,提高接种人员无菌操作的规范度、熟练度。要达到此目的和效果,需要接种人员树立无菌观念,掌握无菌操作要领,严格执行无菌操作规程,同时注重细节、手脑协调并用、反复练习,才能提高接种效率和接种质量。通常先练习规范操作再过渡到熟练操作,操作由慢到快,渐进式提高接种技能,最终适应接种岗位工作。由于接种是在封闭、无菌环境下进行的重复性工作,同时具有一定的劳动强度,要求接种人员心境平和、注重细节、有工作韧劲和工匠精神。开展小组间接种比赛,旨在以赛促训、学以致用,检验学习效果和实训质量。

任务实施

一、接种前准备

(一)接种用品准备和环境灭菌

学生按照任务工单做好课前预习,以小组为单位列出全班接种用品清单;教师指定一组学生现场负责用品准备和接种环境灭菌(以学期为单位,各小组轮流安排)。

1.接种用品准备

按照双人超净台需要准备的接种设备用品(表5-1-1)和接种室(接种车间)内超净台数准备班级同学们所需接种用品,教师和组长现场共同检查和评比。

表 5-1-1　双人超净工作台需配备的接种设备与用品(参考)

设备用品类别	设备用品名称	数量	备注
设备	接种器具消毒器 酒精灯	2 台 2 个	
盛装接种材料	材料杯	若干	材料分类存放
材料灭菌用药剂	70%～75%酒精 1.3%次氯酸钠 无菌水	1 套	
空白培养基	模拟培养基(只加琼脂)	若干	提前灭菌
接种用具	培养皿或接种盘 手术剪、镊子、手术刀 接种器具搁置架	2 套 2 套 2 个	提前灭菌 提前灭菌
接种耗材	酒精棉球 火柴 滤纸(包)	1 个 1 盒 1 包	盛装广口瓶内 提前灭菌
其他	垃圾杯 酒精棉布 口罩 实验服 手握式喷壶(内装 70%～75%酒精) 塑料周转筐 记号笔	1 个 2 块 2 个 2 件 2 个 1～2 个 1 支	 提前灭菌 提前灭菌

2. 环境灭菌

接种用品准备结束后，打开组培室臭氧发生机消毒 30 min。接种前打开紫外灯 20 min。此时也可同步启动超净台上的接种器械消毒器。

(二)观看接种操作视频

在接种环境灭菌时，教师组织学生观看接种视频，以组为单位讨论制定操作方案。

接种前的准备工作(使用器具消毒器场景)

接种前的准备工作(不用器具消毒器场景)

茎段接种

叶片接种

(三)个人保洁

学生在洗涤室洗手，在缓冲间换上拖鞋或套上鞋套、穿上实验服、戴上口罩，直接进入接种室或经过风淋室消毒后再进入接种室。用酒精棉球(或酒精棉布)擦拭双手及腕部。

(四)熟悉接种设备的使用

1.超净工作台

超净工作台(简称“超净台”)主要由三相电机、鼓风机、粗效过滤器、高效过滤器、挡板、工作台面、照明杀菌灯箱、控制按钮等几部分构成(图 5-1-1)。虽然市售的超净工作台根据工位多少有单人、双人、多人之分,有的还有上下抽拉的挡板;根据气流在超净工作台的流动方向不同;有直流式、平流式和外流式三种类型(表 5-1-2),但其工作原理基本相同,即通过电机带动,鼓风机驱动空气经过粗效、高效过滤器过滤净化后,形成连续不断的无尘无菌的超净空气层流(除去了大于 0.3 μm 的尘埃、真菌和细菌孢子等),在工作台面制造无菌区,从而防止附近空气可能袭扰而引起的污染。一般设定 20～30 m/min 的风速不会妨碍采用酒精灯对器械的灼烧灭菌。有些厂家将接种器具消毒器嵌到超净工作台面上,操作时更为便利。

超净台的使用比较简单,下面以上海阳光产 SW-CJ-1CS 标准型净化工作台为例介绍其使用方法。接通电源后,打开杀菌开关,进行紫外线杀菌 20～30 min,然后关闭杀菌开关,打开风机,调整风速控制旋钮至适宜风速,20 min 后打开照明灯,准备接种。接种结束后,先关掉风机开关,再关闭照明开关,最后切断电源。超净工作台上的控制按钮见图 5-1-2。

图 5-1-1　超净工作台

图 5-1-2　控制面板

表 5-1-2　超净工作台的类型与特点

类型	特　点
直流式	①气流从上向下或从下向上垂直游动。②形成气流屏,保持操作台无菌,但在净化气流和外界气体的交界处可因气流的流动而形成负压,使少许未净化的空气混入,有可能发生污染。③通常采用可调风量风机系统,保证工作台风速处于理想状态。
平流式	①气流净化后从左侧或右侧通过台面流向对侧。 ②形成气流屏,保持操作台无菌,也存在直流式的缺点,有可能发生污染。尤其是在多雨季节的南方,会增加污染机会。 ③通常采用可调风量风机系统,保证工作台风速处于理想状态。
外流式	①气流向操作者方向吹来。 ②因气流面向操作者流动,外界空气不易混入,但在做有害实验时,会对操作者的健康不利。 ③通常用有机玻璃将上半部遮挡,让气流从下方通过,尽量减少其不利影响。 ④普遍使用的外流式工作台是封闭工作台,两个侧面各留 2 个圆孔,供操作者手臂伸入操作,减少污染机会,但取用较大物品或大范围操作则不够方便。

使用超净工作台时，要注意以下事项：

①新安装的或长期未使用的超净工作台，使用前必须对超净工作台和周围环境使用超净真空吸尘器或不产生纤维的工具进行认真的清洁工作。

②工作台面上不要存放不必要的物品，以保持工作区内的洁净气流不受干扰和保持无菌状态。

③禁止在工作台面上记录，工作时须尽量避免有明显扰乱气流的动作。

④接种室内超净工作台相向排列时，相对的两个超净工作台的间距应大于 2 m。

⑤定期（一般为 2 个月）用热球式风速仪测量工作区风速，如发现不符合技术要求，可调大风机的供电电压。

⑥定期做微生物平板试验，检测超净工作台内的洁净度。如不符无菌要求，即时消毒对超净台过滤系统进行清洁处理。如超净台长时间使用但未做有菌检测，必须在下次使用超净台前对超净台面立体范围进行喷雾消毒，并对台面、出风口格栅及两侧玻璃进行擦拭消毒。

2. 接种器具消毒器

接种器具消毒器采用干式传热原理进行高温消毒，具有加热安全、寿命长、省电、升温快等特点，克服了传统酒精灯杀菌消毒过程中对空气污染严重、火灾隐患大、使用成本高等缺点，目前在组培工具灭菌上应用比较普遍。其构造主要是由内装石英珠的消毒芯、温控器、电加热盘和控制面板构成。下面以 JZ-100-B 型接种器具消毒器（图 5-1-3）为例介绍其使用方法：将石英珠装入消毒芯后通电，加热灯亮，消毒器加热。当温度达到 298 ℃以上时，将接种工具插入消毒芯，几分钟后取出，置于器具搁置架上冷却后就可以进行接种操作。

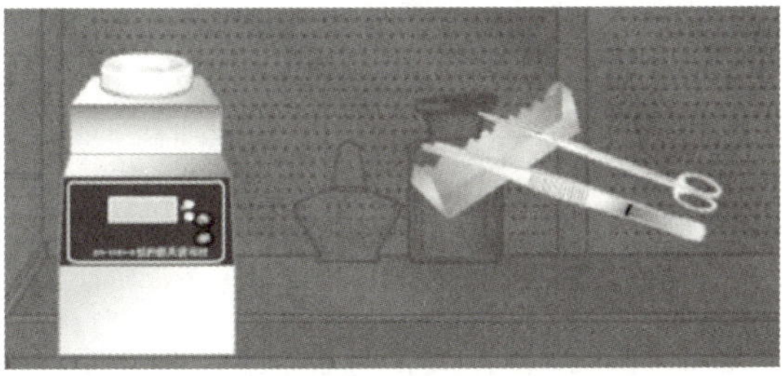

图 5-1-3　接种器具消毒器与工具搁置架

使用接种器具消毒器需要注意的事项有：①消毒芯内石英珠不要装得过满，否则会因插入工具使石英珠溢出而散落至超净台面；②消毒后的工具应充分冷却再使用，否则容易烫伤外植体；③长时间使用，有时会出现温度上升慢或不升温现象，多半是由于温控系统出现问题，应及时维修或更换。

二、现场操作

（一）材料灭菌

在双人超净工作台上两人按照预先制定的灭菌方案，一人操作，一人计时，配合完成材料灭菌。针对不同外植体分别灭菌，分别记录备查。操作方法与要求见任务 4-1。

（二）双手、台面、接种工具消毒灭菌

1. 擦拭双手

接种材料表面灭菌后，重新用酒精棉球或酒精棉布块全面擦拭双手及腕部，重点擦拭手指关节及指甲缝（图 5-1-4）。

①擦拭手心及手指　②擦拭指甲缝　③擦拭手背

图 5-1-4　擦拭双手

2. 擦拭台面

最好按照从里至外、从右向左的一定顺序擦拭超净台的台面(图 5-1-5)。擦拭台面后,对台面上的材料杯、空白培养瓶、培养瓶一并擦拭。为提高超净台台面及空间的无菌保险系数,可对超净台面、操作空间、培养瓶用 75%酒精喷雾,并用酒精棉球擦拭超净台出风口处的格栅。

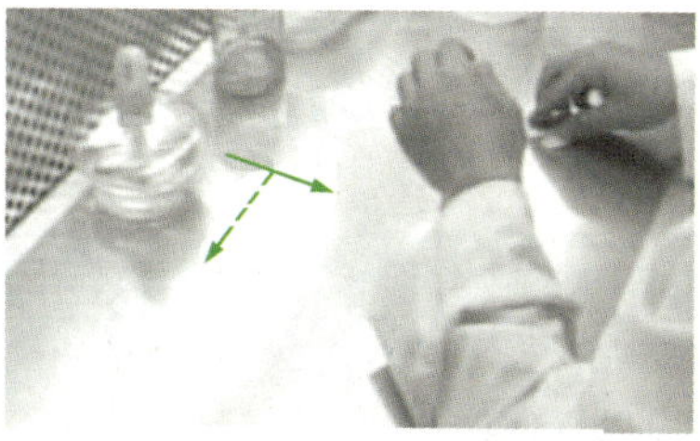

图 5-1-5　擦拭台面

接种用品准备、擦拭双手及台面演示

3. 接种工具消毒灭菌

提前打开接种器具消毒器预热(可与接种前打开紫外灯时同步打开)。当温度达到 298 ℃以上时,打开灭过菌的接种工具袋,双手将袋口外卷打开,手握工具中部取出剪子、镊子、刀等,放入接种器具消毒器内,经过 3～5 min 灭菌后取出工具,置于器具搁置架上冷却。接种工具摆放前,接种器具搁置架需要灼烧灭菌。将已灭过菌、装有培养皿(或不锈钢盘)的塑料袋(或报纸)打开,取出培养皿,置于超净台面上。如果不用接种器具消毒器和接种器具搁置架,打开灭过菌的接种工具袋,将工具直接放入酒精缸内,接着进行消毒灭菌。具体方法是先用酒精棉球从尖端到根部、从表面到内侧擦拭镊子;然后用镊子夹持酒精棉球擦拭手术剪、刀和培养皿。擦拭后的镊子和剪子置于酒精缸内。点燃酒精灯,先烘烤培养皿,置于台面,然后灼烧工具,摆放于培养皿上。接种工具消毒灭菌与摆台方式见图 5-1-6。

培养皿、接种工具擦拭消毒演示

培养皿、接种工具灼烧灭菌及夹取滤纸演示

(三)夹取滤纸

打开装有无菌滤纸、灭过菌的塑料袋,用镊子小心取出无菌滤纸,置于其中一个培养皿或接种盘内(两个培养皿一个摆接种工具,一个内嵌无菌滤纸),并与手术剪配合,将无菌滤纸压

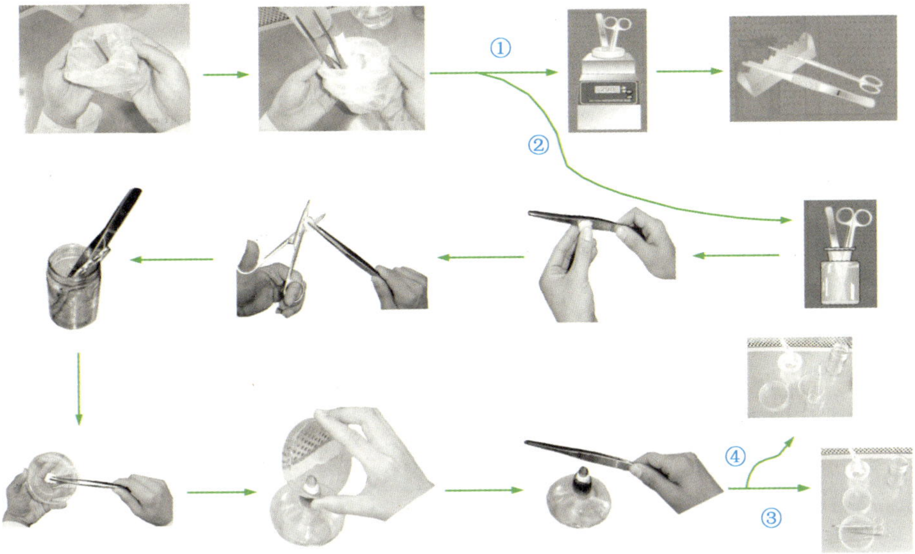

图 5-1-6　**接种工具消毒灭菌操作示意图**

①工具放入接种器具灭菌器　②工具放入酒精缸　③一条线式摆台　④三角式摆台

实，紧贴于培养皿的底部和内侧壁。操作过程见图 5-1-7。如果采用开口较大的培养盒，可将无菌滤纸直接平铺在盒底。频繁切割接种材料，导致滤纸有破损时，应及时更换无菌滤纸。

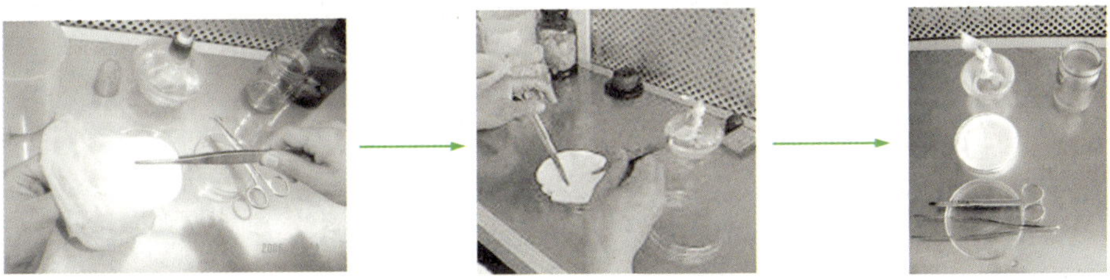

图 5-1-7　**夹取无菌滤纸操作示意图**

（四）接种练习

严格按照无菌操作规程、接种一般程序和适宜的接种方法进行无菌操作。相关理论知识见知识链接。

1. 茎段接种

茎段接种操作参照图 5-1-8。

横插接种　　**竖插接种**

2. 叶片接种

叶片接种操作参照图 5-1-9。

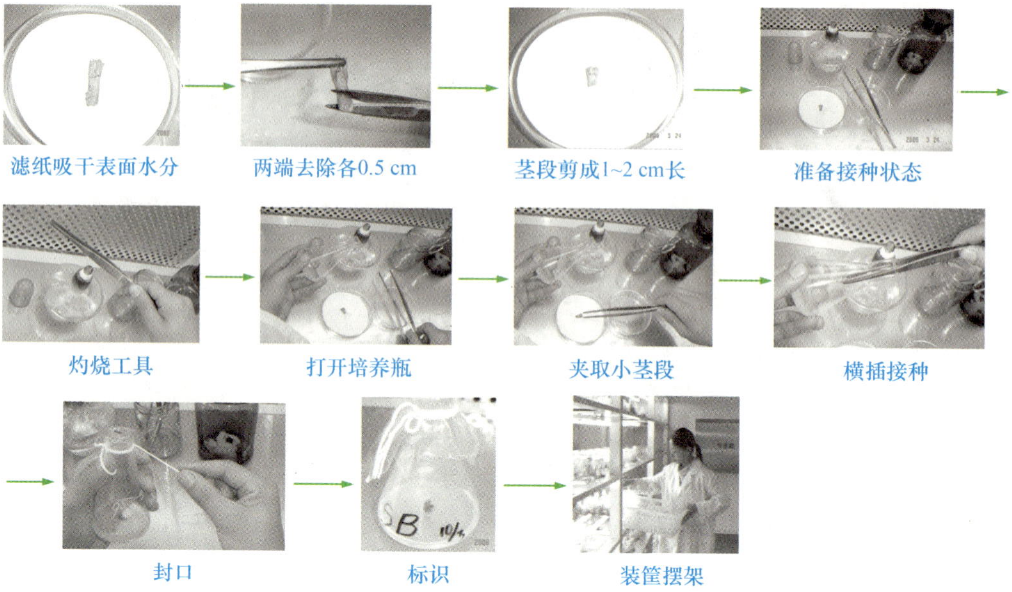

图 5-1-8　茎段接种操作流程示意图

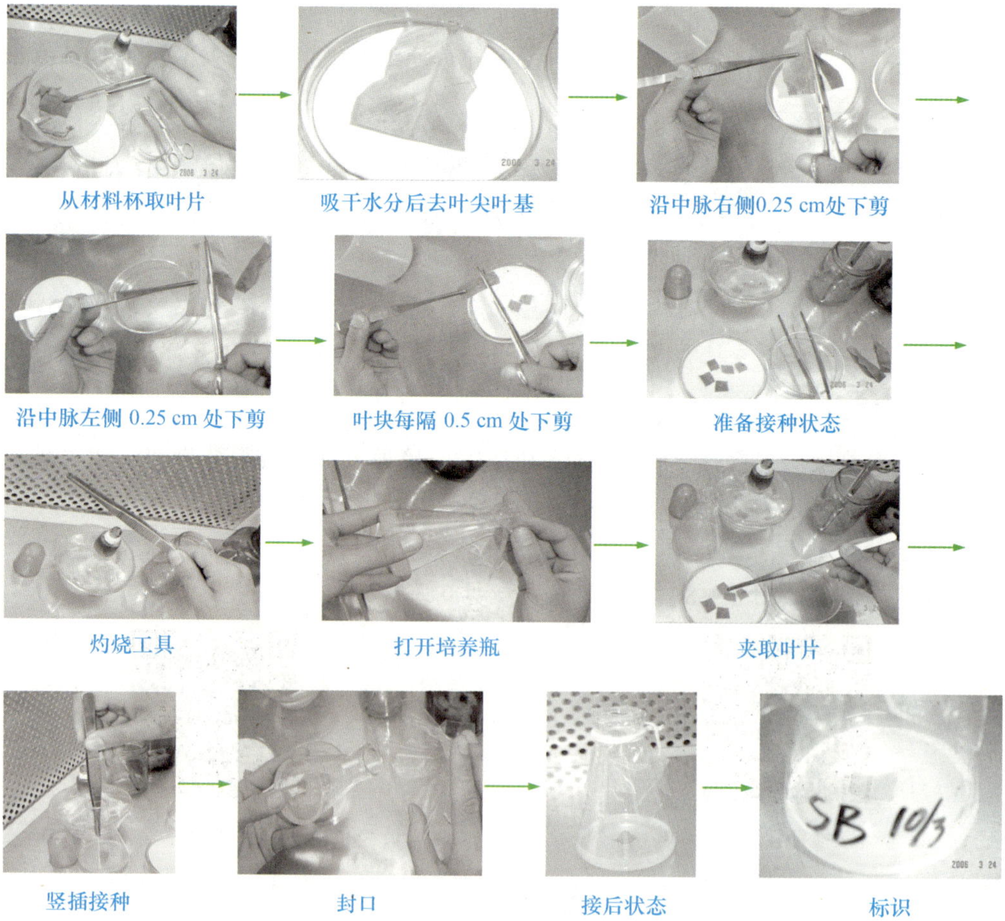

图 5-1-9　叶片接种操作流程示意图

(五)接种比赛

各组选派代表参加组间接种比赛。教师巡回观察、评比学生操作的规范度、熟练度,并在比赛结束后进行点评。

三、清理现场

学生独立清理超净台面,填写接种数据统计表(表 5-1-3)和仪器使用记录簿;教师安排值日组清理整个接种室,使接种室恢复至初始状态。

表 5-1-3 接种数据统计表

接种时间	外植体类型	外植体规格	配方代号	培养基配方	培养阶段	接种瓶数	接种用时	接种人签字	组长签字

四、讨论与评价

小组自检任务完成情况,分析讨论无菌操作存在的问题;小组间互评实践成果,教师抽检、点评。接种一周后调查污染情况。

技术提示

1. 接种操作时,要防止交叉污染。例如,双手、接种工具间不要交叉和触碰,手术剪、手术刀剪切材料后以及接种完 1 瓶材料后一定要灼烧灭菌或高温灭菌;双手及手臂尽量避免或减少从培养皿(接种盘)上方经过的次数。

2. 修剪材料、开瓶、接种等操作尽量在酒精灯(或煤气)火焰的有效范围(ϕ10 cm 的半圆区域)内进行。

3. 接种工具灼烧后摆放合理,充分冷却,以防止烫伤接种材料。

4. 接种时夹取外植体用力要适当,外植体和手指不能触及瓶口。

5. 开瓶时解绳或去盖动作要轻,接种的培养瓶拿成斜角,防止灰尘落入瓶中。

6. 外植体灭菌后,最好将相关器皿清理出台面,然后再接种。

7. 使用封口膜封口的情况下,封口时线绳不能刮碰培养皿和接种工具;封口用的塑料膜、棉塞或瓶盖接触管(瓶)的部分不要用手触摸或接触台面。

8. 采用接种器具消毒器时,为保证接种效率,最好两套工具交替灭菌顺次使用。

9. 无菌操作时戴上口罩,尽量不讲话,防止呼吸、说话或咳嗽引起污染。

10. 双手不要超出超净台的边缘,头部不要探入超净台内;离开超净工作台后再接种时要重新擦手。

11. 无菌操作要规范、准确、迅速、动作协调。

12. 接种人员注意个人卫生，要经常洗澡、剪指甲，实验服、口罩和帽子应经常清洗和严格灭菌。

13. 操作时不小心碰倒酒精灯引起着火时，立即用湿毛巾或大的容器，如大烧杯罩住火源，使其隔绝空气即可熄火。

知识链接

一、无菌操作规程

接种时，要严格执行以下无菌操作规程：

①接种前 4 h 接种室灭菌；

②接种前 20 min 打开紫外灯；

③接种员洗手，在缓冲间换鞋、穿实验服；

④关闭紫外线灯，打开日光灯及风机，擦拭双手及台面；

⑤擦拭接种工具并反复灼烧，烘烤培养皿(接种盘、器具搁置架)；

⑥按接种程序操作；

⑦接种操作结束后作标识，清理台面，填写记录。

二、接种程序

接种程序见图 5-1-10。

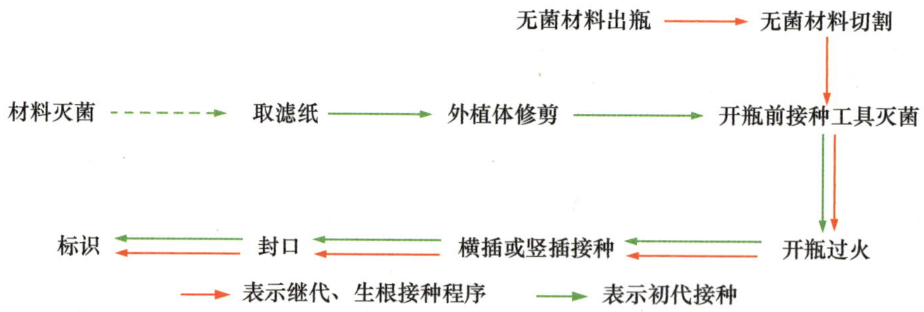

图 5-1-10 接种程序

三、接种方法与要求

组培接种有横插和竖插两种接种方法可供选择。二者的主要区别是手握工具的姿势和培养瓶是否置于台面上(图 5-1-11 和图 5-1-12)。竖插法对于固体培养基和液体培养基都适合，对于继代"瓶转瓶"式的转接特别方便。横插法一般只适合于固体培养基。实际操作时可根据培养基的类型、培养材料特点和个人的习惯灵活选择。

图 5-1-11 横插接种示意图

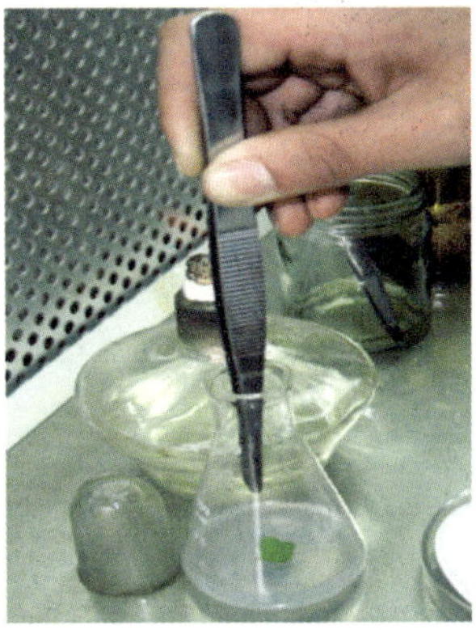

图 5-1-12 竖插接种示意图

接种时,要求做到规范、熟练操作。所谓规范操作就是要求严格遵守接种程序,掌握各操作环节的技术要领,不折不扣地执行接种方案,具体要求见表 5-1-4。所谓熟练操作是指在规范操作的前提下,提高操作速度,保证接种的高效性。表 5-1-5 供实践中参考。

表 5-1-4 接种操作的一般要求

接种环节	具体要求
接种前准备	操作方案科学性、可行性强,材料准备充分、摆放合理,环境灭菌彻底,个人卫生合格。
摆台	摆台合理。
接种方法	选择合理、针对性强。
外植体修整	达到修整规格的一般要求。如茎段 1～1.5 cm,节上 1/3、节下 2/3,带或不带短叶柄;叶片 0.5 cm×0.5 cm,带中脉;微茎尖 0.2～0.5 mm,带 1～2 个叶原基;普通茎尖 0.5～1 cm 等。
接种操作	执行接种程序;身体姿态、操作手法符合无菌操作要求;动作协调性好。
接种质量	外植体规格一致,布局均衡,深浅适宜,无倒插或深陷现象;标识清楚,表达明白;污染率低。

表 5-1-5 接种熟练程度的一般要求(按接种 5 瓶所需时间计算)

项目	成绩					
	90～100 分	80～89 分	70～79 分	60～69 分	60 分以下	备注
根段、茎段接种	≤10 min	10～12 min	12～15 min	15～20 min	>20 min	3 个/瓶
根尖、茎尖接种	≤15 min	15～18 min	18～21 min	21～24 min	>25 min	2 个/瓶
叶片接种	≤10 min	10～12 min	12～15 min	15～20 min	>20 min	4 个/瓶
花器接种	≤15 min	15～18 min	18～21 min	21～24 min	>25 min	3 个/瓶
愈伤组织转接	≤15 min	15～18 min	18～21 min	21～24 min	>25 min	3 个/瓶
芽丛转接	≤20 min	20～23 min	23～26 min	26～29 min	>29 min	3 个/瓶

无菌接种的注意事项

组培接种操作时必须要注意防止交叉污染。具体应做到以下几点：①接种材料灭菌后要用无菌滤纸吸干水分，剪除触及接种盘外沿或伸出接种盘（盒）以外的接种材料；②修剪后的外植体不能重叠放置；③每切割完 1 瓶母种材料或无菌滤纸较湿、有较多破损之处时应及时更换滤纸；④接种工具不能碰到台面、管（瓶）的外壁、封口用棉塞或塑料薄膜；⑤接种工具要全面充分灼烧，手握的部位不能靠前；⑥接种工具在每次使用前最好火焰灭菌或高温灭菌。

其他注意事项见任务实施中的“技术提示”内容和扫码学习。

四、组培常用的灭菌方法

组培常用的灭菌方法见表 5-1-6。

表 5-1-6　组培常用的灭菌方法

灭菌对象	灭菌方法	备　注
环境灭菌	1. 紫外线杀菌 20～30 min。 2. 臭氧发生机灭菌 1.5～2.0 h/60 m^2。 3. 超净工作台等净化设备净化空气。 4. 熏蒸灭菌：5～8 mL/m^3 甲醛＋5 g/m^3 高锰酸钾混合熏蒸；冰醋酸加热；硫黄熏蒸。 5. 喷雾杀菌：70%～75%酒精或 0.2%新洁尔灭。	1. 紫外线杀菌要求紫外线波长 260 nm。 2. 熏蒸灭菌时要求空间密闭。 3. 硫黄熏蒸主要对新建组培空间灭菌。
培养基	1. 湿热灭菌：121 ℃，20～30 min。 2. 微波、超声波杀菌。 3. IAA、GA 和维生素等不耐热物质采用过滤灭菌。	1. 湿热灭菌时注意排净冷空气、灭菌物品填装数量、包装与放置方式，控制加热速度，防止产生超高温蒸汽。 2. 微波、超声波灭菌注意灭菌时间与频率。
接种材料	浸泡灭菌。	1. 注意灭菌剂浓度与浸泡时间。 2. 接种材料全部浸入灭菌剂。
接种工具	1. 湿热灭菌：121 ℃，20～30 min。 2. 干热灭菌：160～180 ℃，1.5～2.0 h。 3. 器械消毒器灭菌：300 ℃，3～5 min。 4. 灼烧灭菌。	接种工具灼烧灭菌前蘸些 95%酒精灭菌效果更好。
培养皿、培养瓶、不锈钢板（盘）	1. 湿热灭菌：121 ℃，20～30 min。 2. 干热灭菌：160～180 ℃，1.5～2.0 h。 3. 超声波杀菌。 4. 烘烤灭菌。	
实验服、口罩、滤纸、自来水	1. 湿热灭菌：121 ℃，20～30 min。 2. 紫外线杀菌。	紫外线杀菌主要针对实验服、口罩、滤纸。
桌面、墙面、双手及物品表面	1. 喷雾杀菌：70%～75%酒精或 0.2%新洁尔灭。 2. 涂抹杀菌：同喷雾灭菌。	

五、常见的接种问题

常见的接种问题见表 5-1-7。

表 5-1-7　常见的接种问题

问题归类	具体问题	改进措施
摆台问题	1. 培养皿或切盘与酒精灯的相对位置较远或过近。 2. 种苗瓶与酒精灯的相对位置较远。 3. 酒精灯摆放位置离台沿太远。 4. 培养瓶等摆放位置干扰无菌气流。 5. 两个培养皿之间的功能不清晰。 6. 初代接种未使用无菌滤纸。	1. 规范摆台标准，明确摆台要求。 2. 明确培养皿或切盘的各自功能。 3. 明晰接种目的和培养阶段。
材料修整问题	1. 一次性取材过多。 2. 外植体修整不到位，规格大小不一。 3. 外植体重叠摆放或部分露在培养皿或切盘外。 4. 修整后的外植体与接种工具共用同一个培养皿或切盘。 5. 用力不当，外植体受损面大。	1. 明确不同外植体的修整目标。 2. 明确外植体修整技术要求。 3. 反复模拟操作。
接种操作问题	1. 选用接种方法不合适。 2. 手握工具姿势与选用接种方法不符。 3. 双手经常出界或头部伸入台内。 4. 双手经常从培养皿上方通过。 5. 远离酒精灯接种或在培养皿上方接种。 6. 离开超净台再次接种时双手未消毒。 7. 接种时工具或外植体接触培养瓶口。 8. 开瓶及封口时未过火。 9. 灼烧后的工具未充分冷却。 10. 双手及工具间未达到协调配合。 11. 操作程序错误。	1. 制定操作规范。 2. 反复多次练习。 3. 发挥考评的导向作用。 4. 以赛促练，以考促训。
接种质量	1. 不同外植体接种于同一培养瓶。 2. 瓶内外植体分布不均衡。 3. 茎段形态学下端插入培养基内、插入过深或倾斜度大。 4. 叶片腹面朝下或深陷于培养基内。	1. 制定操作规范。 2. 反复多次练习。 3. 复习植物学相关知识。 4. 掌握接种方法的具体应用要求。 5. 发挥考评的导向作用。
个人问题	1. 戴着手表、首饰直接接种。 2. 在接种室内边说边操作。 3. 未戴口罩、帽子直接接种。 4. 接种期间经常主动离开超净台。 5. 个人卫生不合格。	1. 制度约束。 2. 诫勉谈话。

问题探究

☆分析无菌操作与污染之间的关系。

☆叶片修剪时，为什么强调保留主叶脉？

☆茎段接种与传统扦插有何异同？

拓展学习

一、简化组培技术

简化组培技术是中国农业生物技术创新中心在1997—2000年通过对几十种园艺作物简化组培研究开发出来的一套组培与快繁新技术。该项技术要点在于通过磁力震荡、外部喷药和及时抢救处理延长灭菌时间，高效建立无菌外植体；筛选净化自来水和卡拉胶等廉价的替代品用于组培生产；采用自然光进行快繁，用培养小筒和滤纸桥法生根，从而使种苗快繁简化程序、降低成本、方便操作、缩短周期、促进生根、提高移栽成活率，便于普及推广。

二、组培机器人接种

组培机器人接种介绍

人工接种与机器人接种操作对比

自我测试

一、填空题

1. 接种方法一般分为（　　　　）和（　　　　）。

2. 接种工具采用（　　　　）灭菌，接种室采用（　　　　）灭菌；滤纸采用（　　　　）灭菌。

3. 无菌操作规程是：接种前（　　　　）小时对接种室灭菌；接种前（　　　　）min 打开紫外灯；接种员洗手，在（　　　　）换鞋、穿实验服；关闭（　　　　），打开（　　　　），擦拭（　　　　）；然后擦拭（　　　　）并反复灼烧，烘烤（　　　　）；按接种程序操作；操作结束后，要（　　　　）。

4. 接种操作时必须要防止（　　　　）。

5. 接种前一般要求外植体修整为：茎段长（　　　　），节上（　　　　），节下（　　　　）；叶片大小为（　　　　）。

6. 接种后瓶内外植体要布局均衡，一般要求接种 3 个外植体需呈（　　　　）形，接种 4 个外植体需呈（　　　　）形，接 5 个外植体需呈（　　　　）形。

二、判断题

1. 接种后发现培养瓶污染，其原因一定是无菌操作不当造成的。（　　）

2. 接种后培养物倾斜多半是因为接种时拿瓶姿势不对。（　　）

3. 外植体修剪时，不小心掉在培养皿外，一般可以继续使用。（　　）

4. 接种时紫外线灯一直未关，对接种人员伤害不大。（　　）

5. 初代接种与继代的接种程序相同。（　　）

6. 可以用氨水中和用甲醛和高锰酸钾混合熏蒸接种室所产生的刺激性气味。（　　）

7. 接种后观察外植体表面局部发黑，推断可能是接种工具未充分冷却而造成的烫伤。（　　）

三、案例分析

请分析下列接种操作案例（图 5-1-13），并完成答题卡（表 5-1-8）。

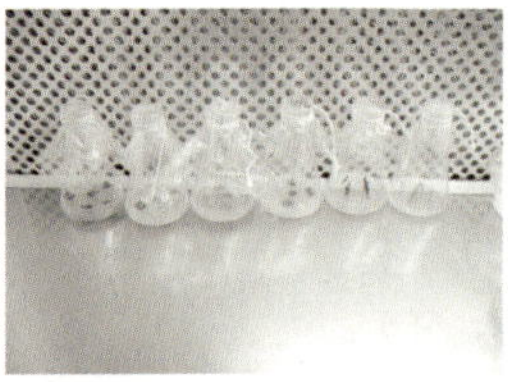
A

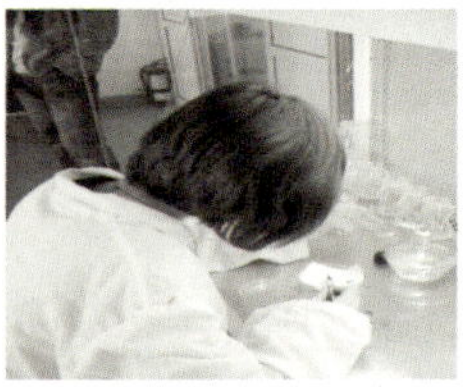
B

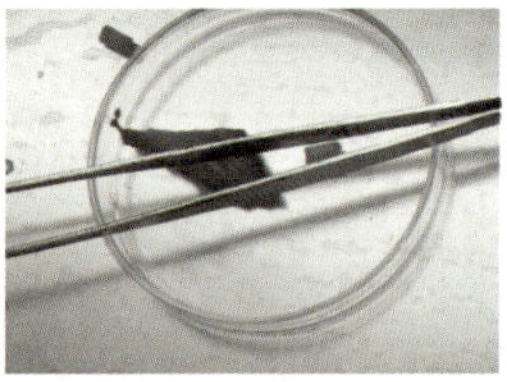
C

D

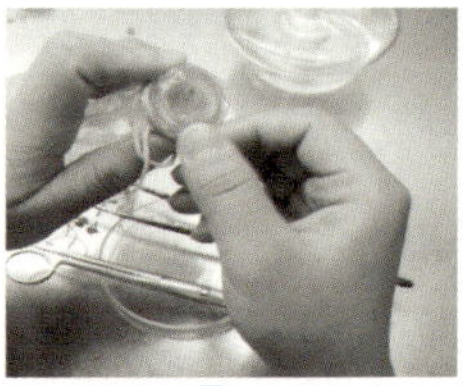
E

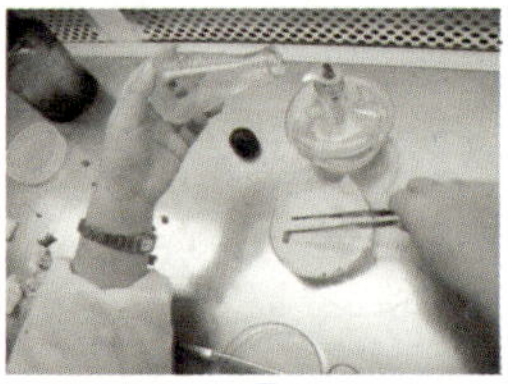
F

G

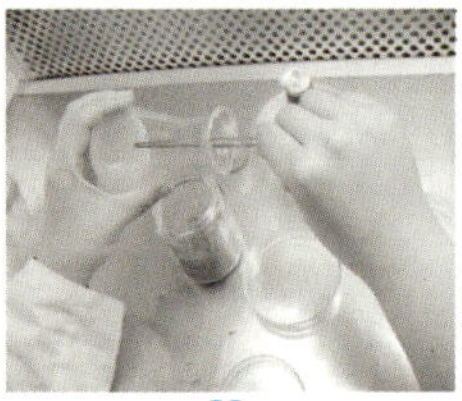
H

I

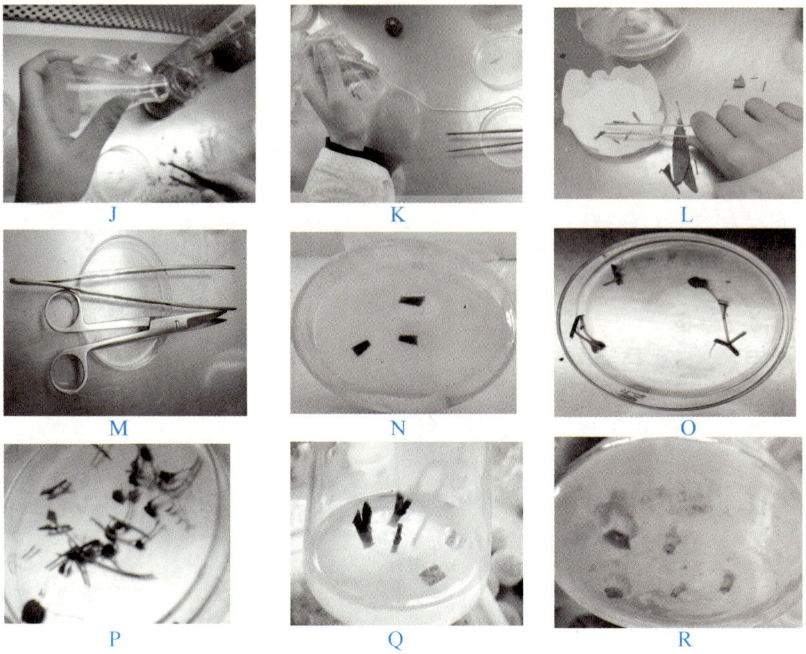

图 5-1-13　接种实操案例

表 5-1-8　案例分析答题卡

图片代号	是否正确	判断依据
A		
B		
C		
D		
E		
F		
G		

续表 5-1-8

图片代号	是否正确	判断依据
H		
I		
J		
K		
L		
M		
N		
O		
P		
Q		
R		

测试要求：先独立自测后核对答案

温馨提示：自律彰显素养　诚信成就人生

项目5自我测试题参考答案

自我总结

结合学习与实训，绘制本项目知识与技能要点的思维导图。

项目 6　植物脱毒处理与效果鉴定

病毒病是农作物和园艺植物的主要病害之一，其危害造成的损失仅次于真菌病害。目前已发现的植物病毒病害已超过 700 种，致使几乎所有作物，特别是无性繁殖的作物，容易受到一种或一种以上病毒或类病毒的侵染。病毒病危害严重，使植物的生长受到抑制、品质降低、产量减少，甚至给生产带来毁灭性的打击。病毒病至今没有特效药物能够防除，而通过组织培养能脱除植物体内的病毒。植物经脱毒后，恢复了原有特性，生长健壮，产量大幅度提高，品质得到改善。目前，培育和应用脱毒苗成为振兴种业、促进生物农业发展的基本生物技术手段和有效途径，已在农业生产上得到普遍认可和广泛应用。因此，从事组织培养工作人员需了解和掌握植物脱毒技术。

学习目标

知识目标

1. 了解热处理和微茎尖培养的脱毒原理、脱毒苗的保存与繁育方法；
2. 掌握常用的植物脱毒方法和脱毒苗鉴定方法。

能力目标

1. 会使用植物脱毒与鉴定用仪器设备；
2. 能够科学制定脱毒方案，熟练进行热处理脱毒和微茎尖培养脱毒处理。

素质目标

1. 树立无菌观念、全局观念，具有较强的耐心、责任心，养成注重细节的习惯；
2. 具有精益求精的工匠精神、诚实守信的职业道德；
3. 具有较强的观察能力、分析解决问题的能力。

思想领航

——细节在于观察，成功在于积累。

——正确的结论缘于科学的观察与试验。

项目实施

任务 6-1　植物脱毒处理

任务描述

脱毒材料：盆栽草莓苗、马铃薯块茎、盆栽甜樱桃等。

操作程序：盆栽植株(或块茎)热处理→微茎尖剥离→微茎尖培养→诱导出丛生芽或无菌短枝。

实践成果：获得无病毒中间繁殖体。

任务分析

脱毒处理是植物组织培养的关键技能之一，包括热处理和微茎尖培养等多种脱毒方法。本任务是从草莓、马铃薯和樱桃三种植物中任选其一，完成从热处理至微茎尖培养脱毒的全过程。其技术关键是严格控制热处理的温度与时间和微茎尖剥离的大小、操作熟练度和规范度，以及微茎尖诱导培养基配方与培养条件的确定。对于初学者而言，热处理相对容易，而在无菌条件下剥离微茎尖则操作难度较大，需要熟悉解剖镜的使用，并通过反复练习，做到手、眼与解剖工具协调配合运用，才能保证脱毒效果。为保证脱毒效果，要求操作人员熟悉脱毒方法，掌握技术要领，具有无菌意识和较强的耐心、细心、责任心，并且注意力集中、观察仔细、规范操作、动作协调。

任务实施

一、操作前准备

(一)做好计划

根据任务工单要求，各学生小组制定实施方案和操作流程，明确脱毒方法和所需的设备用品，做好人员分工。

(二)准备设备用品

设备：超净工作台、双目解剖镜(图 6-1-1)、光照培养箱或人工气候室。

用品：灭过菌的琼脂模拟培养基、草莓茎尖诱导培养基(配方：MS+BA 1.0 mg/L+IBA 0.1～0.2 mg/L+GA 0.1～0.2 mg/L)、马铃薯茎尖诱导培养基(配方：MS+NAA 0.01～0.1 mg/L)、樱桃微茎尖诱导培养基(配方：MS+6-BA 1.0～2.0 mg/L+IAA 0.2～0.5 mg/L)；解剖工具与用品(解剖刀、解剖针、尖头镊子、培养皿、滤纸等)等。

材料：盆栽草莓苗、马铃薯块茎、盆栽甜樱桃；其他微茎尖剥离训练用的植物枝条。

（三）熟悉解剖镜的使用方法

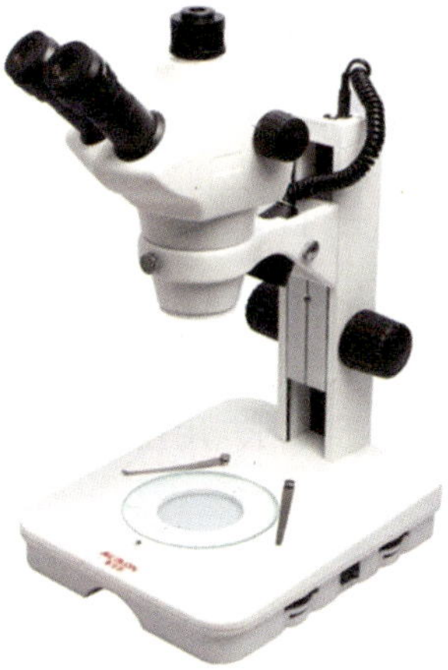

图 6-1-1 解剖镜

解剖镜的构造与使用

二、脱毒处理

（一）热处理

各小组选择草莓、马铃薯或甜樱桃三种植物之一进行热处理。具体方法如下：

1. 盆栽草莓热处理

将生长健壮、无病虫害的盆栽草莓苗置于光照培养箱或人工气候室内，设定光照时间 16 h/d、光强 5 000 lx、空气湿度 50%～70%，35～38 ℃的变温热处理 50 d 以上。

2. 马铃薯块茎热处理

将马铃薯块茎置于人工气候箱或培养箱内，使其萌发，待芽伸长至 1～2 cm 时，再根据要脱除的病毒种类进行热处理。

（1）脱除马铃薯 X 病毒（PVX）和马铃薯 S 病毒（PVS）：在 35 ℃下处理 1～4 周。

（2）脱除马铃薯卷叶病毒（PLRV）：采取 40 ℃下处理 4 h 与 16～20 ℃下处理 20 h 的交替变温措施处理块茎。

3. 盆栽樱桃热处理

选择生长健壮、无病虫害的盆栽甜樱桃植株置于 38～40 ℃下热处理 10～30 d。

（二）微茎尖培养

1. 微茎尖剥离练习

各小组任意选取校园内的植物枝条或草莓、马铃薯和樱桃等枝条进行微茎尖剥离训练。第一阶段在普通实验室进行，肉眼剥离至看不清时，置于解剖镜下二次剥离，练习手、眼与工具间的协调运用，并熟悉解剖镜的使用。第二阶段在无菌室内超净台上、解剖镜下进行，体验无菌环境下如何规范剥离微茎尖。以下是第二阶段的具体操作方法：

（1）将材料杯和解剖镜置于无菌室的超净台上。材料用 2%次氯酸钠溶液灭菌，解剖镜用酒精棉布全面擦拭消毒。

(2)拧开锁紧螺丝，将镜体上升至一定高度后锁紧镜体。

(3)从灭过菌的塑料袋内分别取出解剖刀、解剖针、镊子和培养皿，经酒精棉球擦拭和酒精灯外焰灼烧灭菌后，将培养皿置于解剖镜的载物盘上。取出无菌滤纸，置于培养皿内，滴上多滴无菌水，使滤纸湿润，然后用镊子夹取从枝条剪下的短茎段，置于培养皿内。

(4)接通电源，打开解剖镜的电源开关，调整光源亮度至适宜。双眼目视目镜，双手调整升降螺丝，使物镜下移，至目镜视野中能够清晰看到短茎段为止。

(5)用镊子夹住茎段，另一只手持解剖针从外至内逐层剥掉芽鳞片、幼叶和大的叶原基，直到露出生长点为止。

(6)参照解剖镜内装的测微尺刻度线，根据生长点大小的脱毒要求，用解剖刀沿生长点基部切下生长点，迅速接入琼脂模拟培养基。

(7)微茎尖剥离结束后，取出培养皿，清理载物盘，松开锁紧螺丝将镜体放下，并锁紧；取下目镜，置于目镜盒内；用棉布把镜身擦干净，罩上防尘罩，将解剖镜放入镜箱内，一并放回显微镜室。

(8)整理超净台面，物品归位。

2. 正式剥离微茎尖与诱导培养

(1)草莓微茎尖剥离与培养　从经过热处理的草莓母株上选取新抽生的匍匐茎，用肥皂水洗涤，流水下冲洗 2 h，然后在超净台上剥去外层叶片，按照 75%的酒精浸泡 30 s(除去表面的蜡质)→2.6%次氯酸钠溶液(加数滴 0.1%吐温-20 或吐温-80)15～20 min→无菌水冲洗 3～5 次的顺序对匍匐茎灭菌。将灭过菌的匍匐茎置于解剖镜下，按照剥离微茎尖的操作要领，剥离大小 0.2～0.3 mm、带有 1～2 个叶原基的微茎尖，迅速接入茎尖诱导培养基上。置于温度 25～28 ℃、光照 16 h/d、光强 1 500～2 000 lx 的条件下培养，1～2 个月后茎尖生长并分化出芽丛。

马铃薯微茎尖培养脱毒

(2)马铃薯微茎尖剥离与培养　选取热处理后新抽生的枝条上带顶芽或腋芽的茎段，经流水冲洗 1 h 之后，在超净台上按照 70%酒精浸泡 30 s→10%漂白粉溶液浸泡 5～10 min(或不用酒精浸润，直接在 2%次氯酸钠溶液中浸泡 5～10 min)→无菌水漂洗 3 次的操作顺序对马铃薯茎段灭菌。在无菌条件下，借助解剖镜，用解剖针剥掉马铃薯嫩芽的幼叶和大的叶原基，直至露出半球形的生长点，再用解剖刀切取大小 0.2～0.3 mm、带有 1～2 个叶原基的微茎尖，迅速接入茎尖诱导培养基上。在温度 20～25 ℃、光照时间 16 h/L、光强 2 000～4 000 lx(先低后高)的条件下培养。正常情况下多数马铃薯品种培养 1 个月左右会再生出可见小叶的小植株。如果分离的微茎尖极小，可置于滤纸桥上培养，其效果会更好。

(3)樱桃微茎尖剥离与培养　从热处理后的当年生枝条上切取 3～4 cm 长的嫩梢，自来水冲洗 30 min 后，在超净台上按照 70%～75%酒精浸润 15 s→10%次氯酸钠溶液浸泡 10～15 min(或 0.1%升汞溶液浸泡 3～5 min)→无菌水漂洗 3～5 次的操作顺序对樱桃带芽的嫩茎段灭菌，然后进行微茎尖剥离。将 0.1～0.3 mm 的微茎尖接种于诱导培养基上，在温度(25±2) ℃、光照时间 12 h/d 和光强 2 000 lx 的条件下培养。一般 15 d 左右会在微茎尖的切口处产生 10～30 个丛生芽。

三、清理现场

安排值日组，清理现场。要求设备用具归位，现场整洁。后期对茎尖诱导培养跟踪观察，要求观察仔细、记录完整。

四、讨论与评价

接种后，各小组分析讨论脱毒处理存在的问题和注意事项；培养 1 周后，各小组调查污染率、成活率并反思、分析问题产生的原因。污染率、成活率的含义及计算公式见任务 8-1 组培苗观察与问题处理。培养 2 周至 1 个月内集中安排一次组培苗观察，做好培养记录，小组间分析讨论茎尖生长分化存在的问题及形成原因，教师抽检、点评，小组间互评任务完成的效果。

技术提示

1. 选择品质好、产量高、抗病强的品种作为脱毒培养的母株。

2. 针对不耐热的病毒类型进行热处理脱毒。

3. 热处理脱毒时注意合理设置热处理的温度和时间。变温热处理方法既可消除病毒，又可以减少高温对植物材料的损伤。

4. 微茎尖的大小一般要求在 0.1～0.5 mm。剥离微茎尖时用锋利的解剖刀，随切随接，尽量减少在空气中暴露的时间。

5. 微茎尖接种，不能将微茎尖埋入培养基。

知识链接

一、培育脱毒苗的意义

植物病毒病会给农业生产造成巨大的危害和损失。由于病毒复制与植物代谢密切相关，而且有些病毒的抗逆性很强，所以病毒与真菌、细菌不同，常规使用的化学药剂或抗生素不能从根本上有效防治病毒病。20 世纪 50 年代，人们发现通过组培途径可以除去植物体内病毒，六七十年代这项技术便在花卉、蔬菜和果树生产中得到广泛应用，现已成为彻底脱除植物体内病毒、培育脱毒苗木的根本途径。

所谓"脱毒苗"，又称"无病毒苗"，是指不含有影响该种植物产量和品质的主要危害病毒，即经过检测主要病毒在植物体内的存在表现为阴性反应的苗木。准确地说，"脱毒苗"是"无特定病毒"，应称为"检定苗"。通过组培技术培育的脱毒苗具有以下优势：

(1)提高产量　如草莓脱毒可提高产量 20％～30％，单株结果多，单果重增加，果实可溶性固形物含量增加 5.3％～15.3％；观赏花卉平均增产 50％～80％。

(2)提高品质　如苹果着色好，糖度高；菊花切花生长健壮，植株增高，优质切花数增多，花朵增大，花色艳丽，商品价值高。

(3)抗性增强　植物脱毒后自身抗逆性提高，对病虫的抗性增强。例如，甘薯脱毒后可增强抗茎线虫病；脱毒马铃薯相对耐贮，生长期间能有效防止晚疫病，冬季窖贮时则很少烂窖。

应用脱毒技术不但可以增加作物产量、提高作物抗逆性，客观上也减少了化肥和农药用量，防止土壤有机质的下降，有效地维护土壤的生态环境，对减少环境污染、防止公害和保护环境都有积极的意义，而且脱毒种苗生产是一种劳动力密集型产业，因而能促进就业。因此，植物脱毒技术的应用，在经济效益或社会效益上都非常明显。通过脱毒种苗的推广应用，可进一步加快当地的产业升级和由传统农业向现代农业的转变。

目前，通过组培手段培育脱毒苗已成为农作物、园艺植物、经济作物优良品种繁育、生产的重要环节。许多国家十分重视这项工作，把脱除病毒纳入常规良种繁育的重要程序与环节之一，建立了大规模的无病毒苗生产基地，为生产提供无病毒优良种苗，并且已在生产上发挥了重要作用，取得了显著的经济效益。

二、植物脱毒方法

目前，植物脱毒方法有物理性的热处理脱毒、化学性的抗病毒药剂应用(主要抑制病毒的合成)、微茎尖培养、热处理结合茎尖培养、茎尖微体嫁接、愈伤组织培养、花药培养等。其中，热处理、微茎尖培养、热处理结合茎尖培养脱毒方法最普遍、经济实用，也最容易掌握。实践证明，根据植物种类和待检病毒的种类、特性，采取不同脱毒方法的组合处理，脱毒效果会更好。

(一)热处理脱毒

1.温汤浸渍处理

温汤浸渍处理是将需要脱除病毒的材料在50～55 ℃的温水中浸渍数分钟至数小时，使病毒失去活性。该方法简便易行，适用于休眠器官、剪下的接穗或种植的材料，但长时间浸渍处理，容易造成材料受伤。实践中要注意控制好热处理的温度和时间。

2.热空气处理

热空气处理脱毒适用于鲜活植物材料的脱毒。将生长的盆栽植株、种球、愈伤组织、离体瓶苗等移入温热治疗室(箱)内，以35～40 ℃的温度处理几十分钟至数月。热处理脱毒方法中最主要的影响因素是温度和时间。在热空气处理过程中，通常温度越高、时间越长、脱毒效果就越好，但植物的生存率却呈下降趋势。因此，温度与时间的选择应当兼顾脱毒效果和植物耐性两个方面，而后者会受到植物种类、器官类别和生理状况的影响。热空气处理对活跃生长的茎尖效果较好。例如，香石竹于38 ℃下处理两个月，其茎尖所含病毒即可被清除；马铃薯在35 ℃下处理几个月才能获得无病毒苗。

此外，每种植物都有热处理临界温度，过高温度处理会对植物造成伤害(图6-1-2)，而采用变温处理既可消除病毒，又不易伤及植物。例如，每天40 ℃下处理4 h与16～20 ℃处理20 h的交替变温处理马铃薯块茎，既清除了芽眼中的卷叶病毒，又保持了芽的活力。

热处理方法的优点是对设备要求不高，操作简单，应用广泛。主要缺陷是：①不能脱除所

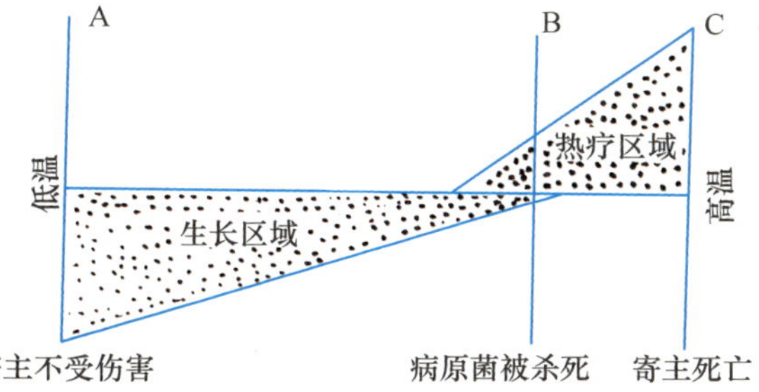

图 6-1-2 植物生长区域与热疗区域相对关系示意图(引自 Backer,1962)

B-C 为热疗处理区,寄主(C)与寄生病原菌(B)受热死亡点的距离越大,热疗成功的机会越大。

有病毒,主要对球状病毒、类似纹状病毒以及类菌原体等起作用,对杆状和线状病毒的作用不大;②延长脱毒时间,虽然病毒钝化效果好,但对植物材料有损伤,可能会钝化寄主植物组织中的阻抗因子,致使寄主植物抗病毒因子难以活化,从而增加无效植株的发生率。因此,热处理需与其他方法配合应用,才能获得良好的效果。例如,草莓 36 ℃热处理 6 周后进行微茎尖培养,比单纯茎尖培养更有效清除轻型黄斑病毒。

温馨提示

为增强植物的耐热能力,在热处理前,最好对植株进行适当地修剪,以保证植株具有丰富的碳水化合物贮备;热处理期间应保持 85%～95%相对湿度、适当的光照强度和光照时间。这样才能保证部分植株经热处理后既能存活,又全部或部分脱除病毒。

(二)微茎尖培养脱毒

由于微茎尖培养脱毒效果好,后代遗传性稳定,是目前植物脱病毒苗培育应用最广泛、最重要的途径。微茎尖培养脱毒与繁殖过程见图 6-1-3。

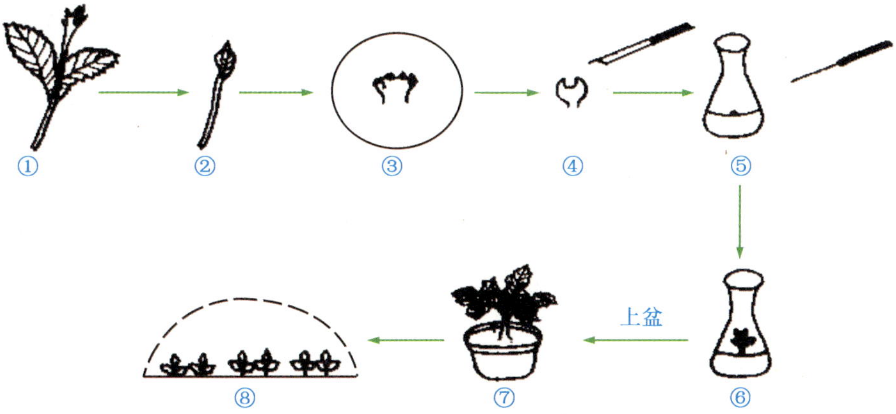

图 6-1-3 植物微茎尖培养脱毒及脱毒苗繁殖示意图

①采样 ②去外叶 ③剥离茎尖 ④切取分生组织 ⑤茎尖培养
⑥茎尖再生植株 ⑦病毒鉴定 ⑧防虫网内繁殖脱毒菌

1. 母本植株的选择与预处理

品种选择是微茎尖脱毒培养的关键因素之一。不同品种的产量、品质特性及对病毒侵染的反应不同，会直接影响脱除病毒后植株的增产效果和应用年限。因此，应选择品质好、产量高、适应性强、抗病毒能力强的品种作为微茎尖脱毒培养的母株。此外，选择母本植株时，首先要考虑其是否具有原品种的典型特征特性，这关系到培养的脱毒苗是否失真；其次要考虑感染病毒的轻重和携带病毒的多少。一般单一病毒侵染的植株脱毒较容易，多种病毒复合侵染的植株脱毒则较难；在感染病毒程度较轻或携带病毒较少、生长健壮无病虫害植株的植株上采集外植体，利于培养出脱毒苗。

对材料进行预处理，一种方法是将切取的插条插入 Knop 溶液中预培养，新抽生的枝条要比取自田间的枝条污染率低得多。另一种方法是将母本植株栽种在温室无菌的盆钵中培养，将来在腋芽抽生的枝条上选取外植体。母本植株预培养时，注意浇水不要直接浇在叶片上；要定期喷施内吸杀菌剂，如喷施 0.1%多菌灵和 0.1%农用链霉素等。剥取微茎尖前，需对茎芽进行表面灭菌。

2. 外植体采集与灭菌

外植体最好从母本植株外围或顶端活跃生长的枝梢上切取，顶芽、侧芽均可。外植体采集与表面灭菌的一般方法是：剪取植株上部枝梢段 2～3 cm，去除较大叶片，用自来水冲洗干净，然后在超净台上用 70%～75%的酒精浸泡 30 s，再用 10%漂白粉上清液或 1%～3%次氯酸钠浸泡 10～20 min，也可用 0.1%氯化汞溶液浸泡数分钟，最后用无菌水漂洗 4～5 次。对于外植体灭菌方法，实践中可根据不同外植体及原生态环境作相应的调整。例如鳞片及幼叶包被严紧的芽(如兰花、菊花的芽等)，只需在 75%酒精中浸蘸一下，而包被松散的芽(如香石竹、大蒜和马铃薯的芽等)，则要用 0.1%次氯酸钠表面灭菌 10 min。在大蒜茎尖培养时，可将小鳞茎在 75%酒精中浸蘸一下，再用灯火烧掉酒精，然后解剖出无菌茎芽。

3. 微茎尖剥离与接种

在超净台上剥取茎尖。由于微小的茎尖组织仅靠肉眼观察很难辨识和完成剥离操作，因而需要一台带有适宜光源的解剖镜作辅助。剥离微茎尖可在衬有无菌湿滤纸的培养皿内进行操作，以防止茎尖变干。剥离的茎尖暴露在外的时间应当越短越好，应尽快接种。接种时只用解剖针即可，确保微茎尖不能与芽的较老部分、解剖镜台面或持芽的镊子接触，从而避免材料染菌。

微茎尖大小是微茎尖脱毒培养的另一个关键因素。切取微茎尖的大小应根据欲脱除病毒的种类及其在体内的分布状况来综合确定(表 6-1-1)。病毒分布少，切取的茎尖可稍大，否则宜小。一般要求微茎尖小于 1 mm。通常微茎尖培养的脱毒效果与微茎尖大小呈负相关，而离体培养茎尖的成活率则与茎尖大小呈正相关，即茎尖越小，对培养基的要求越高，培养成活率越低，而脱毒效果越好；茎尖越大，则与之相反。实践证明，微茎尖剥离时不带叶原基，其脱毒效果最好，但成活率最低，而带 1～2 个叶原基的微茎尖培养，一般可获得 40%以上的脱毒苗。通常切取带 1～2 个叶原基的微茎尖进行培养，以达到既脱毒又保证成活率的目的。

表 6-1-1　植物脱除病毒宜采用的微茎尖大小范围

（引自森宽一，农事试验场，1958—1967）

植物种类	病毒种类	茎尖大小/mm	品种数	植物种类	病毒种类	茎尖大小/mm	品种数
甘薯	斑叶花叶病毒	1.0～2.0	6	康乃馨	花叶病毒	0.2～0.8	5
	缩叶花叶病毒	1.0～2.0	1	百合	各种花叶病毒	0.2～1.0	3
	羽毛状花叶病毒	0.3～1.0	2	鸢尾	花叶病毒	0.2～0.5	1
马铃薯	马铃薯 Y 病毒	1.0～3.0	1	大蒜	花叶病毒	0.3～1.0	1
	马铃薯 X 病毒	0.2～0.5	7	矮牵牛	烟草花叶病毒	0.1～0.3	6
	马铃薯卷叶病毒	1.0～3.0	3	菊花	花叶病毒	0.2～1.0	3
	马铃薯 G 病毒	0.2～0.3	1	草莓	各种病毒	0.2～1.0	4
	马铃薯 S 病毒	0.2 以下	5	甘蔗	花叶病毒	0.7～0.8	1
大丽花	花叶病毒	0.6～1.0	1	春山芥	芜菁花叶病毒	0.5	1

不同植物微茎尖形状各不相同（图 6-1-4）。在剥离某种植物的微茎尖之前，应对具体植物的微茎尖形状有清晰的印象，这是保证微茎尖剥离质量的前提。

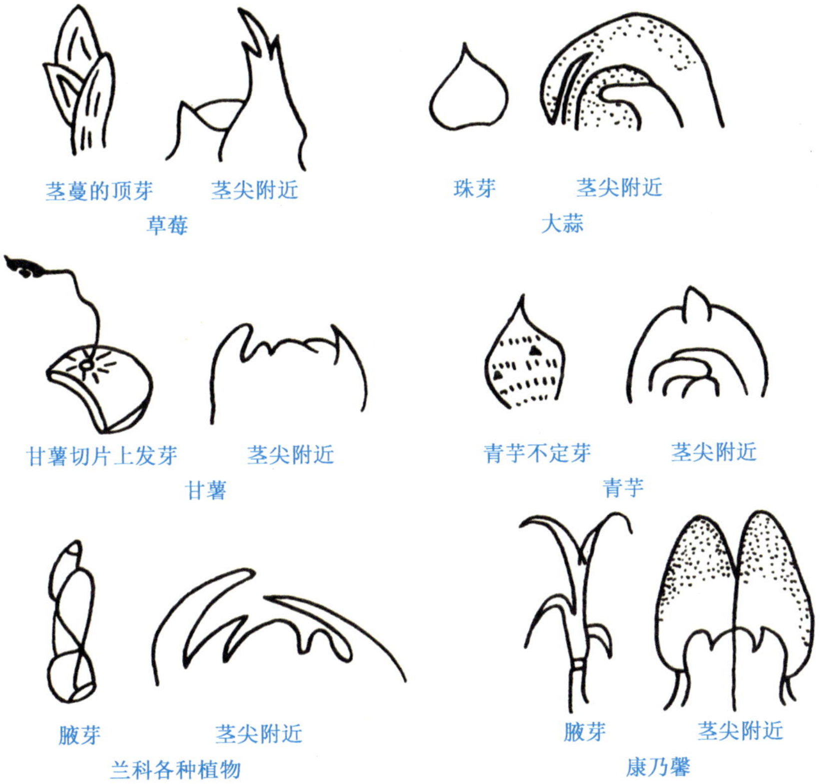

图 6-1-4　各种植物位于茎尖附近组织的模式图（引自王清连，2004）

4. 培养基和培养条件

微茎尖培养一般以 White、Morel 和 MS 作为基本培养基。提高钾盐和铵盐的含量有利于茎尖的生长，反之则有利于生根或根生长。在 MS 培养基上培养某些植物的微茎尖时，应适当降低部分离子的浓度。为了操作方便，一般使用琼脂培养基，如果在琼脂培养基培养能诱导外植体愈伤组织化，最好还是用液体培养基。因为这样的培养方式有利于外植体的通气、生根，还能消除琼脂中杂质对微茎尖生长的不利影响。有时在茎尖培养基中添加活性炭，对某些植物的茎尖生长有利。

植物激素的种类和浓度组合对微茎尖的生长发育具有重要的作用。双子叶植物的生长素和细胞分裂素是由第 2 对最年幼的叶原基合成的，所以培养不带叶原基的微茎尖时，需要在培养基中适当添加生长素与细胞分裂素。为了使培养的脱毒苗能保持原品种的特征特性，应避免使用容易促进愈伤组织化的 2,4-D，而改用稳定性较好的 NAA 或 IBA 等生长素；细胞分裂素可选用 KT 或 BA。GA_3 对某些植物茎尖培养有利，应注意选择使用。

微茎尖接种后置于温度 25 ℃左右、光照时间 10～16 h/d、光强 1 500～5 000 lx 的条件下培养。一般光照培养比暗培养效果好。由于在低温和短日照下，茎尖有可能进入休眠，所以必须保证较高的温度和充足的光照时间。培养环境的相对湿度以 70%～80%较为适宜。

微茎尖需数月培养才能萌发和生长。较大的微茎尖培养 2 个月左右才能再生出绿芽，较小的微茎尖则需要 3 个月以上，甚至更长时间才发生绿芽。这期间应注意更换新鲜培养基，逐步提高培养基中 BA 的浓度，以获得大量丛生芽。丛生芽的增殖与生根培养与一般器官的培养相同，不再赘述。

问题探究

☆为什么根尖和茎尖病毒含量很少或不含病毒？

☆为什么培养不带叶原基的微茎尖会严重影响茎尖的成活率？

☆为什么热处理与茎尖培养相结合的脱毒处理效果会更好？

拓展学习

热处理和微茎尖培养脱毒原理

其他植物脱毒方法

任务 6-2　脱毒效果的鉴定

任务描述

任务选择	任务 1		任务 2	任务 3
鉴定对象	马铃薯脱毒苗		草莓脱毒苗	樱桃脱毒苗
检测方法	汁液涂抹法	酶联免疫吸附法	小叶嫁接法	双重芽嫁接法
操作程序	指示植物的栽植—制备被检汁液—接种—管理—结果判断	包被 A 蛋白—洗板—包被第一抗体—洗板—包被样品—洗板—包被第二抗体—洗板—包被酶标 A 蛋白—洗板—加底物—酶联检测	指示植物栽植—嫁接—管理—结果判断	砧木与指示植物栽植—嫁接—管理—结果判断
实践成果	脱毒效果鉴定结论			
操作要求	分组操作，规范操作，配制准确，观察认真，结论正确			

任务分析

本任务接续任务 6-1 进行，通过适宜的检测方法鉴定草莓、马铃薯和樱桃等作物的脱毒处理效果，从而判断出组培苗是否真正彻底脱毒。其技术关键是选准病毒检测方法、操作规范熟练、观察细致、分析科学，从而保证脱毒效果鉴定结论的正确性。在操作环节上，酶联免疫吸附法需要相关仪器设备和较多的药品，并且容易产生假阳性，因此应提前做好准备工作，注意样品保存、洗板和加样等操作环节；嫁接法要求接穗与砧木形成层对齐；汁液涂抹法相对简单，容易掌握。教师要科学做好待检材料的提前准备；操作人员最好在相关理论知识学习的基础上按照先易后难、先模拟后实战的顺序实施，利于任务的顺利完成。

任务实施

一、操作前准备

(一)做好计划

各组学生根据检测对象和现有条件选择检测方法，准备仪器设备与用品，制定操作流程，做好人员分工。

(二)准备设备用品

设施条件：普通温室、300 目防虫网室。

设备：酶联检测仪、冷冻离心机、冰箱、恒温箱、多道移液器、单道移液器、研钵、酶联板、小型喷粉器等。

材料：待检马铃薯、草莓、樱桃组培苗；指示植物(紫樱桃、山樱桃、EMC、深红草莓、UC、千日红、曼陀罗、心叶烟、普通烟、香料烟等)。

试剂：氯化钠、磷酸二氢钾、磷酸氢二钠、氯化钾、吐温-20、聚乙烯吡咯烷酮、碳酸钠、碳酸氢钠、叠氮钠、牛血清白蛋白(或脱脂奶粉)、二乙醇胺、盐酸(2 mol/L)、4-硝基苯酚磷酸盐、凡士林、蒸馏水等试剂。

其他用品：医用手术剪、嫁接刀、嫁接夹、棉球、纱布、金刚砂 (300～600 目)、塑料绑条(胶带)、标签、细棉线、塑料袋等。

(三)熟悉酶联免疫检测仪的使用

参见相关教材或仪器使用说明书。

二、脱毒苗鉴定

(一)马铃薯脱毒苗鉴定

1. 汁液涂抹法

(1)选定指示植物　将千日红、曼陀罗、心叶烟、普通烟、香料烟等指示植物栽植在网室内。如果是系统发病的指示植物一般选用 3～5 片真叶的幼苗；局部发病的指示植物选用充分展开的叶片。每 3 株为一组检测一种马铃薯病毒，并做好标记。

(2)制备被检汁液　取待检的马铃薯脱毒试管苗中、上部的叶片 1～3 g 放入研钵中，加入 10 mL 水和等量的 0.1 mol/L 的中性磷酸缓冲液(pH 7.0)，研磨成匀浆(图 6-2-1)，用双层纱布过滤，过滤后的汁液备用。

(3)接种　先在指示植物叶片上用小型喷粉器轻轻喷上一层金刚砂 (300～600 目)，然后用已消毒的棉球蘸上过滤的汁液，在指示植物叶片上轻轻摩擦 5 min 后用蒸馏水冲洗被接种的叶片。也可以接种前将少量 500～600 目金刚砂研碎后加入匀浆内，作为接种时的摩擦剂。

(4)管理　将指示植物置于 20～25 ℃严格隔离的防虫网室内养护，盆间距 50 cm，按表 6-2-1 规定的天数跟踪观察记录指示植物的症状，确定检测病毒的有无。

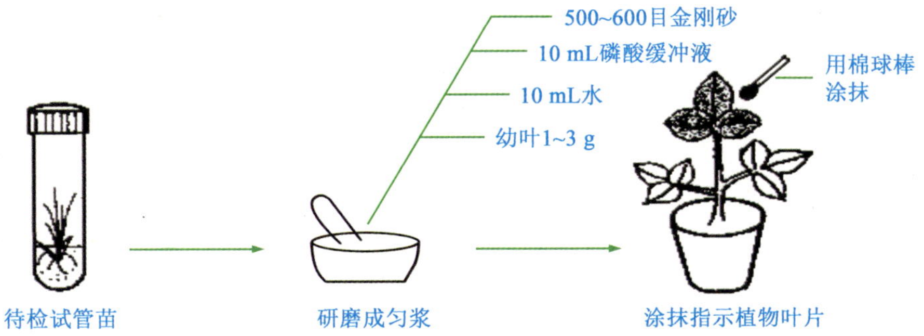

图 6-2-1　汁液涂抹法操作示意图

表 6-2-1　马铃薯病毒在主要指示植物上的症状

检测病毒	接种后检测时间	指示植物	表现症状
PVX	5～7 d	千日红	叶片出现红环枯斑
PVM	12～24 d	千日红	接种叶片出现紫红色小圆枯斑
PVS	14～25 d	千日红	接种叶片出现橘红色小斑点，略微凸出的圆或不规则小斑点
PVG	20 d	心叶烟	系统白斑花叶症
PVY	7～10 d	普通烟	初期明脉，后期沿脉出现纹带
PVA	7～10 d	香料烟	微明脉
PSTV	5～15 d	莨菪	沿脉出现褐色坏死斑点

(5)结果判断　1 周或数周后观察。如果在所接种的指示植物中有 1 株表现出典型症状，该样品即为阳性，说明马铃薯组培苗没有彻底脱毒。

2. 酶联免疫吸附法

(1)组培苗抽样　如果是脱毒核心材料，则每株都要检测；如果是扩繁苗，则随机抽取 1%～2%的扩繁苗检测。

(2)溶液配制

①配制洗涤缓冲液(PBST，pH 7.4)：将氯化钠(NaCl) 8 g、磷酸二氢钾(KH_2PO_4) 0.2 g、磷酸氢二钠($Na_2HPO_4\cdot 12H_2O$) 2.93 g(或 Na_2HPO_4 1.15 g)、氯化钾(KCl) 0.2 g、吐温-20(Tween－20) 0.5 mL 溶于蒸馏水中，定容至 1 000 mL，4 ℃冰箱内保存。

②抽提缓冲液(pH 7.4)：称取 20 g 聚乙烯吡咯烷酮溶于 1 000 mL PBST 中。

③包被缓冲液(pH 9.6)：将碳酸钠(Na_2CO_3) 1.59 g、碳酸氢钠($NaHCO_3$) 2.93 g、叠氮钠(NaN_3)0.2 g 溶于蒸馏水中，定容至 1 000 mL，4 ℃冰箱内保存。

④封板液：将牛血清白蛋白(或脱脂奶粉) 2 g、聚乙烯吡咯烷酮 2 g 溶于 100 mL PBST 中，4 ℃冰箱内保存。

⑤酶标抗体稀释缓冲液：将牛血清白蛋白(或脱脂奶粉) 0.1 g、聚乙烯吡咯烷酮 1 g、叠氮钠(NaN_3) 0.01 g 溶于 100 mL PBST 中，4 ℃冰箱内保存。

⑥底物缓冲液：将二乙醇胺 97 mL、叠氮钠 0.2 g 溶于 800 mL 蒸馏水中，用 2 mol/L 的盐酸调节 pH 至 9.8，定容至 1 000 mL，4 ℃冰箱内保存。

⑦底物溶液(现用现配)：将 0.05 g 4-硝基苯酚磷酸盐溶于 50 mL 底物缓冲液中。

(3)样品制备　取样品 0.5～1.0 g，加入 5 mL 抽提缓冲液研磨，然后在冷冻离心机上以

4 000 r/min 离心 5 min，取上清液备用。

(4)检测步骤

①包被抗体：每孔加 100 μL 用包被缓冲液按工作浓度稀释的抗体，37 ℃保湿孵育 2～4 h 或 4 ℃保湿过夜。

②洗板：用洗涤缓冲液洗板 4 次，每次 3～5 min。

③封板：每孔加 200 μL 封板液，34 ℃保湿孵育 1～2 h。

④洗板：同②。

⑤包被样品：每孔加样品 100 μL，34 ℃保湿孵育 2～4 h 或 4 ℃保湿过夜。同时设阴性、目标病毒的阳性和空白对照，可根据需要设置重复。

⑥洗板：同②。

⑦包被酶标抗体：每孔加 100 μL 用抗体稀释缓冲液稀释到工作浓度的碱性磷酸酯酶标记抗体，37 ℃孵育 2～4 h。

⑧洗板：同②。

⑨加底物溶液：每孔加 100 μL 底物溶液，37 ℃保湿条件下反应 1 h。

⑩酶联检测：用酶联检测仪测定 405 nm 的光吸收值(OD_{405})，记录反应结果。

(5)结果判定

①目测观察：溶液显现颜色的深浅与病毒的相对浓度成正比。如果显现白色，表明为阴性反应，记录为“－”；如显现淡橘红色即为阳性反应，记录为“＋”；依色泽的逐渐加深记录为“＋＋”和“＋＋＋”。

②依据光密度值判断：如果检测的样品孔的光密度值大于阴性对照孔光密度值的 2 倍，即判定为阳性反应(阴性对照孔的光密度值应≤0.1)。

(二)草莓脱毒苗鉴定

1. 嫩枝(芽)嫁接法

在网室内提前培育草莓脱毒苗和 EMC 系草莓、UC 系草莓和深红草莓等指示植物。当指示植物的实生苗足够大时，取草莓脱毒苗嫩枝(芽)，削成接穗，用插接法嫁接在指示植物的匍匐茎上。每种指示植物各嫁接 2 组，每组 5 盆，每盆 3 枝。1～2 个月后观察指示植物新展开的叶片、匍匐茎、老叶上是否出现皱叶、脉结、黄边等病斑。如发现有病斑，则说明脱毒效果不佳，需再次脱毒。

2. 小叶嫁接法

小叶嫁接法鉴定草莓脱毒效果，按照以下步骤操作(图 6-2-2)：

(1)栽培指示植物　在防虫网室中常规栽培 EMC、深红草莓、UC 等指示植物至足够大小。

(2)削接穗　取待检草莓叶，去除两侧小叶，留中央小叶，保留叶柄长约 1.5 cm，削皮层成楔形。

(3)“砧木”选择与处理　从盆栽生长良好的指示植物(EMC、UC 系列草莓和深红草莓)中挑选健全叶片，剪去中央小叶，用单面刀片自剪口处向下纵切 1.5～2 cm 小切口。

(4)嫁接　将待检小叶的叶柄插入切口，用封口膜缠绕包扎嫁接部位，涂上少量凡士林。每一株指示植物可嫁接 2～3 片同株待检测的叶片。然后用喷雾器向植株喷少许清水，用开有

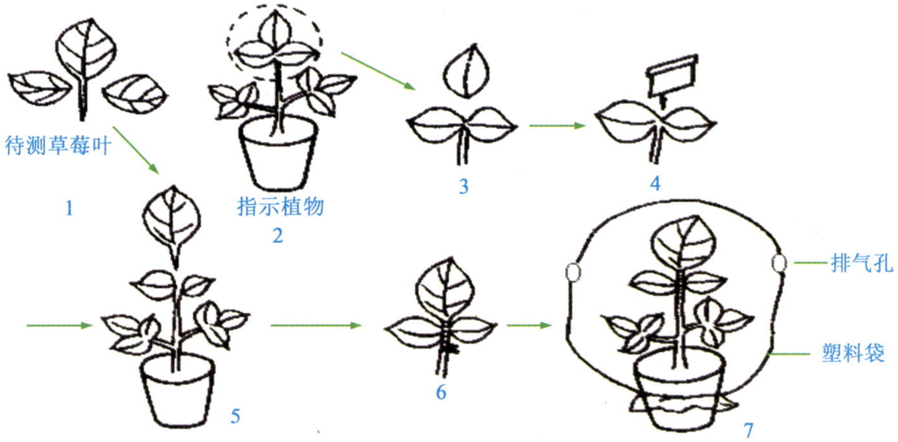

图 6-2-2　**草莓指示植物小叶嫁接检测法示意图**(引自熊庆娥,2000)

小孔的塑料袋将指示植物罩上或放在喷雾室内保湿,保持 2 周左右。

(5)接后管理　将嫁接后的指示植物置于防虫网室内散射光下常规养护。10 d 后去掉塑料袋,跟踪观察指示植物新老叶上有无病斑,以此作为判定草莓组培苗是否脱毒的重要依据。

(6)结果判断。栽培 1～2 个月后,若接穗体内含有病毒,会在指示植物新展开的叶片、匍匐茎或老叶上出现病症(表 6-2-2),这就说明草莓脱毒未彻底。

表 6-2-2　**草莓的病毒种类与症状表现**

病毒种类	指示植物	病症表现
斑驳病病毒	EMC	叶片有不整齐的黄色小斑点
脉结病病毒	EMC	小叶向后反转成风车状,尖端卷曲,叶脉呈带状褪绿
轻型黄边病病毒	深红草莓	从老叶开始变红
皱缩病毒	UC5	叶片有不整齐的小斑点,叶脉不整齐,叶柄暗褐色

(三)樱桃脱毒苗鉴定

1. 汁液涂抹法

将待检甜樱桃脱毒苗叶片的匀浆液涂抹在黄瓜指示植物上,具体操作参见马铃薯脱毒苗鉴定。如果叶片出现褪绿环斑和生长点坏死,说明脱毒不彻底。

2. 双重芽嫁接法

(1)选定或栽培指示植物　将紫樱桃和山樱桃两种指示植物在防虫网室或露地栽培至适宜大小。

(2)双重芽嫁接　夏、秋季节,将紫樱桃、山樱桃的芽分别嫁接到实生砧木基部距地面 10～20 cm 处,再在接芽下方嫁接待检樱桃脱毒苗的芽,两芽相距 2～3 cm。成活后剪去指示植物芽上部的砧干(图 6-2-3),进入常规管理。

(3)结果判断　嫁接后的第二年观察,当发现指示植物山樱桃的接芽周围出现局部坏死,病部木质

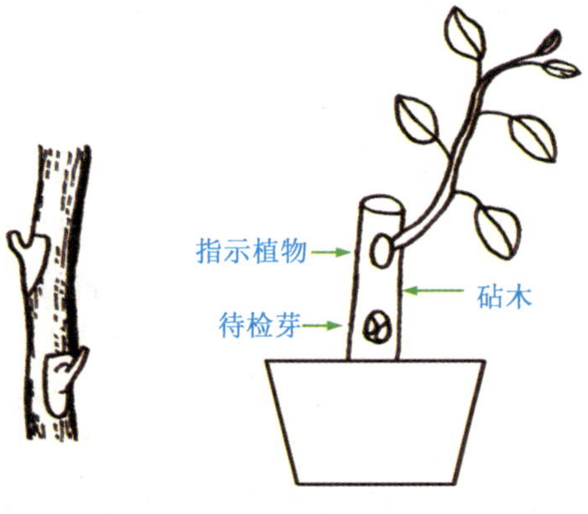

图 6-2-3　**双重芽嫁接法**(引自王国平,2002)

部先变褐色、后变黑色并溢出大量胶质等症状时，即可判定为待检脱毒苗体内含有樱桃坏死环斑病毒；当发现指示植物紫樱桃叶片上出现紫褐色斑点，逐渐扩大至0.5～1.0 cm大小的不规则紫褐色斑块，部分叶片的叶肉组织出现坏死、叶片卷曲、较早落叶等症状时，即可断定待检脱毒苗体内含有樱桃坏死锈斑病毒。

技术提示

1. 酶联免疫吸附法鉴定脱毒效果时，每一步第1次洗板时，应迅速倾去洗液，滴定板倾斜度也不能超过20°；洗板所加的洗液量应至少超出最大加样量0.2 mL，每次加入洗液要浸泡3～5 min，达到充分洗涤效果。

2. 指示植物法的选择应具有较强的针对性。

3. 指示植物嫁接法要求接穗修剪到位，砧木与接穗形成层对齐，操作手法娴熟。

知识链接

经过脱毒处理得到的种苗，必须经过严格的鉴定，确定其无病毒且农艺性状优良之后，才可以作为脱毒良种种苗用于实际生产。脱毒苗的鉴定包括两个方面：一是脱毒效果的鉴定；二是农艺性状的鉴定。

一、脱毒效果鉴定

对于非潜隐性病毒，可以通过直观检测法观察有无病毒病症状；对于潜隐性病毒病则必须通过病毒检测。病毒检测方法有生物学检测法、血清学检测法、电子显微镜法和分子生物学检测法等。在生产实践中，具体使用哪一种检测方法要根据病毒类型、技术掌握程度和设备等具体条件的不同，选择最适宜的检测方法。

（一）生物学检测法

生物学检测方法是以植物病毒在寄主上的表观症状作为识别病害和检测病毒的基础。该种检测方法简单、结果观察直接、鉴定结果也较为可靠，不过检测方法较慢，会受到季节和气候等因素的限制，灵敏度不高，某些病毒因为无法找到鉴别寄主而不能运用这种检测方法。生物学检测法主要包括直观检测法和指示植物检测法两种。

直观检测法是根据病毒在植株上的表现症状来判断感病情况，即根据植株茎叶是否表现出某种病毒所特有的可见症状来确定病毒感染程度。指示植物检测法是指利用指示植物比原始寄主更容易表现症状的特点，将待检植物汁液涂抹接种或是将待检苗株（原始寄主）嫁接到指示植物上，利用病毒在其他植物上产生的症状作为鉴别病毒种类的方法。指示植物是指对某种病毒反应敏感、症状明显、用于鉴定病毒种类的植物，又称鉴别寄主。根据性状不同，指示植物分为草本指示植物和木本指示植物。用作草本指示植物的植物种类较多，如藜科、茄科、豆科与葫芦科等草本植物都有较强的指示作用。一般情况下草本植物采用草本指示植物检测方法，多采取汁液涂抹的方式接种；很多果树和林木植物采用木本指示植物检测方法，一般采用嫁接传染的方式接种。根据病毒接种后产生的病症特征，指示植物分为两种类型：一种是接种后产生系统性症状，其病毒可扩展到植物非接种部位，通常指示植株没有局部病斑；另一种是指示植物只产生局部病斑，通常形成坏死、褪绿或环状病斑。作为病毒检测用的指示植物，一般要求根据病毒种类及其寄生范围的不同，选择适合的指示植物；一年四季都能栽培；能够较长时期内保持对病毒的敏感性和容易接种；在较广的范围内具有同样的反应。指示植物应在严格防虫条件下隔离繁殖，以免交叉感染而影响脱毒效果的准确判断。部分常用的指示植物见表 6-2-3。以下介绍指示植物的脱毒鉴定方法。

表 6-2-3 一些常用指示植物及其检测的病毒（引自王清连，2004）

植物病毒种类	主要指标植物	资料来源
草莓斑驳病毒(SMoV)	UC-4、UC-5、Alpine	王国平等，1993
草莓镶脉病毒(SVBV)	UC-10、UC-4、UC-5	
草莓皱缩病毒(SCrV)	UC-10、UC-4、UC-5、Alpine	
草莓轻型黄边病毒(SMYEV)	UC-10、UC-4、UC-5、Alpine	
柑橘裂皮病毒(CEV)	Etro 香橼	中国农科院柑橘研究所等，1992
柑橘碎叶病毒(TLV)	Rusk 酸枳	
柑橘衰退病毒(CTV)	墨西哥来檬	
苹果茎沟槽病毒(SGV)	弗吉尼亚小苹果	冷怀琼，1998
苹果茎痘病毒(SPV)	弗吉尼亚小苹果、君柚	
苹果褪绿叶斑病毒(CLSV)	俄国大苹果、大果海棠、杂种温瞭	
葡萄扇叶病毒(GFV)	Rupestris . St. George	冷怀琼，1998
葡萄卷叶病毒(GLRV)	黑比诺、赤霞朱、品丽珠等	
葡萄栓皮病毒(GCBV)	LN33	
葡萄茎痘病毒(GSPV)	LN33、Rupestris . St. George	

1. 草本指示植物的脱毒鉴定

草本指示植物鉴定法分为汁液涂抹法和嫁接法。一般草本植物脱毒鉴定多采用汁液涂抹法和小叶嫁接法。

（1）汁液涂抹法　此法主要用于草本植物的脱毒鉴定，适用于鉴定通过汁液传播的病毒。利用指示植物法鉴定时，一般以早春为宜，因为早春刚萌发嫩叶或花瓣，接种成功率较高，而 5 月份以后接种较难成功，会影响检测结果的正确性。具体检测方法参见任务实施中“马铃薯脱毒苗鉴定”。需要注意的是，可以将金刚砂加入待检叶片制成的匀浆再涂抹接种。接种时注意轻轻涂抹 2～3 次，以汁液进入叶表皮细胞并且不损伤叶片为度；整个操作应在防虫网室中进行，注意温室的保温。一般 2～6 d 后可视其病症的有无来判断被鉴定植物是否彻底脱毒。如无症状出现，则初步判断待检植株已脱毒，但必须多次重复鉴定，经重复鉴定未发现病毒植株才能进一步扩大繁殖，供生产上使用。

（2）小叶嫁接法　此法多用于如草莓等无性繁殖的草本植物，适用于采用汁液涂抹法鉴定比较困难，非汁液传播病毒（如草莓的黄化病毒、丛枝病毒等）的鉴定。具体检测方法参见任务实施中“草莓脱毒苗鉴定”。采用此方法检测脱毒效果要求指示植物生长健壮、无病虫害；接穗与砧木亲和性强；套袋保温保湿，嫁接成活后及时去除塑料袋；嫁接操作娴熟，在防虫网室内完成嫁接操作和苗株的栽培。

2. 木本指示植物的脱毒鉴定

木本指示植物鉴定法采用嫁接进行病毒鉴定，多适用非汁液传播病毒的鉴定。很多果树和林木植物采用木本指示植物鉴定是否脱毒。以下三种嫁接方法可供选择。

（1）双重芽接　一般在 8 月中下旬从待检样本树上剪取 1 年生枝条作为待检接穗，先将其上的芽片削成盾形，芽接在距地面 5 cm 左右的砧木基部，然后剥取指示植物的芽片嫁接在待检芽的上方，两芽相距 2～3 cm。每株待检树在同一砧木上嫁接 1～2 个待检芽。若指示植物的芽未成活，再进行补接。嫁接后 15～20 d 检查接芽的成活情况。嫁接成活后剪去指示植物芽以上的砧干。翌年发芽后摘除待检芽的生长点，促进指示植物的生长，观察是否有症状出现（图 6-2-3）。

（2）双重切接　也称双芽嫁接，多在春季进行。在休眠期分别剪取各带 2 个芽的指示植物及待检树的接穗，萌芽前将待检树接穗切接在实生砧木上，将指示植物接穗切接在待检树的接穗上。为促进伤口愈合和提高成活率，可在嫁接后套上塑料袋保温保湿。此种方法的缺点是嫁接技术要求高，成活率低，嫁接速度慢（图 6-2-4）。

（3）直接嫁接　即直接在指示植物上嫁接待检植物的芽片。此法费时长，需几年才能观察到结果。

（二）血清学植物病毒检测法

血清学植物病毒检测法是指利用抗原、抗体的体外特异性相结合来检测植物病毒。常见的血清学检测方法有酶联免疫吸附法、快速免疫滤纸法、免疫荧光技术、斑点免疫测定法以及免疫胶体金技术等，这些方法的广泛应用使得植物病毒的检测灵敏性与检测速度都得到极大提高，也更为灵活。酶联免疫吸附法（ELISA）是血清学植物病毒检测法中采用较多的一种方法。下面介绍抗血清检测法和酶联免疫吸附法。

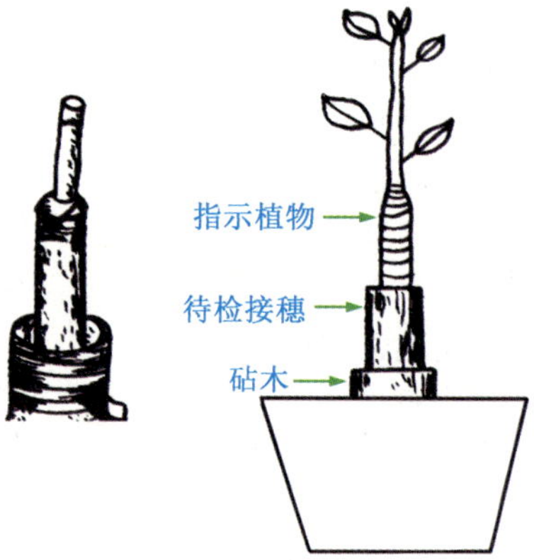

图 6-2-4　**双芽嫁接法**（引自王国平，2002）

1. 抗血清检测法

凡能刺激动物机体产生免疫反应的物质称为抗原。抗体则是由抗原刺激动物机体的免疫活性细胞而生成的一种具有免疫特性的球蛋白，能与该抗原发生专化性免疫反应，因其存在于血清中，故称抗血清。由于植物病毒为一种核蛋白复合体，因此具有抗原的作用，能刺激动物机体的免疫活性细胞产生抗体。同时由于植物病毒抗血清具有高度的专化性，感病植株无论是显性还是隐性，都可以通过血清学的方法准确判断植物病毒的存在与否、存在的部位和数量。由于其特异性高、测定速度快，所以抗血清法也成为植物病毒检测最常用的方法之一。

抗血清检测法包括抗原制备、抗血清收集、免疫反应试验等，具体操作程序见图 6-2-5。利用抗血清鉴定时，要注意避免叶绿体的自发凝聚，可用磷酸缓冲液提取汁液，再用氯仿处理除去叶绿体，pH 保持 6.5～8.5。另外，抗原和抗体的比例要适当，抗原过量时会抑制沉淀的生成。

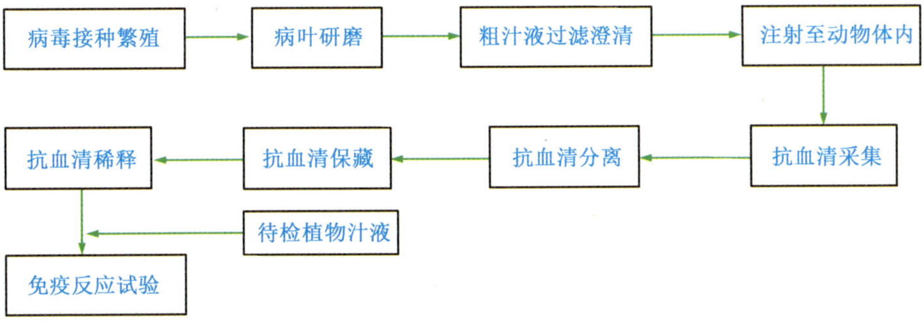

图 6-2-5　抗血清鉴定法操作流程

2. 酶联免疫吸附法(ELISA)

(1)含义与特点　酶联免疫吸附测定法(ELISA 法)是以免疫学反应为基础,将抗原、抗体的特异性反应与酶对底物的高效催化作用相结合的一种高敏感性的试验技术。具体是将酶与抗体(或抗原)结合,制成酶标抗体(或酶标抗原);将抗原固定在支持物上,加入待检血清,然后加入酶(过氧化物酶或碱性磷酸酶)标记的抗体,使待检血清中与对应抗原的特异性抗体结合,最后用特殊分光光度计测定。常用的 ELISA 分为两个方面:一方面是测定抗原的,主要有竞争法、双抗体夹心法(图 6-2-6)、改良双抗体夹心法和抑制性测定法;另一方面是测定抗体的,主要有间接法(图 6-2-7)。由于抗原、抗体的反应在一种固相载体——聚苯乙烯微量滴定板的孔中进行,每加入一种试剂孵育后,可通过洗涤除去多余的游离反应物,从而保证试验结果的特异性与稳定性。

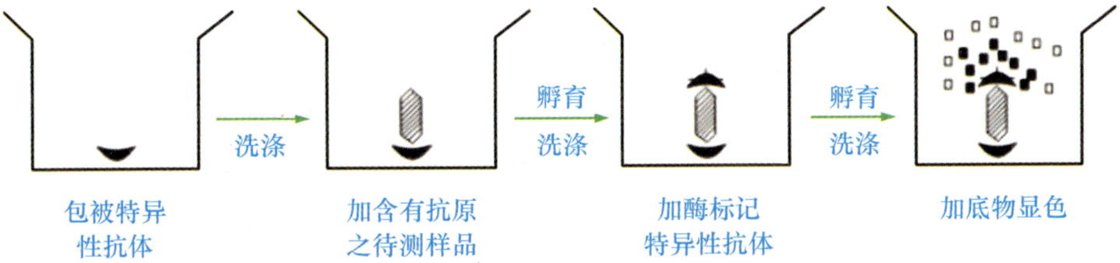

图 6-2-6　双抗体夹心法测抗原示意图

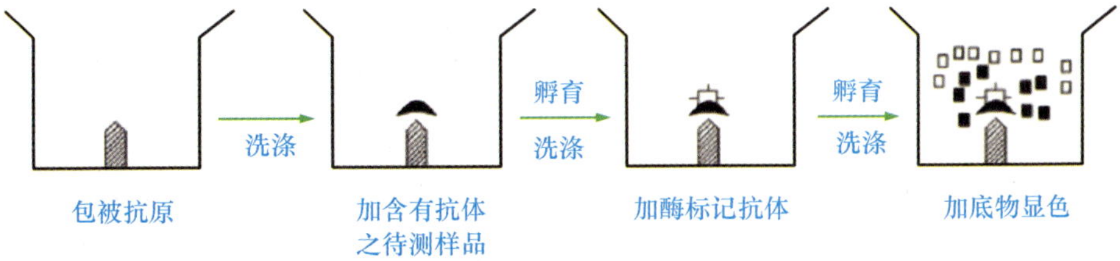

图 6-2-7　间接法测抗体示意图

ELISA 法是抗血清鉴定法中发展最迅速、应用最广泛的方法,适于测定大量样品,反应结果可长期保存,具有灵敏度高、特异性强、快捷、简便,并且不需要使用同位素和复杂的设备、对人体基本无害等一系列优点。但是也存在抗体制备所需时间长、费时费力、经常存在假阳性反应等缺点,给脱毒苗检测带来困难。

(2)检测方案设计　检测之前，首先根据检测的需要设计酶联板点样孔。将使用的点样孔安排在内部，避免使用酶联板周围一圈的点样孔，防止因边际效应的发生而影响检验结果的准确性。在一次检测试验中，一般设置 2 个阳性对照孔、2 个阴性对照孔、2 个空白对照孔作为质量控制，并根据送检样品的数量设置待检测样品孔的数量，要求每个待测样品设置两次重复。其次，需确定包被抗体和酶标抗体的最适浓度。

(3)样品选取与处理要求　选取幼嫩或处于萌芽状态的植物组织的样品用于检测，如芽尖、幼叶等植物组织，避免选取成熟的植物组织样品。检测韧皮部中的病毒，应选取韧皮组织；检测树皮中的病毒，应选取带有形成层组织的样品，也可选取幼嫩的根部组织作为病毒检测样品。

(4)植物病毒粗提液的制备　选取植物样品，一般按照适当的比例加入样品抽提缓冲液，制备一个植物病毒粗提液。如果提高植物样品所占比例，有可能会减少酶联反应的概率、加大制备植物病毒粗提液的难度。相反，减少植物样品所占比例，则有利于酶联反应的进行。对于难以研磨的植物样品，可加入金刚砂或硅藻土等研磨剂，将有助于研磨。

(5)操作程序　ELISA 检测操作程序通常包括包被、加样、孵育、包被酶标抗体、加底物、显色和读板等步骤(表 6-2-4)。

表 6-2-4　ELISA 法操作步骤

序别	间接法(测抗体)	双抗体夹心法(测抗原)	竞争法(测抗原)	抑制法(测抗原)
1	包被抗原：用包被缓冲液稀释抗原至最适浓度(5～20 μg/mL)各 0.3 mL 加于微反应板每个凹孔中，4 ℃过夜或 37 ℃水浴 2～3 h，贮存于冰箱	包被抗体：用包被缓冲液稀释特异性抗体球蛋白至最适浓度(1～10 μg/mL)，每凹孔加 0.3 mL，4 ℃过夜，或 37 ℃水浴 3 h，贮存于冰箱	包被特异性抗体 同左	包被抗原 同左
2	洗涤：移去包液，凹孔用洗涤缓冲液(含 0.05%吐温-20)洗 3 次，每次 5 min			
3	加被检标本：每凹孔加入用含有 0.05%吐温-20 的稀释缓冲液稀释的被检血清各 0.2 mL，37 ℃作用 1～2 h	每凹孔加入 0.2 mL 用稀释缓冲液稀释的含抗原的被检标本，37 ℃作用 1～2 h	分 2 组，a 组加酶标记抗原和被检抗原混合液 0.2 mL，b 组只加酶标记抗原液 0.2 mL，37 ℃作用 1～2 h。(混合液可做成不同稀释度)	a 组加参考抗体和被检抗原混合液 0.2 mL，b 组加参考抗体与等量稀释剂 0.2 mL，37 ℃作用1～2 h
4	洗涤：重复 2			
5	加入酶结合物：每凹孔加入稀释缓冲液稀释的酶结合物 0.2 mL，37 ℃作用 1～2 h	加入 0.2 mL 用稀释缓冲液稀释的酶标记特异性抗体溶液，37 ℃作用 1～2 h 或由预备试实验确定作用时间	—	各加入 0.2 mL 抗参考抗体的酶结合物，37 ℃作用 1～2 h
6	洗涤：重复 2			
7	加入 0.2 mL 底物溶液于每个凹孔，(O.P.D 或 O.T)，室温作用 30 min(另做一空白对照，0.4 mL 底物加 0.1 mL 终止剂)			

续表 6-2-4

序别	间接法（测抗体）	双抗体夹心法（测抗原）	竞争法（测抗原）	抑制法（测抗原）
8	加终止剂：每凹孔加 2 mol/L H_2SO_4 或 2 mol/L 柠檬酸 0.05 mL			
9	观察记录结果：目测或用酶标比色计测定（O. P. D 用 492 nm）O. D 值		用酶标比色计测定 a、b 两组的 O. D 值，并求出 a、b 两组 O. D 值的差数	

（6）结果判定　在所有阳性对照、阴性对照和空白对照结果均成立的情况下，通过 P/N 值进行判定。如果 P/N 值在推荐的阳性判定标准范围内，则判定为阳性样品；如果 P/N 值在推荐的可疑判定标准范围内，则判定为可疑样品；如果 P/N 值在推荐的阴性判定标准范围内，则判定为阴性样品。

（三）其他脱毒鉴定方法

其他脱毒鉴定方法列举见表 6-2-5。

表 6-2-5　其他脱毒鉴定方法列举

鉴定法名称	原理	说明
电镜检查法	用电子显微镜直接观察被鉴定植物组织的提取液有无病毒，并鉴定病毒颗粒大小、形状、结构、种类。	灵敏度高、准确率高，能定量测定病毒。但设备昂贵。
免疫双扩散法	抗原、抗体在半固体凝胶中进行扩散和免疫反应，有扩散沉淀的抗原提供植株为带病毒株。	原理与抗血清鉴定法相同，但能节约血清，汁液也不用特殊处理。
反转录聚合酶链反应（RT-PCR）检测法	提取被鉴定植物的病毒 RNA，根据病毒基因序列设计合成引物，反转录合成病毒 cDNA，然后扩增 cDNA，取出扩增产物，利用琼脂糖凝胶电泳进行检测。	与 ELISA 相比，不需制备抗体，检测所需病毒量也少，具有灵敏、快速、特异性强等优点。是最有前途的检测方法。
核酸斑点杂交技术（NASH）	根据互补核酸单链可以相互结合的原理，将一段核酸单链以某种方式加以标记，制成探针，与互补的待鉴定病原的核酸杂交，鉴定带探针的杂交物指示病原的存在。	灵敏度较高，特异性较强，缺点是检测大量样品时，探针分离较困难。

PCR 仪的使用

二、农艺性状鉴定

有些脱毒方法可使脱毒苗产生变异（失真）。例如，经热处理后，高温可能会引起分生组织细胞突变；经愈伤组织诱导的再生植株脱毒苗，有时会产生染色体变异，导致良种性状的丧失等。因此，经过脱毒处理和脱毒效果鉴定后，还需要进行田间农艺性状鉴定。在确定脱毒苗仍保持原品种的特征特性之后，才能作为原原种进行推广。

鉴定农艺性状时，必须采取隔离措施，以免重新感染病毒；鉴定中注意淘汰劣变植株，保留优良植株；注意发现和选留超越母体植株优良性状的突变体。

三、脱毒苗的保存

通过不同脱毒方法处理所获得的植株，经过鉴定确系无特定病毒者，即是脱毒原原种。脱毒原原种只是脱除了原母株上的特定病毒，抗病毒能力并未增强，因而在自然条件下易受到病毒再侵染而丧失其利用价值。同时受到自然条件影响，脱毒原原种容易丢失。因此，须将脱毒原原种按照正确的方法进行保存。

（一）隔离保存

植物病毒的传播媒介主要是昆虫，如蚜虫、叶蝉或土壤线虫等。因此，应将脱毒原原种苗种植于防虫网室、栽在盆钵中保存。栽培基质应事先消毒处理。除去网室周围的杂草和容易滋生蚜虫等传播媒介的植物，保证环境清洁，并定期喷药剂防虫杀菌。凡接触脱毒苗的工具应消毒并单独保管专用，操作人员也应穿消毒的工作服。若有条件，最好将脱毒苗母本园建在相对隔离的海岛或高岭山地种植保存。对隔离保存的脱毒种苗要定期检测有无病毒感染，及时将再感染的植株淘汰或重新脱毒。若管理得当，材料可保存5～10年。

种质资源离体保存

（二）离体保存

脱毒种苗的离体保存方法有低温保存、超低温保存和生长抑制保存等，具体扫码学习“种质资源的离体保存”。

问题探究

☆ 植物脱毒效果鉴定所采用的嫁接法与栽培上的嫁接法有何不同？

☆ 针对某一脱毒植物，如何选择适宜的脱毒效果鉴定方法？

☆ 脱毒苗木是否终生不再带毒？

拓展学习

脱毒苗的繁育

自我测试

一、填空题

1. 植物脱毒的常用方法有(　　　　)、(　　　　)、(　　　　)等。

2. 指示植物法是指利用(　　　　)。

3. 脱毒苗/无病毒苗是指(　　　　)。

4. 酶联免疫吸附法的原理是通过化学的方法,将(　　　　)结合起来,形成酶标记物。具有活性的酶标记物与相应的抗原或抗体反应,形成更大的复合体,加入酶反应底物呈(　　　　)反应,底物显色后用肉眼或分光光度计判定结果,从而达到检测病毒的目的。

5. 脱毒效果鉴定的常用方法有指示植物法、(　　　　)和(　　　　)等。

二、选择题

1. 采用指示植物法鉴定脱毒效果时,对指示植物的一般要求是(　　)。

A. 根据病毒检测对象来选择　　B. 能够较长时期内保持对病毒的敏感性

C. 一年四季都能栽培和容易接种　　D. 在较广的范围内具有同样的反应。

2. 盆栽甜樱桃热处理时,一般置于(　　)℃热处理 10～30 d;盆栽草莓热处理时,一般置于(　　)℃下热处理 50 d;脱除马铃薯卷叶病毒(PLRV)可以采取(　　)℃下处理 4 h 与(　　)℃下处理 20 h 的交替变温处理马铃薯块茎,既清除了芽眼中的叶片病毒,又保持了芽的活力。

A. 38～40　　B. 40～45　　C. 35～38　　D. 35

E. 40　　F. 16～20　　G. 10～20

3. 草莓微茎尖大小要求(　　);马铃薯微茎尖大小要求(　　);樱桃微茎尖大小要求(　　)。

A. 0.2～0.3 mm　　B. 0.1～0.3 mm　　C. 0.2～0.5 mm　　D. 0.1 mm

4. 影响植物微茎尖培养的因素主要有(　　)。

A. 母本植株及受病毒侵染的程度　　B. 外植体大小

C. 培养基　　D. 培养条件

三、判断题

1. 经过热处理脱毒后,植物材料或组培苗一定无病毒。(　　)

2. 经鉴定草莓试管苗已脱毒,就说明草莓植株体内的所有病毒都已脱除。(　　)

3. 不论通过何种脱毒处理所获得的脱毒苗株都必须经过严格的病毒鉴定。(　　)

4. 任何病毒都能在试管苗和指示植物上产生病斑。(　　)
5. 木本植物采用指示植物检测法时一般通过汁液涂抹接种。(　　)
6. 指示植物检测法可以区分病毒种类。(　　)
7. 酶联免疫吸附检测法一次只能检测一种病毒,检测多种病毒时灵敏度降低。(　　)
8. 嫁接法鉴定病毒适合所有植物。(　　)
9. 汁液涂抹接种时,可以用手指将试管苗的汁液直接涂抹在指示植物叶片上。(　　)
10. 马铃薯块茎热处理的温度与时间与想脱除的病毒种类有关。(　　)
11. 双芽嫁接法与双重芽嫁接法只是嫁接芽的数量多少不同。(　　)
12. 病毒可通过无性繁殖的营养器官世代相传。(　　)
13. 热处理脱毒与茎尖培养脱毒在性质上是相同的。(　　)
14. 茎尖大小与脱毒效果成正比,与成活率成反比。(　　)

测试要求:先独立自测后核对答案
温馨提示:自律彰显素养　诚信成就人生

项目6自我测试题参考答案

自我总结

结合学习和实训,绘制本项目知识与技能要点的思维导图。

模块3

学会研究——组培与快繁技术研发

持续开展技术研发，是企业促进技术迭代升级、提高生产效率和产品（服务）质量、保持竞争优势和快速健康发展的基础性、战略性工作，关乎企业的生存和发展。企业要想寻求高质量快速发展，就要加大技术研发投入，持续保持技术领先优势或竞争优势；培养和招募复合型、创新型和应用性人才，汇聚人才优势。

本模块针对组培研发岗位的工作职责与任职要求，编排了组培试验设计和组培数据调查与问题分析两个项目，主要内容包括组织培养的基本理论、组培试验设计、组培技术指标与常见问题分析等，重点介绍了组培与快繁的程序与类型、组培研究的技术路线与试验设计方法、组培与快繁的常见问题、组培数据调查与分析方法等。在理论知识学习的基础上，开展项目实践活动，培养学生会设计组培试验、撰写试验方案、编制组培观察表和进行技术指标统计分析，具备组培研发工所要求的理论知识、技能水平和相应的职业素养。

名人名言

一切推理都必须从观念与实验中得来。

——意大利数学家、物理学家、天文学家　伽利略

项目7　组培试验设计

在某种组培苗规模化生产前，必须通过反复试验研究，形成比较完善的技术体系，否则边生产边研究，很有可能会给企业带来非常大的市场风险和经济损失。科学、合理的试验设计对于解决组培苗木工厂化生产上的技术难题和进行新技术研发都是非常重要的，既可以精简试验次数，克服培养基配方设计的盲目性，显著提高工作效率和试验的可靠性，也可以节省人力、物力、财力和时间，更重要的是能够减少试验误差，提高试验的精确度。因此，要高度重视组培技术的试验研究，掌握组培试验设计方法。

学习目标

知识目标

1. 了解组培的基本理论，掌握组培快繁的程序与类型；
2. 掌握组培研究的技术路线与试验设计方法。

能力目标

1. 学会搜集组培信息；
2. 能够根据培养对象和培养目的科学设计试验方案。

素质目标

1. 树立创新意识，具有创新思维、科学探索精神；
2. 具有较强的观察、分析、解决问题的能力。

思想领航

——人可以改变环境，环境可以影响人，而设计则可以改变人和环境。

——人生只有走出来的美丽，没有等出来的辉煌。

项目实施

任务 7-1 设计组培试验方案

任务描述

本任务是设计组培试验方案(教师指定组培对象或学生自选)。学生分组按照制定信息搜集方案→信息搜集→信息整理与分析→试验设计→制定试验方案的程序分步完成实训任务,最后以小组为单位提交试验方案。在整个实训过程中学生要树立创新意识、创新思维,积极培养和提高自学能力、信息搜集与处理能力、组培试验设计能力和团队协作精神。

任务分析

设计试验方案是组培研发人员的基本功,是做好组培试验研究的前提和重要依据,也是确保试验成功的重要保障。科学制定组培试验方案,关键是掌握试验设计方法、技术研究路线等必要的理论与实践知识;信息搜集要全面、准确;试验因子的数量确定与水平划分。初学者需要在知识准备层面了解组培基本理论,理解和掌握组培快繁的类型与程序、试验设计相关的理论知识与技能要求;在策略层面分析相关设计案例,进行模仿设计,然后再独立设计;在实践层面按照试验方案设计流程分步实施,最好在导师(或企业师傅)指导下多人协作完成,确保试验设计和方案的科学合理、经济可行。

任务实施

一、实训前准备

教师下发任务工单,明确任务完成时间与具体要求,安排学生自学相关理论知识;学生在自学基础上,以组为单位制定组培信息搜集计划,设计调查提纲和调查表,做好人员分工和必要的用品准备。师生研讨信息搜集方案的科学性、可行性。

二、搜集组培信息

第一阶段是学生以组为单位完善信息搜集计划,利用课外时间多渠道完成组培信息搜集,做到信息搜集全面、完整;第二阶段是各小组分类整理组培信息资料,并对搜集到的组培信息资料进一步甄别、分类、组合、排列和编目,确保信息的准确、系统和有质量,为做好下一步的试验设计提供重要参考。

三、完成试验设计

各小组结合实训任务"头脑风暴",认真讨论分析并明确组培试验研究的重点和要解决的主要问题,然后基于查阅的组培信息资料和实践经验,确定试验因子及其水平间距,最终完成试验设计。教师线上线下做好相关咨询服务和课上现场巡回指导。

四、完成试验方案

各小组完成并提交试验方案,选派代表进行组间分享交流,师生研讨方案的科学性、可行性;各小组修改完善试验设计方案。

五、讨论与评价

小组自检任务完成情况、讨论信息搜集与试验方案设计过程中存在的问题;教师点评、小组间互评。

技术提示

1. 掌握植物组培与快繁的理论知识与试验设计方法是做好组培试验设计的前提。
2. 信息搜集时要做好文献来源记录,以备查验。
3. 多因子试验设计最好不要超过 3 个因子,每个试验因子的水平不应超过 3 级。

知识链接

一、组培快繁的理论基础

(一)植物细胞的全能性

植物细胞全能性理论是 1902 年由德国植物生理学家 Haberlandt 提出,1958 年美国斯图尔德(Steward)等用胡萝卜韧皮部的细胞进行离体培养,得到了完整植株,并且这一植株能够开花结实,首次证实了细胞的全能性。植物细胞全能性是指植物体任何一个具有完整细胞核的活细胞都具有该种植物的全套遗传信息,并在离体条件下能够发育成完整植株的潜在能力。例如,一个受精卵通过细胞分裂和分化可以产生具有完整形态和结构功能的植株,这是受精卵具有该物种全部遗传信息的表现。植物的体细胞也具备全能性,但在自然状态下完整植株不同部位的特化细胞只表现出一定的形态与生理功能,构成植物体的组织或器官的一部分。这是因为细胞在植物体内所处的位置及生理条件不同，其分化受到多种因素的调控，某些基因受到控制或阻遏，致使其所具有的遗传信息得不到全部表达的缘故。

植物细胞的全能性是潜在的。只有植物细胞与完整植株分离，脱离完整植株的控制，在适于细胞生长和分化的环境条件下植物细胞的全能性才能由潜在变为现实。植物组织培养技术正是为植物的离体器官、组织、细胞或原生质体提供了无菌环境、适宜的人工培养基和培养条件，满足了细胞全能性表达的条件，因而能使离体植物材料发育成完整植株。这种植株再生的过程即为植物细胞全能性表达的过程，一般经过脱分化和再分化两个阶段。脱分化（或称去分化）与细胞分化过程正好相反，即通过组织培养，使已失去分裂能力的成熟细胞转变为分生状态并形成未分化的愈伤组织的过程（图 7-1-1）。脱分化过程的难易与植物的种类、组织和细胞状态有关。一般双子叶植物比单子叶植物和裸子植物、幼年的细胞和组织比成熟的细胞和组织、二倍体细胞比单倍体细胞容易在适宜的外界条件下脱分化。再分化是指由脱分化的组织或细胞转变为各种不同类型的细胞类型，由无结构和特定功能的细胞团转变为有结构和特定功能的组织和器官，最终再生成完整植株的过程。切取的植物组织、器官和细胞在人工培养条件下促进细胞脱分化产生分生组织，这些分生组织进一步分化形成新的生长点，新的生长点在适宜的条件下形成根、茎、叶、顶芽或原球茎，最后形成小植株。在组培快繁过程中也可以不经过脱分化、通过顶芽或腋芽的萌动直接分化成芽丛，经过继代增殖培养后再剪取小芽、诱导生根，最终形成完整植株。

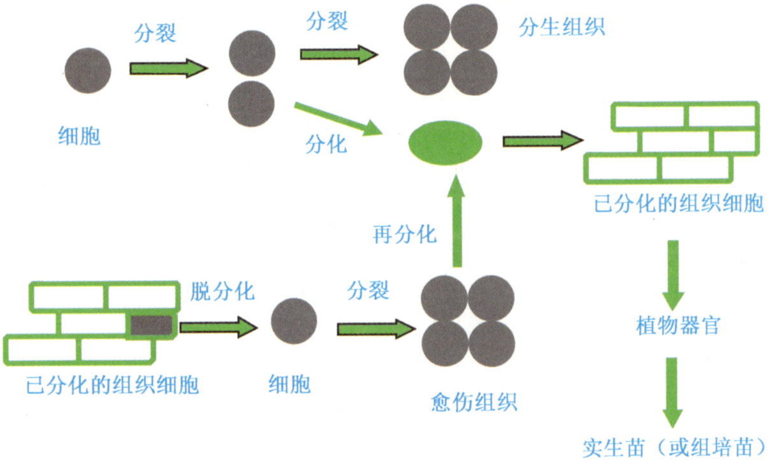

图 7-1-1　细胞分化与愈伤组织细胞脱分化、再分化的模式图

（二）根芽激素理论

1955 年，Skoog 和 Miller 提出了有关植物激素控制器官形成的理论，即根芽激素理论：根和芽的分化由生长素和细胞分裂素的比值所决定，二者比值高时促进生根，比值低时促进茎芽的分化，比值适中则组织倾向于以一种无结构的方式生长。通过改变培养基中这两类激素的相对浓度可以控制器官的分化（图 7-1-2）。基于此，在培养基的各成分中，植物激素是培养基的关键物质，是影响器官建成的主要因素。

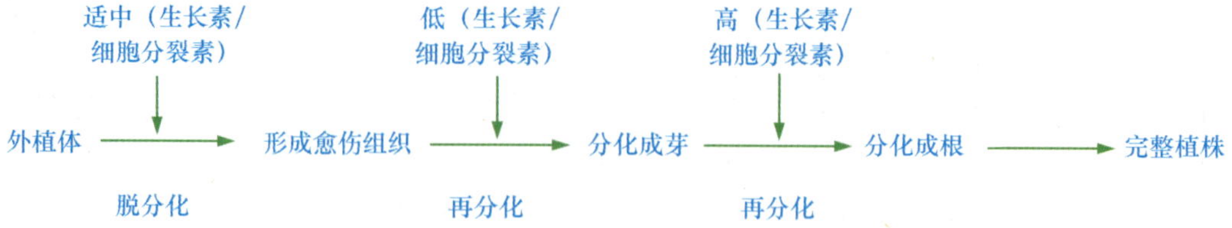

图 7-1-2　激素控制器官分化的模式图

大量的试验结果证明，根芽激素理论适用多数植物，只是在不同植物组织中这些激素的内源水平不同，器官发生的能力有差异，导致不同组织来源的外植体可能在相同的培养条件下诱导再生不同的器官类型，或不同的培养条件诱导相同的器官发生。这就是激素的位置效应问题，因而对于某一具体的形态发生过程来说，它们所要求的外源激素的水平也会有所不同。

二、组培快繁方法

（一）组培快繁程序

组培快繁程序主要包括启动培养、增殖培养、壮苗与生根、组培苗驯化移栽四个阶段。

1. 启动培养

启动培养，又称初代培养、诱导培养，是指经过灭菌的外植体在适宜的培养条件下进行诱导和分化，获得愈伤组织、不定芽（丛生芽）、无菌短枝（或称茎梢）、胚状体或原球茎等无菌培养物的过程，其目的是建立无菌培养体系。这一阶段的培养效果依植物种类、外植体类型及培养基的成分而异。启动培养一般比较困难。尽量用小容器，而且每个容器最好只接 1～2 个外植体，相互间保持一定距离、均匀分布，以保证充足的营养面积和光照条件，更重要的是避免相互污染。当然，如果确保接种材料充分灭菌，同时便于操作，可以采用大容器培养外植体。

多数外植体的启动培养对环境条件的要求是温度 25～28 ℃，光照时间 8～12 h/d。不同外植体的启动培养对营养水平的需求是不同的，应选择与其相适应的基本培养基。在外植体诱导、分化培养基中，生长素和细胞分裂素的浓度最为重要，如刺激腋芽生长时，细胞分裂素的适宜浓度一般为 0.5～1.0 mg/L，生长素的浓度水平较低为 0.01～0.1 mg/L；诱导不定芽形成时，需较高水平的细胞分裂素；诱导愈伤组织形成，可在增加生长素浓度的同时，适当补充一定浓度的细胞分裂素。

启动培养通常需要 4～6 周，所获得的培养物将过渡到增殖培养。有些外植体可能需要在启动培养的阶段停留较长时间，这时必须将外植体转移到新培养基上进行培养。

2. 增殖培养

通过初代培养所获得的不定芽、茎梢、胚状体或原球茎等无菌材料被称为中间繁殖体。中间繁殖体由于数量有限，所以需要将他们切割、分离后转移到新的培养基中进行培养，这个过程称为增殖培养（也称继代培养）。该阶段是植物快繁的重要环节，其目的是扩繁中间繁殖体的数量。由于培养物在接近适宜的培养条件下生长，排除了其他生物的竞争，所以中间繁殖体能够按几何级数增殖。例如，以 2 株苗为基础，增殖系数（繁殖系数）为 3（即 1 株苗剪成 3 段接种，培养一段时间后每段又形成 3 株苗），那么经 10 代繁殖，将生成 $2\times3^{10}=118\ 096$ 株苗。一般每 4～6 周可继代 1 次，并且 1 个芽苗在 4～6 周内可增殖 3～4 倍，高的可达 10～20 倍。

中间繁殖体有多种增殖类型，对于具体的植物来说，采取哪种扩繁增殖方式取决于培养目的及材料自身。大多数植物采用腋芽萌发或诱导不定芽产生，再以芽生芽的方式进行增殖；兰科植物、百合等则采用原球茎增殖途径，最大限度保证繁殖材料的遗传稳定性。

增殖培养基因植物种类、品种和培养类型的不同而异。通常基本培养基与启动培养相同，培养基所添加的植物激素多以细胞分裂素为主，并添加低浓度的生长素，而细胞分裂素和矿物元素的浓度水平则高于启动培养。细胞分裂素和生长素的比例是影响繁殖系数和不定芽质量的主要因素。如果生长素/细胞分裂素比例大，则不定芽生长健壮，而繁殖系数较低，达不到快速繁殖的目的；如果仅用细胞分裂素，中间繁殖体的增殖量虽然大，但是组培苗比较细弱，需要加入生长素以促进茎的生长，即需要一个壮苗过程。只有将二者的比例调整到适宜的水平，才能使中间繁殖体快速增殖，并且比较健壮。中间繁殖体经过多次继代，有时芽苗会出现不能生长、茎尖褐化、进入休眠，甚至失去再生潜能等衰退现象。出现这种情况，可以采取及时降低外源激素的浓度、避免基部愈伤组织的产生或重新构建无性繁殖系等措施加以解决。

当中间繁殖体大量增殖后，应及时过渡到生根培养阶段。若不能及时将中间繁殖体转到生根培养基上去，久不转移的芽苗就会发黄老化，或因过分拥挤而使无效苗增多，导致芽苗的浪费。

3. 壮苗与生根培养

通过增殖培养形成的大量无根芽苗，需要进一步诱导生根。无根芽苗的生根质量是移栽成活的关键，主要体现在根系质量（粗度、长度）和根系数量（条数）两个方面，不仅要求不定根比较粗壮，更重要的是要有较多的毛细根。试管苗生根一般分为试管内生根和试管外生根两种方式。

（1）试管内生根　当从生芽苗增殖到一定数量后要分离成单个芽苗或小芽丛，转入生根培养基进行生根诱导。一般认为矿物质元素浓度较低时有利于生根，故多采用 1/2MS、1/3MS 或 1/4MS 培养基，不用或仅用浓度很低的细胞分裂素，加入适量的生长素。其中，用得最普遍的生长素是 NAA（0. 1～1. 0 mg/L），一般 2～4 周即可生根。当长出洁白的正常短根（$\leqslant$1 cm）时，即可出瓶驯化。实践中要选择好适宜的生长素及其浓度，否则在根原始体形成后仍培养在较高浓度生长素的培养基上，则不利于幼根的生长发育。

不同的植物种类在生根培养的难易程度上是不同的。一般木本植物比草本植物难，乔木比灌木难，成年树比幼树难。对生根比较困难的植物可采用纸桥培养法（如山茶花、香石竹等）。

技术提示

诱导根分化的技术关键

1. 调节基本培养基的营养组成。调节大量元素中硝酸盐和铵盐的含量和比例，降低大量元素和微量元素的用量。
2. 调节激素种类和浓度。
3. 调节渗透压，降低糖浓度。

经过多代增殖培养的无根芽苗比较瘦弱时，可在生根阶段采取下列壮苗措施：①培养基中添加多效唑、比久、矮壮素等生长延缓剂；②将培养基中的糖含量减半，提高光强为原来的 3～6 倍，一方面促进生根，促使试管苗的生活方式由异养型向自养型转变；另一方面对水分胁迫和疾病的抗性也会增强。

由于胚状体有根原基和芽原基的分化，可不经诱导生根阶段直接成苗，但经胚状体途径发育的苗数特别多，并且个体弱小，所以通常需要一个在低浓度或没有植物激素的培养基中培养的阶段，以便壮苗生根。由其他途径形成的弱小试管苗也需要经历一个壮苗过程。

(2)试管外生根　试管外生根又叫活体生根。即不经过生根培养阶段，从继代增殖的健壮芽苗上切取插条，直接扦插于基质中生根。有些植物种类在试管中难以生根，或有根但与茎的维管束不相通，或根与茎联系差，或有根而无根毛，吸收功能极弱，导致移栽后不易成活，这就需要采用试管外生根法。一些商业性实验室经过成本核算，认为诱导芽苗生根过程的费用占总费用的35%～75%时，就可以考虑采取瓶外生根的方法，把生根和驯化过程结合起来，即可大幅度降低组培成本、能耗与工时，又能够提高移栽成活率。

试管外生根主要有三种方法：①在试管内诱导根原基后再移栽。将符合生根标准的芽苗转入生根培养基中，培养4～10 d，待芽苗基部长出根原基后取出扦插到室外基质中，短时间就可自行生根。此法生出的根系有根毛、吸收功能好、成活率高，缩短了生产周期，适于长途运输，简便易行。②在生根小室扦插生根与炼苗。做一个生根小室，不用琼脂和蔗糖，而采用泥炭、珍珠岩等透气又保湿的基质作为扦插基质，能够人为控制环境条件。将健壮的无根嫩茎剪切成1～3 cm的小段移入生根小室，培养20～30 d即可生成发育良好、吸收功能强的新根。此法相对费用较高。③盆栽或瓶插生根法。以装有基质的罐头瓶或花盆作为容器，将生长健壮的无根芽苗插入其中，深度控制在0.3～1.0 cm，再加入外源生根激素或生根营养液，在适宜的环境条件下30 d左右生根成活。有的植物的无根芽苗也可直接扦插到基质苗床上。

需要注意的是，并不是所有植物都适合试管外生根，应在小范围试验摸索成功后才可在生产上应用。试管外生根时，一定要选择生长健壮的无根芽苗，最好用生根粉或生长素浸蘸处理(如插条基部浸入50～100 mg/kg的IBA溶液中处理4～8 h)后再扦插，能够显著提高生根率。

4.组培苗驯化移栽

组培苗驯化移栽是植物组织培养的重要环节，这个环节做不好，组织培养就会前功尽弃。为了做好组培苗的驯化移栽，首先要了解组培苗与实生苗、组培苗的生态环境(以下简称“生境”)与自然环境的差异(表7-1-1和表7-1-2)，其次是人为创设从组培苗生境逐渐向室外环境转化的过渡条件，通过人工驯化，增强组培苗的适应性，进而提高组培苗的移栽成活率。

表7-1-1　组培苗与实生苗的比较

类型	叶片及其功能	根系及其功能
组培苗	角质层薄，水孔多，气孔的生理活性差，保水能力差；叶绿体的光合性能差	根系不发达，吸水能力差
实生苗	角质层较厚，水孔少，气孔的生理活性强；叶绿体的光合性能好	根系发达，吸水能力强

表7-1-2　组培苗与实生苗生态环境的比较

类型	温度	湿度	光照	菌态	气体	养分
组培苗	高温且恒温，适宜生长分化	高湿	弱，易调控	无菌	CO_2低，有害气体含量高	丰富
实生苗	波动大	较低，波动大	强，波动大	有菌	各种气体成分较恒定	较贫瘠

(1)组培苗的驯化　组培苗的驯化目的就是提高组培苗的适应性和移栽成活率。为了提高组培苗的适应性和移栽成活率，就要从组培苗的特点出发，从光、温、气、湿及有无杂菌等环境要素考虑，在驯化前期创设与组培苗原来生境相似的条件，驯化后期则创设与自然环境相似的条件，通过人为创设实验室环境向自然环境过渡的条件，促进组培苗在形态、结构、生理方面向正常苗转化，使之逐渐适应外界环境。组培苗驯化一般持续 1～2 周。一般先将组培瓶苗移至弱光阴凉处炼苗 3～7 d，再开瓶炼苗几天，以恢复组培苗体内叶绿体的光合作用能力和健壮度。

(2)试管苗的移栽　移栽时期最好选择该种植物的自然出苗季节，这样容易成活，又能保证及时开花。例如，菊花宜在春末夏初移栽，不但移栽成活率高，并且能当年开花；水仙试管苗(小鳞茎)的移栽最好选择在秋季，这样既可提高水仙移栽的成活率，又能保证水仙的茁壮成长。

移栽容器可用(6～10) cm×(6～10) cm 的软塑料钵，也可用育苗盘。前者占地大，耗用大量基质，但幼苗不用再移栽；后者需要二次移苗，但节省空间和基质。此外，苗床也可作为试管苗移栽的场所。组培苗移栽后最好放在温室中培养。

适合移栽组培苗的基质一方面要具备透气、保湿和保肥的特点，并且容易灭菌处理；另一方面要根据不同植物的栽培习性来进行配制，这样才能获得满意的栽培效果。实践证明，珍珠岩、蛭石、草炭土(或腐殖土)按 2∶2∶1混合(体积比)的复合基质适合多数试管苗驯化。沙子与草炭土(或腐殖土)按 1∶1混合(体积比)的复合基质应用效果也不错。对一些组培苗也可选用沙子等单一基质作为移栽基质，这需要试验验证之后再应用于生产。

组培苗的移栽方法有常规移栽法、直接移栽法和嫁接移栽法。常规移栽法是指将经过驯化的组培苗开瓶，在水中洗净根部残留的培养基后移栽到基质中。移栽后一般搭建拱棚或将组培苗置于智能化温室内。前期遮光、保湿、控温，保持水分平衡，后期逐渐见光、降湿和通风。当长出 2～3 片新叶时正式移栽到田间或盆钵中。直接移栽法是将组培苗直接移栽到盆钵；嫁接移栽法是将组培苗作接穗嫁接到生长良好的同种植物的实生苗或幼苗的方法。直接移栽和嫁接移栽法的管理与常规移栽法基本相同。

(3)提高组培苗移栽成活率的措施　组培苗驯化移栽成活率低的原因主要与植物种类、组培苗质量和环境条件、管理措施及管理人员的责任心有关。植物种类不同，组培苗的移栽成活率也不尽相同，如菊花、薰衣草组培苗对移栽的条件要求不高，容易成活，而仙客来组培苗对移栽的条件较苛刻，稍有不慎，就会引起大量死亡。组培苗本身细长、黄化、根系发育不良，移栽时极易死亡，而叶片浓绿、茎粗壮、根系发达、长势良好的组培苗则容易成活。驯化移栽条件对组培苗的移栽成活率影响较大。如基质湿度过大会引起烂根，水分不足造成移栽苗萎蔫；高温、高湿极易引起烂苗和烂根，而温度过低则会使组培苗根系生长缓慢，形成僵苗，低温也会直接造成幼苗死亡；光照过强，容易引起组培苗因过度失水而死亡等。管理人员的技术水平低、责任心不强、管理粗放，也容易降低试管苗移栽的成活率。

从影响组培苗移栽成活率的内外因入手，有的放矢，多措并举，有利于提高组培苗驯化移栽成活率。一般采取的措施主要有：①提高试管苗质量；②保持试管苗的水分供需平衡，既要保证水分供应及时、够用，又不能过量，同时保持移栽环境的高湿度，以缓解试管苗茎叶保水力和根系吸水力差所带来的生存压力，使试管苗保持挺拔姿态和正常的生命活动；③选择适宜的移栽基质，要求疏松、保水和保肥，并且容易灭菌。对于驯化成活比较困难的植物，第一次移栽时最好选用灭菌过的基质；④创设适宜的光、温、气、湿等环境条件。最好选用智能化温室，实现环境要素的自动化控制；⑤加强基质和移栽空间的消毒灭菌，防止菌类滋生。

此外，应做好以下工作：①及时出瓶驯化，避免组培苗老化；②操作过程应尽量避免组培苗受损；③适当采取遮阴措施，可降低蒸腾失水，同时避免灼伤叶片；④对无根或根系不发达的组培苗可在移栽前基部浸蘸生根粉或生长素溶液，促进生根；⑤加强营养与水分的供应与管理以及病虫害防治；⑥随时观察天气变化和组培苗的生长状况，并及时做出适当的调整。

（二）组培快繁类型

根据离体植物材料再分化的类型与成苗途径，组培快繁类型一般分为无菌短枝型、丛生芽增殖型、器官发生型、胚状体发生型、原球茎发生型五种类型（图 7-1-3）。通过组培快繁形成的植株称为再生植株。组培快繁类型也称为植株再生途径。

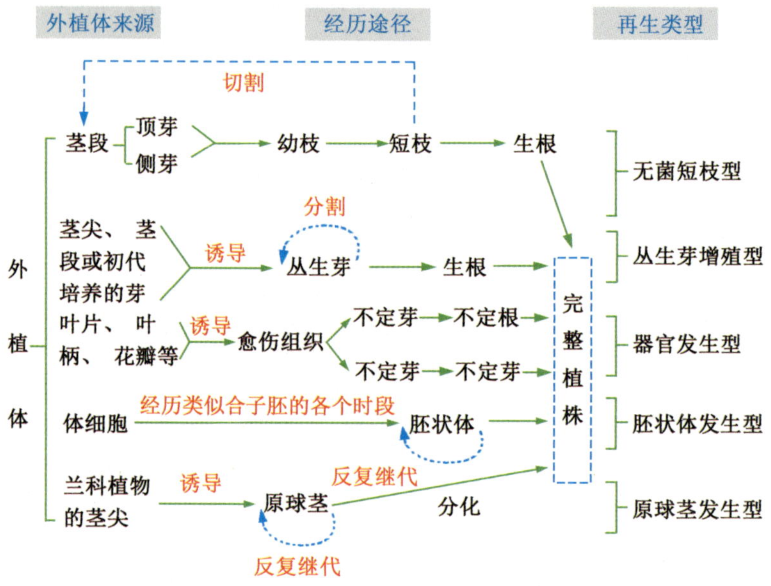

图 7-1-3 植株再生途径

1. 无菌短枝型

无菌短枝型是将顶芽、侧芽、茎尖分生组织或带有芽的茎切段接种到伸长（或生长）培养基上，进行伸长培养，逐渐形成一个微型的多枝多芽的小灌木丛状的结构（图 7-1-4）。这种方法也称作“微型扦插”或“无菌短枝扦插”，主要适用顶端优势明显、枝条生长迅速、对组培苗质量要求较高的一些木本植物和少数草本植物，如月季、枣树、葡萄、矮牵牛、茶花、菊花、香石竹等。由于不经过愈伤组织诱导阶段，因此是最能使无性系后代保持原品种特性的一种繁殖方式。实践中应注意芽位的选取，一般以上部 3～4 节的茎段或顶芽为宜。

2. 丛生芽增殖型

丛生芽增殖型是指茎尖、带有腋芽的茎段或初代培养的芽在适宜的培养基上经诱导培养，可萌发、生长，形成丛生芽，再将丛生芽分割成单芽增殖培养成新的丛生芽，如此重复“芽生芽”的过程可实现快速、大量繁殖的目的。将长势强的单个嫩枝进行生根培养，最终培养成再生植株（图 7-1-5）。

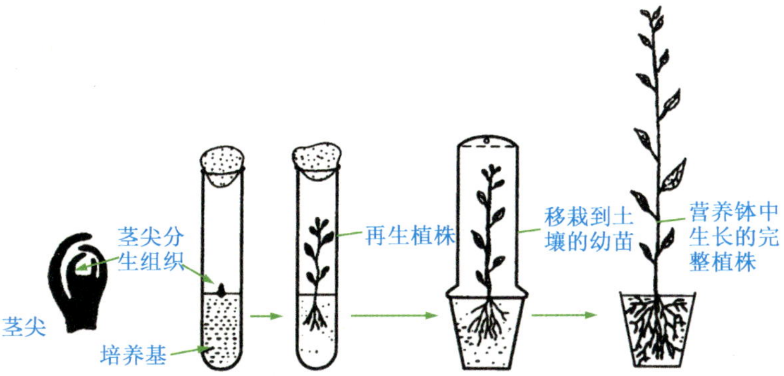

图 7-1-4　**微茎尖分生组织培养**（引自 Pierik，1989）

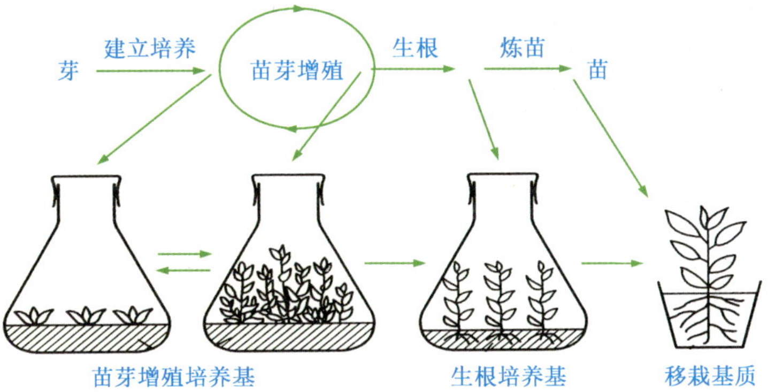

图 7-1-5　**腋芽丛生法**（引自刘进平，2005）

3. 器官发生型

器官发生型再生途径（图 7-1-6）是指外植体经诱导脱分化形成愈伤组织，再由愈伤组织细胞分化形成不定芽（丛生芽）。这种途径也称为愈伤组织再生途径。有些植物能够直接从外植体表面产生不定芽，如矮牵牛、福禄考、悬钩子、百合、银杏、柏科和松科的一些植物等。

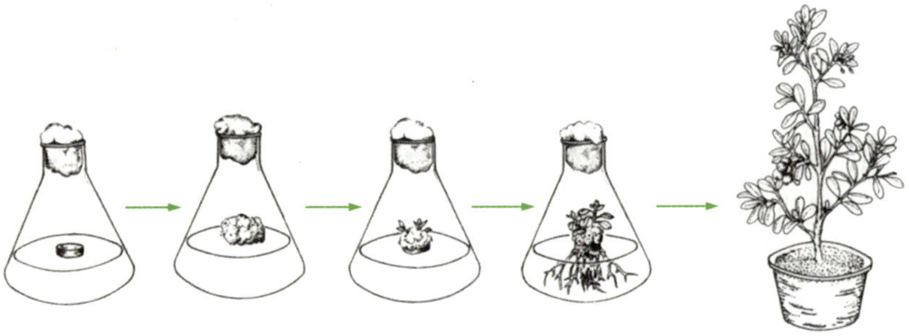

图 7-1-6　**器官发生型再生途径**

（1）愈伤组织的形成　几乎所有植物材料经离体培养都有诱导产生愈伤组织的潜在能力，并且能够在一定的条件下分化成芽、根、胚状体等。一般而言，诱导外植体形成典型的愈伤组织，大致要经历三个时期：启动期、分裂期和分化期。

启动期又称诱导期，是指细胞准备进行分裂的时期。启动期的长短，因植物种类、外植体的生理状态和外部因素而异。诱导启动的因素主要是外源激素，最常用的有 2,4-D、NAA、IAA 和细胞分裂素(CTK)等。其中，2,4-D 对诱导细胞分裂的效果最明显。

分裂期是指外植体细胞经过诱导后脱分化，不断分裂、增生子细胞的过程。处于分裂期的愈伤组织的特点是：细胞分裂快，结构疏松，缺少有组织的结构，颜色浅或呈透明状。愈伤组织的增殖生长一般发生在不与琼脂接触的表面，在经过一段时间的生长后，愈伤组织常呈不规则的馒头状(图 7-1-7、图 7-1-8)。如果把分裂期的愈伤组织及时转移到新鲜的培养基上，则愈伤组织可以长期保持旺盛的分裂能力。

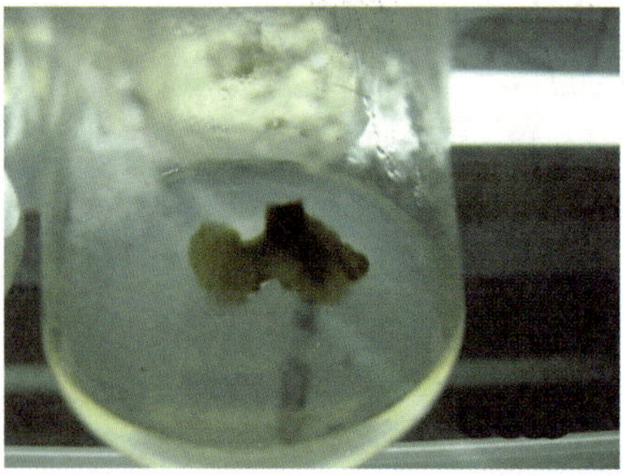

图 7-1-7　诱导茎段形成愈伤组织

图 7-1-8　诱导叶片形成愈伤组织

分化期是指停止分裂的细胞发生生理代谢变化而形成不同形态和功能的细胞的过程。若分裂期的愈伤组织在原培养基上长期培养，细胞将不可避免地进入分化期，并产生新的结构。分化期愈伤组织的特点是：细胞分裂的部位由愈伤组织表面转向愈伤组织内部；形成了分生组织瘤状结构和维管组织(图 7-1-9)，出现了各种类型的细胞和一定的形态特征等。生长旺盛的愈伤组织一般呈奶黄色或白色，有的呈淡绿色或绿色，有光泽；老化的愈伤组织多转变为黄色甚至褐色，活力大减。

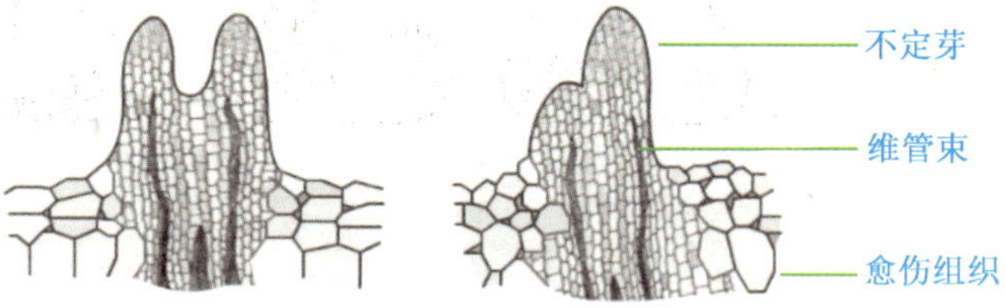

图 7-1-9　愈伤组织分化

(引自柳俊，国家精品课“细胞工程学”)

(2)愈伤组织的生长与分化　外植体细胞经过启动、分裂和分化等一系列变化过程，形成了无序结构的愈伤组织块。如果使它们在原培养基上继续培养，就应解决由于其中营养不足或有毒代谢物的积累而导致愈伤组织块停止生长、直至老化变黑死亡的问题。若要愈伤组织继续生长增殖，必须定期将它们分成小块，接种到新鲜的原配方培养基上继代增殖，这样愈伤组织才可以长期保持旺盛生长。这是长期保存愈伤组织的一种方法。

旺盛生长的愈伤组织的质地可分为松脆型和坚硬型两类，并且二者可以互相转化。愈伤组织转入分化培养基后，会出现体细胞胚胎发生及营养器官的分化，有时也有难以分化的情况，最终出现哪种情况则取决于植物种类、外植体的类型与生理状态以及环境因子的影响。

(3)愈伤组织的形态建成　分化期的愈伤组织虽然形成维管化组织和瘤状结构，但并无器官发生。只有满足某些条件，愈伤组织才能再分化出器官(根或芽)或胚状体，进而发育成苗或完整植株。愈伤组织的形态发生，一般有三种方式：

①先芽后根，这是最普遍的发生方式；

②先根后芽，但芽的分化难度比较大；

③在愈伤组织块的不同部位上分化出根或芽(图 7-1-10)，再通过维管组织的联系形成完整植株。通过在愈伤组织表面或内部形成胚状体，是愈伤组织形态发生的特殊方式。

4. 胚状体发生型

胚状体类似于合子胚，但又有所不同，其发育过程也经过了球形胚、心形胚、鱼雷形胚和子叶形胚阶段，形成类似胚胎的结构，最终发育成小苗，但它是由体细胞发生的。胚状体可以从愈伤组织表面(图 7-1-11)或悬浮培养的细胞发生，也可从外植体表面已分化的细胞产生。胚状体发生型是植物离体无性繁殖最快的途径，也是人工种子和细胞工程常用的发生途径，但有的胚状体存在一定的变异，应经过试验和检测后才能在生产上大量应用。图 7-1-12 显示石龙芮胚状体的形成和分化过程。

图 7-1-10 红掌愈伤组织分化出不定芽

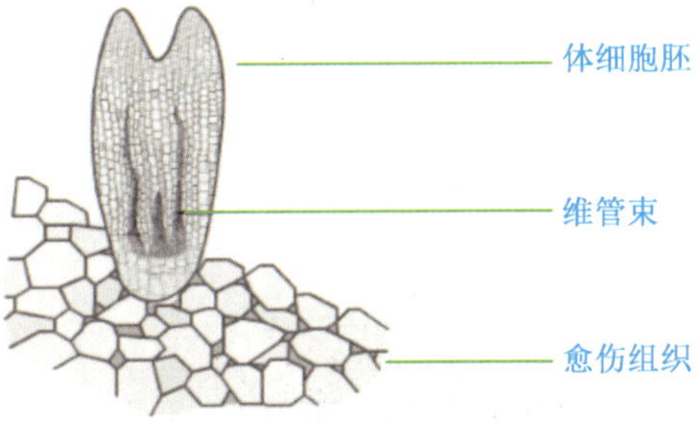

图 7-1-11 愈伤组织表面形成体细胞胚
(引自柳俊，国家精品课“细胞工程学”)

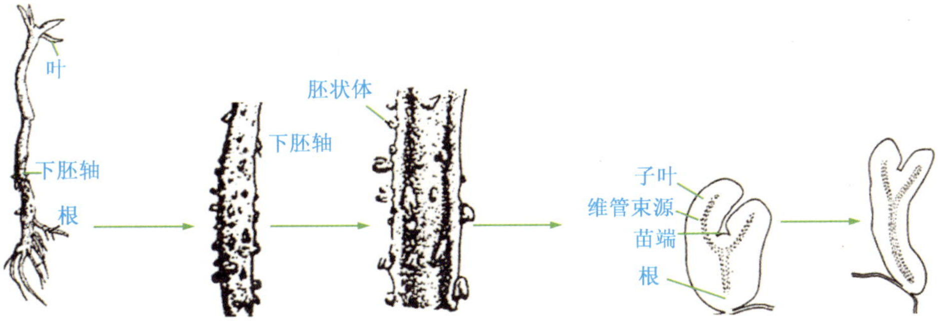

图 7-1-12 显示石龙芮胚状体的形成和分化过程

由于胚状体发生和器官发生均可起源于愈伤组织或者直接来自外植体，因此这两种再生植株常常容易混淆。表 7-1-3 列出了这两种再生植株的主要区别。

表 7-1-3 胚状体苗与器官发生苗的区别

胚状体苗	器官发生苗
1. 最初形成多来自单个细胞，双向极性，两个分生中心，较早分化出茎端和根端(方向相反)	1. 最初形成多来自多细胞，单向极性，单个分生中心
2. 胚状体维管组织与外植体维管组织不相连	2. 不定芽和不定根与愈伤组织的维管组织相连

续表 7-1-3

胚状体苗	器官发生苗
3.具有典型的胚胎形态发生过程	3.无胚胎形态,分生中心直接分化器官
4.形成的幼苗具有子叶	4.不定芽的苗无子叶
5.胚状体发育的苗,根和芽齐全,不经历诱导生根阶段	5.一般先长芽后诱导生根,或先长根后长芽

影响胚状体发生的因素主要是培养基中的植物激素和含氮化合物。

(1)植物激素　在愈伤组织的产生和增殖过程中,在2,4-D等生长素的作用下,有时会在愈伤组织的若干部位分化形成胚性细胞团,但只有降低或者完全去除培养基中的2,4-D等生长素才能发育成胚状体(如金鱼草、矮牵牛)。有些植物在只有细胞分裂素的培养基上也能诱导胚状体(如大麦、檀香)。大多数植物在生长素与细胞分裂素组合添加的培养基上才能诱导出胚状体(如山茶、花叶芋)。

(2)含氮化合物　除生长素外,培养基中还要求有一定量的含氮化合物。对胚状体的形成有作用的是铵根离子。如果愈伤组织是在含有KNO_3和NH_4Cl培养基上建立起来的,无论分化培养中是否含有NH_4Cl,愈伤组织都能形成胚状体。另外,水解酪蛋白、谷氨酰胺和丙氨酸等对胚状体的发生有一定的作用。

图 7-1-13　蝴蝶兰原球茎增殖

5.原球茎发生型

原球茎是一种类胚组织,呈珠粒状,由胚性细胞组成的类似嫩茎的器官。培养兰科植物的茎尖或侧芽可直接诱导产生原球茎(图7-1-13),继而分化成植株,也可以通过原球茎切割或针刺损伤手段进行增殖培养,这取决于培养条件和培养基。各种组培快繁类型(植株再生途径)的比较,见表7-1-4。

表 7-1-4　组培快繁类型的比较

组培与快繁类型	外植体的种类	特　点
1.无菌短枝型	嫩枝节段或芽	一次成苗,培养过程简单,适用范围广,移栽容易成活,再生后代遗传性状稳定,但初期繁殖较慢
2.从生芽增殖型	茎尖、茎段或初代培养的芽	与无菌短枝型相似,繁殖速度较快,成苗量大,再生后代遗传性状稳定
3.器官发生型	除芽外的离体组织	多数经历“外植体→愈伤组织→不定芽→生根→完整植株”的过程,繁殖系数高,多次继代后愈伤组织的再生能力下降或消失,再生后代易发生变异
4.胚状体发生型	活的体细胞	胚状体数量多、结构完整、易成苗和繁殖速度快,有的胚状体存在一定变异
5.原球茎发生型	兰科植物茎尖	原球茎具有完整的结构,易成苗和繁殖速度快,再生后代变异概率小

(三)组培与快繁的条件

传统组培与快繁条件包括操作环境、组培人员和培养条件等。要求操作环境严格无菌,能够人为控制培养条件,在接种台位、培养架的数量与培养面积等方面均能满足种苗组培与快繁生产的要求;要求从事组培与快繁的人员具备一定理论基础、操作熟练、具有比较丰富的实践经验,在人员素质和数量上满足生产要求。培养条件包括温度、光照、湿度、培养基的成分与pH等,具体要求见"组培研究的技术路线"内容。此外,应备有足够的培养容器、药品、工具等组培与快繁的相关用品。

(四)提高组培苗遗传稳定性的措施

虽然植物组织培养可以获得大量形态、生理特性不变的植株,建立遗传性一致的无性系,但在培养过程中往往会发生变异。有些是有益变异,但更多的是不良变异,如观赏植物不开花、花小或花色不正;果树不结果、抗性下降或果小、产量低、品质差等,会给生产造成很大损失。由此可见,在组培试验与生产上对保持组培苗遗传稳定性的问题必须予以高度重视。

1.影响组培苗遗传稳定性的因素

(1)基因型　植物的基因型不同,发生变异的频率也不同。如在玉簪组培过程中,杂色叶培养的变异频率为43%,而绿色叶仅为1.2%;香龙血树愈伤组织培养再生植株全部发生变异;嵌合体植株培养后其变异更大,如金边虎皮掌经过组织培养后往往变成普通虎皮掌;单倍体和多倍体变异大于二倍体。同一植株不同器官的外植体对无性系变异率也有影响。如菠萝组织培养过程中,来自幼果的再生植株几乎100%出现变异,而来自冠芽的再生植株的变异率只有7%,这似乎表明从分化水平高的组织产生的无性系较从分化水平低的无性系更容易出现变异。

(2)继代次数与继代时间　试管苗继代的次数与培养时间的长短直接影响遗传的稳定性,一般随继代次数和时间的增加,变异频率会不断提高。香蕉继代5次、10次、20次的变异率分别为2.14%、4.2%、100%,因此香蕉继代培养不能超过一年;蝴蝶兰连续培养4年后植株退化、不开花,因此原球茎应两年更换一次。研究表明,变异往往出现在由年龄渐老的培养物所再生的植株中,而由幼龄培养物再生的植株一般较少发生。另外,长期营养繁殖的植物变异率较高,有人认为这是由于在外植体的体细胞中已经积累了遗传变异。

(3)植株再生方式　植株再生方式不同,其遗传稳定性差异较大。在离体器官的发生方式中,以茎尖、茎段产生丛生芽的再生方式不易发生变异或变异率极低,而通过愈伤组织分化不定芽获得的再生植株,变异频率较高,通过胚状体途径再生植株变异较少。

(4)外源激素　培养基中的外源激素是诱导体细胞无性系变异的重要原因之一。一般认为较低浓度的外源激素能够有选择地刺激多倍体细胞的有丝分裂,而较高浓度的激素则能抑制多倍体细胞的有丝分裂。Kallack 和 Yarve kylg(1971)的研究指出,如果2,4-D的作用浓度为0.25 mg/L,能够增加多倍体细胞的有丝分裂、减少二倍体细胞的有丝分裂,但若2,4-D的浓度为20 mg/L时,则能促进二倍体细胞的分裂。在高浓度外源激素的作用下,细胞分裂和生长加快,不正常分裂频率增高,再生植株变异也会增多。

2.减少变异,提高遗传稳定性的措施

进行植物组培与快繁时,可以采取以下措施以减少变异、提高组培植物的遗传稳定性:一是尽量采用不易发生体细胞变异的分化途径,如采用茎尖培养、茎段培养、胚状体繁殖等方式

都能有效减少变异;二是缩短继代时间,限制继代次数;每隔一定继代次数后,重新采集外植体进行组织培养;三是选取幼年的培养材料;四是采用适当的植物激素和较低的激素浓度,不要加入容易引起变异的化学药剂;五是定期对试管苗和移栽苗进行观察和检测,及时剔除生理、形态异常苗。

三、组培技术信息搜集方法

信息搜集是指通过各种方式获取所需要的信息。信息搜集是信息利用的第一步,也是关键的一步。信息搜集应坚持针对性、可靠性、完整性、实效性、准确性和易用性原则,以保证搜集的信息全面、真实、有效、有利用价值和便于应用。信息搜集方法包括现场调查法、观察法、实验法、网络查询和文献检索等。具体操作层面可结合信息搜集的目的、难易和主客观条件等,有针对性地选择信息搜集方法,必要时可以两种以上信息搜集方法组合使用。

组培信息的搜集与处理

信息搜集的一般工作程序是:①制定信息搜集计划;②设计调查提纲,明确信息搜集渠道和方法;③信息搜集;④分类整理并保存信息资料。实践层面要注意对信息搜集做好记录,以备查验。

重点搜集的组培技术信息包括以下几个方面:①组培对象的学名、品种名、商品名;②外植体的类型与取材时间、部位;③培养基配方;④培养条件;⑤培养效果;⑥移栽驯化条件与基质配比等。组培信息搜集结束后,应对所搜集的信息材料做好甄别、分类、组合、排列和编目,确保信息的准确性、系统性和信息搜集质量,为下一步试验设计提供依据。

四、组培研究的技术路线

组培研究的主要目的就是确定最有利的环境条件(外因),为种苗工厂化组培快繁提供依据。影响组培快繁的外因主要包括以下几类:①外植体。包括外植体的类型、取材部位、采集时期等。②培养基。包括基本培养基的种类、添加物的种类和添加量、pH 值控制等;③外源植物激素。包括植物激素的种类、浓度及其配比等。④培养条件。主要包括培养环境的温度(高温/低温、恒温/变温选择)、光照(光照强度、光周期、光质选择)两大因素。⑤培养方式。包括固体/液体、静置/振荡的培养方式选择。

针对上述影响因素,先试验什么,后试验什么,就是技术路线的问题。首先要确定的就是外植体。最好的外植体是无菌的试管苗,其来源有三条途径:一是从科研单位、高校或企业购买;二是通过技术转让;三是种苗交换。如果没有试管苗,一般以腋芽和顶芽作外植体,取材时期最好在春夏之交植物旺盛生长的阶段。对于自己采集外植体,一般可参照以下步骤筛选培养因子(组合);对于自我设计培养基配方开展试验研究,一般先在空白的 MS 培养基上过渡一代,然后再按相同步骤试验。

(一)生长素与细胞分裂素配比试验

一般以 MS 培养基为基本培养基,首先筛选生长素和细胞分裂素的种类、浓度与配比。生长素和细胞分裂素的浓度范围平均为 0.5～2.0 mg/L。一般在增殖阶段细胞分裂素多些,生长阶段生长素多些,生根阶段只加生长素,但组培过程中的特殊情况也较多,应具体情况具体分析。

(二)培养基的筛选

1.基本培养基的确定

如果培养物生长不理想,下一步就要筛选基本培养基。一般保持激素配方不变,比较MS、B_5、WPM等不同基本培养基的效果。

2.糖和其他添加物

一般会比较培养基中2%~5%含糖量的差异。如果差异不明显,从节约成本角度考虑,选最低含糖量。糖的种类一般选用蔗糖,生产上多用白砂糖代替。椰乳、香蕉汁(泥)、水解乳蛋白、水解酪蛋白等有机添加物多在离体培养材料发生枯黄等特殊情况下使用。活性炭、聚乙烯醇(PVP)等添加物多在培养材料发生褐化情况下使用。

3.pH与离子浓度

培养基的pH影响组培培养物对营养物质的吸收和生长速度。对大多数植物来说,培养基的pH应控制在5.6~6.0,特殊植物可以稍低或稍高,如蝴蝶兰pH 5.3、杜鹃pH 4.0、桃树pH 7.0。pH过高,不但培养基变硬,阻碍培养物对水分的吸收,而且影响离子的解离释放;pH过低,容易导致琼脂水解,培养基不能凝固。一般培养基pH 5.8就能满足大多数植物离体培养的需要。

MS培养基的离子浓度因外植体和组培阶段的不同,需整体调整为1/2 MS、1/4 MS之外,有时只需要调整大量元素浓度和铁离子浓度(如培养材料发黄时,铁盐浓度调整为标准浓度的2~3倍)。其他离子在选择好基本培养基后,一般不作调整。

(三)培养条件的确定

1.温度

温度不仅影响植物组织培养的生长速度,也影响分化增殖、器官建成等发育进程。温度处理可在不同的培养室进行,原则上培养室温度一般设定在(25±2)℃范围内。因为大多数植物组织培养的最适温度在23~27℃,但有些植物组织培养的最适温度有特殊性,如百合的最适温度是20℃,月季的最适温度是25~27℃。一般都是幅度很小的变温培养,主要受到照明发热和四季变化的实际影响。在冬季生产不低于20℃、夏季生产不超过30℃的温度范围内均属正常。需要注意的是,同一培养架的上下层之间有2~3℃的温差(上高下低),放置培养瓶时可充分利用这种客观存在的温差。

2.湿度

包括培养容器内和培养室的湿度条件。容器内湿度主要受培养基含水量和封口材料的影响。前者又受到琼脂含量的影响。冬季应适当减少琼脂用量,否则培养基会变硬,不利于外植体插入培养基和材料吸水,导致生长发育受阻。封口材料会直接影响容器内的湿度,封闭性较好的封口材料容易引起透气性受阻,也会带来离体材料的生长发育受到影响。培养室的湿度可以影响培养基的水分蒸发,一般设定70%~80%的相对湿度即可。如培养环境湿度过低,会使培养基丧失大量水分,导致培养基各种成分浓度的改变和渗透压的升高,进而影响组织培养的正常进行;湿度过高,容易引起棉塞长霉,导致污染。

3.光照

光照对植物组织培养的影响主要表现在光周期、光照强度及光质三个方面,对细胞增殖、器官分化、光合作用等均有影响。培养材料生长发育所需的能源主要由外来碳源提供，光照主要是满足植物形态的建成，300～500 lx 的光照强度可以满足基本需要，但对于大多数的植物来说，2 000～3 000 lx 比较合适。光周期影响植物的生长，也影响花芽的形成和诱导。光质对愈伤组织诱导、组织细胞的增殖和器官的分化都有明显的影响。如百合珠芽在红光下培养 8 周后会分化出愈伤组织，但在蓝光下几周后才出现愈伤组织；唐菖蒲子球块接种 15 d 后，在蓝光下培养出芽快，幼苗生长旺盛，而白光下幼苗纤细。

一般先进行光、暗培养的对比试验，然后选择和明确光周期。一般保证 12～16 h/d 的光照时间就能满足大多数植物生长分化的光周期要求。生产上一般不做光质试验，直接用节能型荧光灯照明或经试验后选用 LED 光源照明。

（四）培养方式的确定

一般采用固体静置培养，而液体振荡培养多在胚状体、原球茎等离体快繁发生途径和细胞培养上使用。在一定的 pH 下琼脂以能固化的最少用量为准。

五、组培试验设计

组培试验包括单因子试验、双因子试验和多因子试验 3 种试验设计方法。实际顺序一般是从多因子试验到单因子试验。

（一）单因子试验

单因子试验是指整个试验中保证其他因子不变，只比较一个试验因子不同水平的试验。如含糖量 2%、3%、4%、5%的试验、pH 5.6、6.0、6.2 的试验等。这是最基本、最简单的试验方法。一般是在其他因子都选择好了的情况下，对某个因子进行比较精细的选择。

（二）双因子试验

双因子试验是指在整个试验中其他因子不变，只比较两个试验因子不同水平的试验。此种试验设计常用于选择生长素与细胞分裂素的浓度配比。双因子试验多采用拉丁方设计。如研究 NAA、6-BA 两种因子对薰衣草增殖率的影响时，可以按表 7-1-5 的样式设计试验。自上而下，NAA 的浓度逐渐升高；自左至右，BA 的浓度逐渐升高，从左上到右下，二者的绝对含量逐渐升高；从左下到右上，NAA 的相对含量逐渐降低，而 BA 的相对含量逐渐升高。此种试验设计已经包括了两种激素的所有可能组合。

表 7-1-5　双因子试验设计　　mg/L

NAA	BA				
	1.0	2.0	5.0	合计	平均
0.1					
0.5					
2.0					
合计					
平均					

(三)多因子试验

多因子试验是指在同一试验中同时研究两个以上试验因子的试验。多因子试验设计由该试验所有试验因子的水平组合(即处理)构成。此种试验方法主要用于对培养基种类、激素种类及其浓度的筛选。多因子试验方案分为完全方案和不完全方案两类,实际多采用不完全方案中的正交试验设计。所谓正交试验是指利用正交表来安排与分析多因子试验的一种设计方法,目前用得最多、效率高。如采用 4 因子 3 水平 9 次试验的 $L_9(3^4)$ 正交试验,可以一次选择培养基、生长素、细胞分裂素、赤霉素等众多因子及其水平(表 7-1-6),然后查正交表组合因子及其水平(表 7-1-7)。当然,根据试验研究的需要,也可以采用混合型正交表指导试验设计,如正交表 $L_8(4^1 \times 2^4)$ 表示需做 8 次试验,此表的 5 列中,有 1 列为 4 水平,4 列为 2 水平(表 7-1-8)。

表 7-1-6　$L_9(3^4)$ 正交试验设计　mg/L

水平	因子			
	培养基	生长素(IBA)	细胞分裂素(BA)	赤霉素(GA)
1	MS	0.5	0.5	1.0
2	B_5	1.0	1.0	2.0
3	WPM	2.0	2.0	4.0

表 7-1-7　$L_9(3^4)$ 正交试验方案　mg/L

编号	培养基	IBA	BA	GA
1	MS	0.5	0.5	1.0
2	MS	1.0	1.0	2.0
3	MS	2.0	2.0	4.0
4	B_5	0.5	1.0	4.0
5	B_5	1.0	2.0	1.0
6	B_5	2.0	0.5	2.0
7	WPM	0.5	2.0	2.0
8	WPM	1.0	0.5	4.0
9	WPM	2.0	1.0	1.0

表 7-1-8　$L_8(4^1 \times 2^4)$ 正交表

处理	列号				
	因子 1	因子 2	因子 3	因子 4	因子 5
1	1	1	1	1	1
2	1	2	2	2	2
3	2	1	1	2	2
4	2	2	2	1	1
5	3	1	2	1	2
6	3	2	1	2	1
7	4	1	2	2	1
8	4	2	1	1	2

(四)试验设计的基本要点

1. 确定试验因子

一般在研究的开始阶段，应作单因子试验，作为正式试验的预备试验。随着研究的深入，可采用多因子试验。

2. 正确划分各试验因子的水平

试验因子分为两类，即数量化因子与质量化因子。质量化因子是指因素水平不能够用数量等级的形式来表现的因素，如光源种类、培养基类型等都是不能量化的。数量化因子的水平在划分水平时应注意：①水平范围要符合生产实际并有一定的预见性；②水平间距（即相邻水平之间的差异）要适当且相等；③数量化因子通常可不设置对照或以 0 水平为对照。

六、组培试验方案

组培试验方案的一般体例见图 7-1-14。撰写要求如下：

(一)项目名称

试验项目名称或称为试验课题名称，要求能够精练地概括试验内容，包括供试作物类型或品种名称、试验因子及主要指标，有时也可在项目名称中反映出试验的时间、负责试验的单位与地点。如“2023 年影响组培苗褐化的因素研究”“×××企业大豆不同外植体组培试验的比较”等。

××××××试验方案

1. 前言
2. 正文
   (1)试验的基本条件
   (2)试验设计
   (3)操作与管理要求
   (4)调查分析的指标与方法
3. 试验进度安排与经费预算
4. 落款
5. 附录

图 7-1-14 试验方案的体例

(二)前言

主要介绍试验的目的和意义。试验目的要明确：①说明为什么要进行本试验，引出要研究的问题——试验因子；②明确试验的理论依据，从理论上简要分析试验因子对问题解决的可行性；③他人的同类试验方法与结论，以突出自己试验的创新点和特色。试验的意义可从政策、产业发展、企业经营等方面进行多维阐述。

(三)正文

1. 试验的基本条件

试验的基本条件能更好地反映试验的代表性和可行性。主要阐述实验室环境控制和仪器设备能否满足植物离体培养与分析测定的需要，并适当介绍科研人员的构成、优势以及过往研究成果。

2. 试验设计

一般应说明供试材料的种类与品种名称、试验因子与水平、处理的数量与名称以及对照的设置情况。在此基础上介绍试验设计方法和试验单元的大小、重复次数、重复(区组)的排列方式等内容。组培试验单元设计主要写明每个单元包含多少个培养瓶(或试管、盒等),每个培养瓶的培养物数量(如种子数、茎段、芽、叶块等)。组培试验一般设计3次重复,要求每个处理接种至少30瓶,每瓶接种1个培养物,或者每个处理10瓶,每瓶接种3个以上培养物。

3. 操作与管理要求

简要介绍供试材料的培养条件设置与操作要求。组培试验主要介绍培养基的准备、消毒灭菌措施、接种方法要求、培养室的温湿度与光照控制以及责任分工等。

4. 调查分析的指标与方法

调查分析的指标设计关系到今后对试验结果的调查与分析是否合理、准确、完整、系统,因此要科学设计调查的技术指标,明确实施方法,从定性和定量两个方面进行设计和观察。一般以一个试验单元为一个观察记载单位,当试验单元要调查的工作量太大,也可以在一个试验单元内进行抽样调查。

(四)试验进度安排及经费预算

试验进度安排要说明试验的起止时间和各阶段的主要任务。经费预算要合理、够用。在不影响项目/课题完成的前提下,充分利用现有设备,尽量节约使用各种物资材料。如果必须增添设备、人力、材料,应当将需要开支项目的名称、数量、单价、预算金额等详细写在计划书上(若开支项目太多,最好列表说明),以便早做准备和如期解决,以免影响试验进度。

(五)落款与附录

写明试验项目主持人(课题负责人)、执行人(课题成员)的姓名和单位(部门)。附录可列出佐证试验可行的必要场地条件和主要设备、横向合作协议、组培试验观察记录表等。

问题探究

☆比较不同的植物组培与快繁类型之间有何异同点。

☆组培试验设计应注意哪些问题?

拓展学习

一、开放式组培与植物组织无糖培养技术

植物开放式组织培养技术研究概况

植物组织无糖培养技术

二、植物组织培养技术研究现状与进展

植物组织培养研究进展

组织培养在草本花卉繁殖上的应用

我国多肉植物组织培养研究现状概述

木本植物组织培养

林木植物组织培养及存在问题的研究进展

木本植物组织培养技术在林业科研与生产中的应用与局限分析

药用植物组织培养研究进展

药用植物组织培养研究综述

自我测试

一、选择题

1. 根据试验因子的多少，植物组织培养的试验设计包括(　　)试验设计方法。

A. 二类　　B. 三类　　C. 四类　　D. 五类

2. 以下哪种植株再生途径有利于保持组培苗的遗传稳定性。(　　)

A. 无菌短枝型　　B. 丛生芽增殖型　　C. 器官发生型

D. 胚状体发生型　　E. 原球茎发生型

3. 组培与快繁程序大体包括以下步骤(　　)。

A. 外植体选择与处理、初代培养、继代培养

B. 外植体选择与处理、初代培养、诱导生根

C. 启动培养、继代培养、诱导生根及驯化移栽

D. 初代培养、诱导生根及驯化移栽

4. 细胞分裂素/生长素比值高时有利于促进(　　)的发生。

A. 根　　B. 芽　　C. 愈伤组织　　D. 胚状体

5. 在组培与快繁过程中，如控制得当，其繁殖速度最快的中间繁殖体是(　　)。

A. 侧芽　　B. 茎尖　　C. 愈伤组织　　D. 胚状体

二、判断题

1. 提出细胞全能性的科学家是德国植物生理学家 Haberlandt。(　　)

2. 一般双子叶植物脱分化过程比单子叶植物和裸子植物容易；幼年细胞和组织脱分化过程比成年细胞和组织容易。(　　)

3. 首次进行某种植物离体培养试验，一般可先在 MS 培养基上预培养，根据培养效果再正式设计试验方案。(　　)

4. 一般认为矿物质元素浓度较高时有利于促发茎、叶，而浓度较低时有利于生根。因此，生根培养时，多采用 1/2、1/3 或 1/4 量的 MS 培养基。(　　)

5. 一般 2,4-D 诱导愈伤组织的效果较好。(　　)

6. 增殖培养可以持续 20 代。(　　)

7. 培养基中添加的植物激素是一种营养成分。(　　)

三、案例分析

某种绿化苗市场严重短缺。公司研发部主任安排新调来的小李专门负责绿化苗组培与快繁技术研究。小李按照表 7-1-9 的试验设计开展研究，结果表明处理 4 的茎段诱导率最高，由此他认定最佳培养基就是处理 4。请说出你的观点，并以小李试验为依据，重新进行试验设计。

表 7-1-9　×××组培试验设计　　mg/L

处理序号	基本培养基	NAA	6-BA
1	MS	0.5	1.0
2	MS	1.0	1.0
3	MS	1.5	2.0
4	1/2 MS	1.0	1.5

测试要求：先独立自测后核对答案
温馨提示：自律彰显素养　诚信成就人生

项目7自我测试题参考答案

自我总结

结合学习和实训，绘制本项目知识与技能要点的思维导图。

项目 8　组培数据调查与问题分析

组培数据调查与问题分析是组培试验研究与管理的重要内容，直接关系到组培试验的成败和组培管理水平的高低，以及改进措施的制定等。因此，必须认真观察记录，做到数据调查准确，记录全面、客观；及时发现问题，并在科学分析的基础上，提出有效解决问题的措施办法。而要做到这点，就必须掌握组培苗观察方法，清楚组培技术指标与常见问题。这是组培技术研发与生产管理人员必须具备的基本能力。

学习目标

知识目标

1. 了解组培试验观察的具体内容与方法，理解组培技术指标及其含义；
2. 掌握组培易发问题的产生原因及防控措施。

能力目标

1. 能够根据组培试验的内容、方法编制组培观察表；
2. 能够科学调查和分析组培数据；
3. 能够准确判定褐变、玻璃化、污染等异常问题，提出科学有效的解决方案。

素质目标

1. 树立辩证唯物主义和历史唯物主义观；
2. 具有较强的观察能力、沟通能力、分析解决问题能力和科学的思维能力；
3. 具有团队精神、劳动精神、责任心和求真务实的态度。

思想领航

——在观察中寻找奥秘，在奥秘中寻找快乐。

——发现问题比解决问题更重要。

项目实施

任务8-1 组培苗观察与问题处理

任务描述

本任务是观察组培苗,分析和解决组培问题。具体按照制定组培苗观察表→组培苗观察→问题分析与处理的程序分组分步进行,最后以组为单位提交1份组培苗调查报告。在整个实训过程中要重点培养学生的观察能力、分析和解决问题的能力。

任务分析

组培苗观察和问题分析,是做好组培试验研究与生产管理的基本功和关键技能。初学者需要清楚组培苗观察的内容与方法、组培技术指标及其含义以及组培易发问题;观察时具有整体意识,注重细节,采取适宜的观察策略,只有宏观把握、微观入手,才能做到全面、客观地调查组培数据,并发现现实和潜在的问题;坚持辩证唯物主义和历史唯物主义观点,实事求是,才能做到明辨现象与问题、分析客观准确,提出的解决方案科学、有效、针对性强。实践中最好是两人以上合作和有教师(或师傅)现场随时指导,反复实践,这对尽快提高观察能力和分析解决问题能力是非常有益的途径。

任务实施

一、编制组培观察表

教师提前下达任务,安排学生自学相关理论知识,学生分组设计组培苗观察表,参考样表见表8-1-1,要求观察表包含长势、长相和相关技术指标等。师生讨论并确认观察表设计的科学性和可行性。

表8-1-1　组培观察表(参考)

项目名称:　　　　项目组:　　　　观察日期:

基础数据						
CK(对照)			接种瓶数		每瓶接种量	
处理1			接种瓶数		每瓶接种量	
处理2			接种瓶数		每瓶接种量	
处理3			接种瓶数		每瓶接种量	

续表 8-1-1

试验观察的项目与内容										
试验处理	技术指标调查							定性观察		处理意见
	污染率	诱导率	出愈率	分化率	增殖率	生根率	成活率	生长与分化情况	异常问题	
CK										
1										
2										
3										

组长签字：　　　　　　　　　　　　指导教师签字：

二、组培苗观察

（一）现场观察

学生分组准备观察用具，自学相关理论知识，认真观察组培苗。要求遵守组培室管理规定，尊重事实，要全面、耐心和细心地展开调查。

（二）填写观察表

各组结合现场观察，填写观察记录表。要求数据真实完整、计算准确、定性描述言简意赅。

三、问题分析与处理

第一阶段，学生分组讨论观察到的组培异常问题，要求基于事实和理论依据，分析突出重点，抓住主要问题，提出处理意见。教师现场提供咨询服务。

第二阶段，各组选派代表介绍观察发现的问题、分享交流解决方案，师生共同讨论方案的科学性和可行性。

第三阶段，学生分组处理组培问题，包括污染瓶处理、培养基配方的调整等。

四、讨论与评价

小组自检任务完成情况，分析讨论任务实施中存在的问题；教师点评，小组间互评任务完成的效果。

技术提示

1. 观察组培苗时，手不要触碰培养瓶盖或封口膜处，以防二次污染。

2. 定量观察时，有些技术指标需要按照公式准确计算。

3. 细菌污染和真菌污染出现的时间和表现的症状是不同的，注意细菌、真菌叠加污染症状的观察与判断。

4. 组培苗观察的内容与方法的选择因培养阶段而不同。

5. 编制组培观察表时，应根据外植体的特点、培养阶段和观察内容合理设计。

知识链接

一、组培常见问题

组织培养常见问题识别

培养室的管理

（一）褐变

褐变，又称褐化，是指培养材料向培养基释放褐色物质，致使培养基逐渐变褐，培养材料也随之变褐，甚至死亡的现象。培养材料褐化是由于植物组织中的多酚氧化酶被激活，使细胞里的酚类物质氧化成棕褐色的醌类物质，并抑制其他酶的活性，导致代谢紊乱，同时这些醌类物质扩散到培养基后毒害外植体，造成生长不良，甚至死亡（图 8-1-1）。

1. 褐变产生的原因

图 8-1-1　离体材料褐变

（1）植物种类和品种　在不同植物或同种植物不同品种的组培过程中，褐化发生的频率和严重程度存在较大差异，这是由于不同植物种类和品种所含的单宁及其他酚类化合物的数量、多酚氧化酶活性上的差异造成的。

（2）外植体的生理状态、取材季节　由于外植体的生理状态不同，在接种后褐化程度也有所不同。一般来说，处于幼龄期的植物材料较从成年植株采集的植物材料褐变程度轻；老熟组织较幼嫩组织褐变程度严重。另外，处于生长季节的植物体内含有较多的酚类化合物，所以夏季取材更容易发生褐变，冬春季节取材则材料褐变死亡率较低。因此，从防止材料褐变角度考虑，要注意取材的时间和材料的生理状态。

（3）培养基成分　无机盐浓度过高会加重某些观赏植物的褐化程度，细胞分裂素水平过高也会刺激某些外植体内多酚氧化酶的活性，从而使褐化加重。如果外植体在最适宜的脱分化条件下细胞大量增殖，会在一定程度上抑制褐化的发生。

（4）培养条件　培养过程中光照过强、温度过高、培养时间过长等，均可使多酚氧化酶的活性提高，从而加速外植体的褐变。因此，采集外植体前，将材料或母株枝条做遮光处理后再切取外植体培养，能够有效抑制褐变的发生。初代培养的离体材料暗培养，对抑制褐化发生也有一定的效果，但应通过试验摸索出适宜的时间，否则暗培养时间过长，会降低外植体的生活力，甚至引起死亡。

（5）材料转移时间　培养过程中材料长期不转移，会导致培养材料褐变，最终材料全部死亡。

（6）外植体大小及受损程度　切取的材料大小、植物组织受伤的程度会影响褐变程度。一般来说，材料太小，容易褐变；外植体受伤越重，越容易褐变。因此，化学灭菌剂在杀死外植体表面菌类的同时，也可能会在一定程度上杀死外植体的组织细胞而导致褐变。

2. 褐变的预防措施

（1）最好选择不褐变或褐变程度轻的离体材料作为培养对象，外植体不宜太小。可考虑对其他基因型进行筛选。

（2）尽量冬春季节采集幼嫩的外植体，并加大接种量；培养材料和外植体最好前期进行20～40 d 的遮光处理或暗培养。

（3）选择适宜的培养基，调整激素用量，在不影响外植体正常生长和分化的前提下尽量降低温度、减少光照。及时更新培养基也是有效降低褐化的重要措施之一。

褐变产生的原因及预防措施

（4）使用抗氧化剂　在培养基中加入抗氧化剂或在含有抗氧化剂的培养基中进行预培养，可大大减轻褐变程度。在液体培养基中加入抗氧化剂比在固体培养基中加入的效果要好。常用的抗氧化剂有维生素 C、聚乙烯吡咯烷酮、半胱氨酸、硫代硫酸钠、柠檬酸、活性炭等。通常在培养基中附加 0.1%～0.3%的活性炭或 5～20 mg/L 的聚乙烯吡咯烷酮。

（5）加快继代转瓶速度　如山月桂树的茎尖培养中，接种 12～24 h 转移到液体的培养基上，然后每天转接一次，连续处理 7～10 d 后，褐化现象便会得到控制或大为减轻。

（6）合理使用灭菌剂，并做到材料剪切时尽量减少外植体的受损面积，创伤面要尽量平整。

（二）试管苗玻璃化

某种植物材料经多次离体快繁后，其嫩茎、叶片呈半透明水渍状，这种现象通常称为玻璃化（也称为超水化现象）。发生玻璃化的试管苗称为玻璃化苗。玻璃化苗矮小肿胀、失绿，茎叶表皮无蜡质层、无功能性气孔，叶、嫩梢呈水晶透明或半透明；叶色浅，叶片皱缩并纵向卷曲、脆弱易碎，组织发育不全或畸形；体内含水量高、干物质等含量低；试管苗生长缓慢、分化能力降低（图 8-1-2）。一旦形成玻璃苗，就很难恢复成正常苗，会严重影响繁殖率。因此，玻璃化苗不能作为继代扩繁的材料，加之生根困难、移栽成活率极低，会给生产造成很大损失。

1. 引起试管苗玻璃化的原因

试管苗玻璃化是在芽分化启动后的生长过程中，体内碳水化合物、氮代谢和水分状态等发

图 8-1-2 试管苗玻璃化

生生理性异常引起的，它受多种因素影响和控制。因此，玻璃化是试管苗的一种生理失调症状。试管苗为了适应变化的环境而呈玻璃化。引起试管苗玻璃化的因素主要有激素浓度、琼脂用量、温光条件、通风状况、培养基成分等。

（1）植物激素　许多试验证明，培养基中6-BA浓度和玻璃化苗产生率呈正相关。在组培实践中，6-BA等细胞分裂素浓度偏高的原因有：①培养基中一次加入细胞分裂素过多；②细胞分裂素与生长素的比例失调，植物吸收过多细胞分裂素；③细胞分裂素经多次继代培养引起的累加效应。通常继代次数越多，玻璃化苗发生的比例越大。此外，GA_3与IAA促进细胞过度生长会导致玻璃化；乙烯促进叶绿素分解和植株肿胀，也容易形成玻璃化苗。

（2）培养基成分　当培养基中无机离子的种类、浓度及其比例不适合该种植物离体培养时，则玻璃化苗的比例就会增加。培养基中含氮量过高，特别是铵态氮过高，也会导致试管苗玻璃化。

（3）琼脂与蔗糖的浓度　研究发现，琼脂与蔗糖的浓度与玻璃化呈负相关。琼脂浓度低，培养基硬度差，玻璃化苗的比例增加，水浸状严重，苗只向上生长。液体培养更容易形成玻璃化苗。虽然随着琼脂用量的增加，玻璃化的比例明显减少，但琼脂加入过多，培养基会变硬，会影响营养吸收，使苗生长缓慢、分枝减少。在一定范围内，蔗糖浓度越高，玻璃苗产生的概率越低。

（4）温度和光照　适宜的温度可以使试管苗生长良好，但温度过高过低或忽高忽低都容易诱发玻璃化苗。增加光强，可以促进光合作用，提高碳水化合物的含量，使玻璃化的发生比例降低；光照不足，加之高温，极易引发试管苗的过度生长，会加速试管苗的玻璃化。大多数植物在光照10～12 h/d和光强1 500～2 000 lx条件下能够正常生长和分化。当每天的光照时间大于15 h时，玻璃化苗的比例有增加趋势。

（5）培养瓶内的湿度与通气条件　试管苗生长期间，要求气体交换充分、良好。如果培养瓶口密闭过严，瓶内外气体交换不畅，会造成瓶内空气湿度和培养基含水量过高，容易诱发玻璃化苗。一般来说，单位体积内培养的材料越多，则苗的长势越快、玻璃化出现的频率就越高。当培养瓶内分化芽丛较多、芽丛长满瓶却不能及时转苗，瓶内空气质量会恶化、CO_2增多，此时会很快形成玻璃化苗。

（6）植物材料　不同植物试管苗产生玻璃化苗的难易程度是不一样的。草本植物和幼嫩组织相对容易发生玻璃化。禾本科植物如水稻、小麦、玉米等试管苗却不易产生玻璃苗。容易玻璃化的植物材料长时间液体培养，玻璃化程度尤其严重。

2. 防止玻璃化苗发生的措施

（1）采取固体培养方式，适当增加培养基中琼脂的添加量和提高琼脂的纯度，都可增加培养基的硬度，造成细胞吸水阻遏，降低试管苗玻璃化。

（2）适当提高培养基中蔗糖含量或加入渗透剂，降低培养基的渗透势，减少培养基中植物材料可获得的水分，造成水分胁迫。

(3)使用透气性好的封口材料，如牛皮纸、棉塞、滤纸、封口纸等，尽可能降低培养瓶内的空气湿度，加强气体交换，从而改善培养瓶的通气条件。

(4)适当提高培养基中的无机盐的含量，减少铵态氮用量，适当提高硝态氮用量。

(5)选择合适的激素种类与浓度，适当降低培养基中细胞分裂素和赤霉素的浓度。

组培苗玻璃化产生的原因及预防措施

(6)在培养基中适当添加活性炭、间苯三酚、根皮苷、聚乙烯醇(PVA)，可有效控制玻璃化苗的发生。

(7)尽量选用玻璃化轻或无玻璃化的植物材料。

(8)适当延长光照时间或增加自然光照、提高光强，可抑制试管苗玻璃化。

(9)适当控制培养瓶的温度。必要时可适当低温处理，避免温度过高并防止温度突然变化，可抑制试管苗玻璃化，但一定的昼夜温差较恒温的抵制效果好。

(10)发现培养材料有玻璃化倾向时，应立即将未玻璃化的苗转入生根培养基上诱导生根，只要生根就不会再玻璃化了。

(三)污染

污染是植物组织培养最常见和首要解决的问题。所谓污染是指在组织培养过程中，由于细菌、真菌等微生物的侵染，在材料和培养基的表面滋生大量菌斑，造成培养材料不能生长和发育的现象。对于工厂化育苗来说，污染往往是影响生产任务按时完成的主要原因。造成污染的病原菌主要有细菌和真菌两大类。细菌性污染症状(图 8-1-3)是菌落呈黏液状，颜色多为白色，与培养基表面界限清楚，一般接种后 1～2 d 就能发现；真菌性污染的症状(图 8-1-4)是菌落多为黑色、绿色、白色的绒毛状、棉絮状，与培养基和培养物的界限不清，一般接种后 3～10 d 后才能发现。实际培养中要明确辨别污染的类型，以便有针对性地采取防治措施，从而提高组培效率和质量。

图 8-1-3　细菌污染

图 8-1-4　真菌污染

1. 污染的原因

综合来看，造成植物组培污染的原因主要包括以下四个方面：①外植体灭菌不彻底；②操作时人为带入；③培养基及接种工具灭菌不彻底；④环境不清洁。实际上这也是造成组培污染的 4 条主要途径。

2. 控制污染的措施

(1)防止外植体带菌　一是做好接种材料的室外采集工作。最好春秋季节、晴天下午采集外植体；优先选择地上部分作为外植体；外植体采集前喷杀虫剂、杀菌剂或套袋等。二是材料预培养。接种前在室内或无菌条件下对材料进行预培养，从新抽生的枝条上选择外植体。三是外植体严格灭菌。在正式接种或批量生产组培苗前一定要进行灭菌效果试验，摸索出最佳的灭菌方法，以达到最好的灭菌效果。对于难以灭菌彻底的材料可以采取多次灭菌和交替灭菌的方法。四是外植体修剪时一定要防止交叉污染。

(2)培养基和接种器具彻底灭菌　一是严格按照培养基配制要求分装、封口。培养基分装时，液体培养基不能溅留到培养瓶口；采用聚丙烯塑料膜封口时线绳要位置适当、松紧适宜，封口膜或培养瓶盖不能破损。二是保证灭菌时间和灭菌温度。培养基灭菌时高压灭菌锅内的冷空气要彻底排放干净；认真登记灭菌时间和检查灭菌温度，防止灭菌时间不足或温度不够而带来的细菌性污染。三是接种用品彻底灭菌。接种工具、工作服、口罩、帽子等布质品在使用前彻底灭菌；在接种过程中，接种用器具要经常灼烧灭菌。

(3)严守无菌操作规程，防止操作时带入　主要做到以下几点：①接种人员注意个人卫生，洗手后进入接种室，接种时经常用 75%酒精擦手。②在酒精灯火焰的有效控制区域内规范操作，尽量提高接种速度。③接种时，接种员双手不能离开工作台，如果离开工作台必须用酒精擦手后再接种；开瓶和封口的动作要轻、要快，旋转烧瓶口并拿呈斜角；尽量避免在接种用具和培养皿、揭开的培养瓶口上方移动。④用于材料表面灭菌的烧杯和需要转接的种苗瓶最好在放入超净工作台前用酒精擦拭。⑤操作区内不要一次性放入过多空白培养基，避免挡住无菌气流。

(4)保持环境清洁　主要做到以下几点：①培养室和接种室定期用消毒剂熏蒸、紫外灯照射或臭氧灭菌。②及时捡出污染的组培材料，定期对培养室消毒。③定期清洗或更换超净台过滤器，并进行带菌试验。④经常用涂抹或喷雾方式清洁超净工作台。⑤严格控制人员频繁出入培养室。

(四)其他问题

组织培养过程中除了污染、褐变和玻璃化三大技术难题之外，还有黄化、变异、瘦弱或徒长、不生根或生根率低、移栽成活率低、材料死亡、增殖率低下或过盛等问题。不同培养阶段常见的问题也存在差异。这些问题产生的原因及预防措施分别见表 8-1-2 至表 8-1-5。

表 8-1-2　植物组织培养常见的问题与解决措施

常见问题	产生原因	解决措施
材料死亡	外植体灭菌过度；材料污染；培养基不适宜或配制有问题；培养环境恶化	灭菌温度和时间适宜；注意环境和个人卫生；严格操作；选用合适培养基；改善培养环境，及时转移和分瓶；加强组培苗的过渡管理
黄化	培养基中 Fe 含量不足；矿物营养不均衡；激素配比不当；糖用量不足，长期不转移；培养环境通气不良；瓶内乙烯量高；光照不足；培养温度不适	正确添加培养基的各种成分；调节培养基组成和 pH；降低培养温度、增加光照和透气性；减少或不用抗生素类物质

续表 8-1-2

常见问题	产生原因	解决措施
变异和畸形	激素浓度和选用的种类不当；环境恶化和不适。	选不易发生变异的基因型材料；尽量使用“芽生芽”的方式；降低 CTK 浓度；调整生长素与 CTK 的比例；改善环境条件。
增殖率低下或过盛	与品种特性有关；与激素浓度和配比有关。	进行一定范围的激素对比试验，根据长势确定配方，并及时调整；交替使用两种培养基；考虑品种的田间表现和特性，优化培养环境。
组培苗瘦弱或徒长	CTK 浓度过高；过多的不定芽未及时转移和分切；温度过高；通气不良；光照不足；培养基水分过多。	适当增加培养基硬度；加速转瓶；降低接种量；提高光强，延长光照时间；减少 CTK 用量；选择透气性好的封口膜；降低环境温度。
移栽死亡率高	组培苗质量差；环境条件不适；管理不精细。	培育高质量组培苗；及时出瓶，尽快移栽；改善环境条件；采取配套的管理措施，加强过渡苗的肥水管理和病虫害防治。
不生根或生根率低	种类和品种间的差异；激素种类和浓度；环境条件；繁殖苗的基部受伤。	对难以生根品种，从激素种类和水平、环境条件综合调控；掌握移栽操作要领和质量要求；切割苗的基部时使用利刀，用力均匀，切口平整、损伤少。

表 8-1-3　初始培养阶段的常见问题与调控措施

常见问题	产生原因	调控措施
培养物长期培养几乎无反应	基本培养基不适宜；生长素选择不当或用量不足；温度不适宜。	更换基本培养基或调整培养基成分，尤其是调整盐离子浓度，增加生长素用量；试用 2,4-D；调整培养温度。
培养物呈水渍状、变色、坏死、茎断面附近干枯	表面杀菌剂过量、消毒时间过长，外植体选用不当(部位或时期)。	调换其他杀菌剂或降低浓度，缩短消毒时间，试用其他部位；生长初期取材。
愈伤组织过于致密、平滑或突起，粗厚，生长缓慢	CTK 用量过多、生长素过量，糖浓度过高。	减少 CTK 用量，调整 CTK 与 IAA 的比例；降低糖浓度。
愈伤组织生长过旺、疏松，后期水浸状	激素过量，温度偏高，无机盐含量不当。	减少激素用量；调整无机盐(尤其是铵盐)含量；适当提高琼脂用量，增加培养基硬度；适当降低培养温度。
侧芽不萌发，皮层过于膨大，皮孔长出愈伤组织	枝条过嫩；生长素、CTK 用量过多。	减少激素用量，采用较老化枝条。
培养基和材料变褐	产生原因及调控措施参考本节内容。	

表 8-1-4　增殖培养阶段的常见问题与调控措施

常见问题	产生原因	调控措施
苗分化数量少、速度慢、分枝少、个别苗生长细高	CTK 用量不足；温度偏高、光照不足。	增加 CTK 用量；适当降低温度，改善光照；改单芽继代为团块(丛芽)继代。
苗分化过多，生长慢，有畸形苗，节间极短，苗丛密集、微型化	CTK 用量过多；温度不适宜。	减少或停用 CTK 一段时间；调节温度。

续表 8-1-4

常见问题	产生原因	调控措施
分化率低；培养物畸形；培养时间一长，无根苗再次愈伤组织化	生长素用量偏高；温度偏高。	减少生长素用量；适当降温。
叶增厚变脆	生长素用量偏高，或兼有 CTK 用量偏高。	适当减少激素用量；避免叶片接触培养基。
幼苗淡绿，部分失绿	无机盐含量不足，铁、锰、镁等缺少或比例失调；pH 不适宜；光照、温度不适。	针对营养元素亏缺情况调整培养基、调好 pH；调控温度、光照。
幼苗生长无力、发黄、落叶、有黄叶、死苗夹于丛生芽苗中	瓶内气体状况恶化；pH 变化过大；温度不适，激素配比不当；久不转接导致糖已耗尽，营养元素亏缺、失调。	降低接种密度；调整激素配比和营养元素浓度；改善瓶内气体状况；控制培养温度；及时转接。
再生苗的叶缘、叶面偶有不定芽的分化	CTK 用量偏高，或表明该种植物不适于该种再生方式。	适当减少 CTK 用量，或分阶段利用这一再生方式。
丛生苗过于细弱，不适于生根或移栽	CTK 浓度过高或赤霉素使用不当；温度过高，光照短，光强不足；久不转移，生长空间窄。	减少 CTK 用量、不用赤霉素；延长光照时间，增强光强；及时转接；降低接种密度；更换封瓶纸的种类。

表 8-1-5　生根阶段的常见问题与调控措施

常见问题	产生原因	调控措施
培养物久不生根；基部切口没有适宜的愈伤组织	生长素种类、用量不适宜；生根部位通气不良；生根程序不当；pH 不适宜，无机盐浓度及配比不当。	改进培养程序；选用适宜的生长素或增加生长素用量；适当降低无机盐浓度；改用滤纸桥液体培养生根等。
愈伤组织生长过快、过大；根茎部肿胀或畸形，几条根并联或愈合	生长素种类不适宜，用量过高，或伴有 CTK 用量过高；生根诱导培养程序不对。	调换生长素种类或几种生长素配合使用，降低使用浓度；添加维生素 B_2 或 PG 等，减少愈伤组织；改变生根培养程序等。

二、组培数据调查与结果分析

组培试验效果和生产管理水平如何，需要依据数据调查与结果分析来衡量。组培数据调查与结果分析是组培试验研究和生产管理的重要内容。在调查的组培数据中，主要是萌发率、出愈率、污染率、分化率、增殖率、生根率、成活率等需要计算的技术指标，也包括能够直接观察和测量的数据，如长势、叶色、芽长、愈伤组织大小与生长状况等。上述数据都可通过非破坏性的测量获得，测量之后离体培养物仍能正常生长，而有些数据(如愈伤组织的质地判定等)则需要在条件允许的情况下进行破坏性测量。在组培过程中，一定要充分利用转接、出瓶等时机，直接调查数据。组培主要技术指标的含义与计算公式见表 8-1-6，不同培养阶段组培苗观察与计算的主要项目内容见表 8-1-7。

组培试验与管理的结果分析，没有特殊的要求。一般可直接比较大小、粗细、高矮；在差异不明显时，需要进行显著性检验。多因子试验需要进行方差分析，以确定主要影响因子。

表 8-1-6　组培技术指标

技术指标	含义	计算公式
萌发率	主要反映无菌种子和茎尖、茎段的顶和腋芽被诱导萌动和生长情况，也称诱导率。	萌发率$=\frac{\text{萌动、生长的材料数}}{\text{培养材料总数}}\times 100\%$
出愈率	反映无菌材料愈伤组织诱导的效果。	愈伤组织诱导率$=\frac{\text{形成愈伤组织的材料数}}{\text{培养材料总数}}\times 100\%$
分化率	反映无菌材料的分化能力与再分化的效果。	分化率$=\frac{\text{分化的材料数}}{\text{培养材料总数}}\times 100\%$
污染率	大致反映杂菌侵染程度和接种质量。	污染率$=\frac{\text{污染的材料数}}{\text{培养材料总数}}\times 100\%$
增殖率	反映中间繁殖体的生长速度和增殖数量的变化。	增殖率$=\frac{\text{一个增殖周期扩繁的中间繁殖体数}}{\text{一次增殖转换材料总数}}\times 100\%$
生根率	大致反映无根芽苗根原基发生的快慢和生根效果。	生根率$=\frac{\text{生根总数}}{\text{生根培养总苗数}}\times 100\%$
成活率	反映组培苗的适应性与移栽效果，一定程度上说明组培与快繁成功率的高低。	成活率$=\frac{\text{30～40 d 后成活植株数}}{\text{移栽植株总数}}\times 100\%$

表 8-1-7　组培苗观察的内容与方法

观察阶段	观察的内容要点	观察方法
初代培养	外植体变化(形态、结构、颜色)；愈伤组织、胚状体或芽萌动时间与数量；出愈率、分化率、胚状体或原球茎的诱导率和污染率、褐变率等异常现象。	目视观察；照相；计算
继代培养	中间繁殖体的长势(生长量、健壮程度等)；长相(形态、结构、质地、大小、高度、颜色、位置等)；增殖率和污染率、褐变率、玻璃化苗发生率、变异率等异常现象。	目视；照相；显微观察；计算
生根培养	根发生时间；长势(根生长量、根发达程度等)；长相(根长、根数、根粗、根色、位置等)；生根率和污染率、畸形根发生率等异常现象。	目视；照相；显微观察；计算
驯化移栽	试管苗长势(生长量、健壮程度等)、长相(株高、根数、根长、根色、叶厚、叶色、叶数等)；驯化移栽成活率；壮苗指数；变异率等。	目视观察；计算；试验

问题探究

☆如何防止因观察而引发瓶苗二次污染?

☆从试验设计角度考虑,如何防止组培过程中出现异常问题?

☆如何减缓或降低组培过程中组培苗的变异?

☆如何减少数据调查的误差?

拓展学习

正交试验数据直观分析法

自我测试

一、选择题

1. 接种后 2 d 发现在培养瓶出现黏液状菌落,判定属于(　　)性污染。

A. 细菌　　B. 真菌　　C. 黏菌　　D. 病毒

2. (　　)与污染、褐变并称植物组织培养的三大技术难题。

A. 成本高　　B. 玻璃化　　C. 技术难度大　　D 遗传不稳定

3. 组培污染有以下(　　)污染途径。

A. 外植体灭菌不彻底　　B. 环境不清洁

C. 培养基及接种工具灭菌不彻底　　D. 操作时人为带入

4. 组培主要技术指标包括(　　)。

A. 出愈率　　B. 分化率　　C. 增殖率　　D. 生根率

E. 移栽成活率　　F. 污染率　　G. 萌发率　　H. 光周期

5. 试管苗玻璃化的实质是(　　)。

A. 病害　　B. 培养基不合适　　C. 生理失调症　　D. 营养失调

二、判断题

1. 材料太小、幼龄材料、外植体受伤越重,越容易褐变。(　　)
2. 培养基中 6-BA 浓度和玻璃苗产生率呈负相关。(　　)
3. 琼脂浓度高、光照不足、温度过高过低或忽高忽低都会促进形成玻璃化苗。(　　)
4. 适当降低培养基中细胞分裂素的浓度,有助于缓解玻璃化苗的发生。(　　)
5. 夏季取材容易发生褐变,冬春季节取材则材料褐变死亡率最低。(　　)
6. 组培苗观察内容包括组培苗的生长分化情况和相关技术指标等。(　　)
7. 试管苗玻璃化是离体材料生理失调所表现出来的一种症状。(　　)
8. 试管苗黄化一定是缺铁造成的。(　　)

测试要求:先独立自测后核对答案

温馨提示:自律彰显素养　诚信成就人生

项目8 自我测试题参考答案

自我总结

结合学习与实训,绘制本项目知识与技能要点的思维导图。

模块4

学做结合——组培技术应用

植物组培技术是一项实践性较强的生物农业高新技术，目前已在种苗脱毒与快繁方面得到广泛应用，并且应用效果突出。本模块设计花卉、蔬菜、果树、林木和药用植物五类组培与快繁项目，每类项目结合地方产业发展和组培技术的应用现状遴选、设计多个植物组培与快繁的具体实践任务，指导学生（员）组培生产实训和项目实践。

名人名言

科学是实事求是的学问，来不得半点虚假。

——中国数学家　华罗庚

项目9 花卉组培与快繁

我国不仅是世界最大的花卉生产中心，也是世界上最大的花卉消费国。尽管我国有庞大的花卉生产和消费基数，但并非花卉出口强国主要原因是花卉产业科技创新能力不足，拥有自主知识产权的种苗少，需要从外国大量进口种子、种球和种苗，花卉生产需要缴纳大量的种苗费和专利费，同时缺乏能与国际品种抗衡的自育花卉新品种，导致我国花卉产业进入产值快速扩张、利润相对低下的循环。

与传统的繁殖方法相比，植物组培技术具有不受季节和环境限制、用材少、繁殖系数高等特点，能够快速繁殖优良品种、有效脱除病毒、提高种苗品质、促进花卉新品种的研发和老品种的改良，现已成为发展花卉生产、实现高效农业的有效手段。在引进国外名优花卉品种的同时，利用植物组培技术，开发具有我国地域特色优势的花卉品种，培育花卉新品种，同时实现种苗生产工厂化，以此提升我国花卉产业发展的内生动力，进而促进乡村振兴。

学习目标

知识目标

1. 了解花卉组培与快繁的意义；
2. 掌握红掌、蝴蝶兰、观赏凤梨、金丝皇菊、玉露的组培与快繁技术。

能力目标

1. 能针对不同花卉品种选择最适宜的外植体和再生途径进行组培与快繁；
2. 具有一定的文献搜集与处理、观察能力、分析和解决问题的能力，提高花卉组培与快繁技术的应用能力。

素质目标

1. 树立岗位意识、市场意识、质量意识和责任意识；
2. 具有“三农”情怀、团队精神和较高的职业素养。

思想领航

成功之花，人们往往惊羡它现时的明艳，然而当初，它的芽儿却浸透了奋斗的泪泉，洒满了牺牲的血雨。

——冰心

项目实施

任务9-1 红掌组培与快繁

红掌(*Anthurium andraeanum* Lind.),又名花烛、火鹤花、安祖花,是天南星科花烛属多年生常绿草本植物,原产南美洲热带雨林中,其花叶优美、典雅,特别是其佛焰花苞色泽鲜艳、造型奇特,花期长,经济价值高,是观叶观花俱佳的高档切花和盆栽花卉,也是居室不可多得的装饰珍品,深受国内外生产者和消费者的喜爱。在世界花卉贸易中,红掌是仅次于热带兰的第二大热带花卉。由于红掌的种子繁殖时间较长,人工授粉较难,分株繁殖系数很低、难以扩大生产,远远不能满足市场的需求。因此,组培与快繁技术成为红掌种苗工厂化生产的主要手段。

任务描述

外植体:茎尖。

再生途径:丛生芽增殖型。

操作程序:材料预培养→侧芽采集与处理→丛生芽诱导→丛生芽增殖→壮苗生根→驯化移栽。

实践成果:建立红掌组培无性快繁体系。

任务分析

本任务是以茎尖为外植体直接诱导丛生芽,通过丛生芽增殖型再生途径完成红掌植株再生过程。其技术关键是外植体彻底灭菌和茎尖诱导培养时的光照管理到位。这就要求操作人员做好灭菌方案设计,严格控制培养条件,以高度的责任心认真操作和科学管理,并且做到观察细致、及时发现问题、科学分析和有效解决实际问题,这样才能保证红掌茎尖培养和驯化移栽工作任务顺利完成。

任务实施

一、茎尖培养

(一)材料的预培养

选择园艺性状良好、无病虫害的红掌健壮盆栽植株作为培养对象,将其置于独立的洁净培养室或人工气候室内预培养。用棉签蘸取 700 mg/L 6-BA 溶液涂抹红掌的根茎部分，每周 1 次，连续涂抹 4 周后即可得到苗高 2～3 cm 的侧芽。

(二)侧芽的采集与处理

1. 侧芽的采集及预处理

从预培养的健壮、未开花的母本植株上切取侧芽→剪去叶片，保留完整茎尖→洗衣粉水洗 5～10 min→自来水冲洗 1 h 后备用。

2. 侧芽表面灭菌

侧芽的灭菌方案与灭菌程序有两种选择：①70%酒精浸泡 30 s→无菌水漂洗 1～2 次→2.6% 次氯酸钠溶液浸泡 15 min→无菌水漂洗 3～5 次；②70%酒精浸泡 30 s→5%漂白粉浸泡 13 min →无菌水漂洗 1～2 次→0.1%升汞溶液浸泡 8 min→无菌水漂洗 5～8 次。

(三)从生芽诱导

在超净台上用无菌滤纸吸干茎尖表面的水分后，直接接入丛生芽诱导培养基 MS 或改良 MS (NH_4NO_3、KNO_3含量均为 250 mg/L)＋6-BA 1.0～2.0 mg/L＋NAA 0.1～0.5 mg/L (pH 5.6～5.8)。若内生菌严重，可先接种在添加抗生素氨苄青霉素 500 mg/L 或链霉素 100 mg/L 或硫制霉菌素 1 000 mg/L 的 MS 培养基中培养，14 d 后再接入丛生芽诱导培养基。接种后保持培养室温度为(25±2) ℃，先暗培养 1 周，然后转入光强 1 000～2 000 lx、光照 12 h/d 的条件下继续培养。一般接种 10 d 后可观察到茎尖切口处开始产生愈伤组织，20 d 后愈伤组织膨大凸起，继而分化出不定芽，45 d 后形成大量丛生芽。丛生芽数量少则 3～4 个、多则 6～7 个。

(四)丛生芽增殖

将高 1～1.5 cm 以上的芽苗分切成单株，去除 1.5 cm 以上的叶和底部老化的愈伤组织(通常为黄褐色)，芽苗基部保留约 0.5 cm^3 的愈伤组织块，转接到增殖培养基(MS 或改良 MS ＋6-BA 2.0～3.0 mg/L＋NAA 0～0.3 mg/L)上培养。注意长度 1 cm 以下的芽不必切下，与相连的大苗或愈伤组织团块(0.6～0.8 cm^3)一起接入增殖培养基(MS 或改良 MS＋6-BA 1.0 mg/L＋NAA 0.1 mg/L)继续培养。培养条件与丛生芽诱导时的光照培养阶段相同。大约培养 50 d 后丛生芽增殖倍数可达 5～6 倍。

(五)壮苗生根培养

选取长至 2～3 cm 的壮苗，切成单株芽苗接种于生根培养基(1/2 MS＋NAA 0.1～0.5 mg/L)上诱导生根。一般 7～10 d 后芽苗基部开始出现白色根尖，随后逐渐伸长，30 d 左右生根达最佳状态，此时组培苗已长至 3～4 cm 高，可以驯化移栽。生根培养基中添加 0.2～0.3 mg/L 的 IBA，可以缩短生根时间，增加根的条数和根长；生根培养阶段适当提高光照强度、延长光照时间，可以增加组培苗的粗壮度、提高后期驯化移栽成活率。

二、驯化移栽

(一)驯化移栽前准备

1. 搭建苗床

在温室内搭建 1 m 高的床架，用漂白粉对苗床进行彻底消毒。苗床铺两层无纺布用于保湿。床架上搭建小拱棚，上盖塑料薄膜。温室外用遮光度50%的固定遮阳网，而在温室内距床1 m左右高的空中搭盖遮光度75%的活动遮阳网。床架上悬挂干湿温度计，用于监控苗床的温度和湿度。

2. 穴盘和基质的处理

根据计划移栽量需准备72穴和128穴的穴盘，以及10 mm以下的草炭等驯化基质。穴盘用800～1 000倍液百菌清浸泡过夜；草炭搓碎后喷水，并用1 000倍多菌灵消毒10 min，基质湿度以捏可成团、松开易散为度。

3. 装盘

将消毒过的基质装入穴盘。基质松紧度以轻压不陷坑、有弹性为宜。

(二)驯化移栽

1. 炼苗

当红掌组培苗具3～4条根、根长1 cm左右时，将瓶苗置于温室内阴凉弱光处放置3～5 d，然后开瓶加少量水再炼苗2 d左右。

2. 出瓶与消毒

从瓶中取出红掌组培苗，在清水中洗净根部培养基，然后置于800～1 000倍百菌清中浸泡5～6 min，然后选择生长健壮、无变异的组培苗分级摆放在消过毒的泡沫盒中，注意保湿。

3. 移栽

用消毒过的方便筷或塑料竹扦在穴盘打孔栽苗。每穴栽1株，深度以埋住根系、不倒伏为准，栽后轻轻压实。株高3～4 cm、叶3～4片、根3～4条、根长1～1.5 cm的大苗栽入72穴盘；株高2～3 cm、叶2～3片、根3～4条的小苗栽入128穴盘。

4. 摆盘

穴盘摆放前，用6 000倍新植霉素喷透苗床。穴盘按顺序摆放后立即用6 000倍新植霉素溶液喷洒，苗床上搭建拱棚，拱棚上覆塑料薄膜保湿。

(三)栽后管理

1. 温度和光照管理

组培苗移栽后，拱棚温度控制在20～25 ℃，不要超过35 ℃；空气相对湿度控制在95%以上。刚移栽时光强控制在800～1 000 lx，10 d后逐渐提高光强，但光线不能直射，以免灼伤叶片。生产上一般采用双层遮阳网来控制光强。

2. 肥水管理

组培苗移栽后1～2周，定期喷6 000倍新植霉素溶液，2～3次/d，同时保证基质湿润状态。喷雾时可在清水中加入一定浓度的阿维菌素。2周后按2次/d、1次/d和1次/2 d的顺序逐渐减少喷雾次数，以苗不萎蔫即可。喷雾可采取清水与新植霉素溶液交替喷雾的方式。栽后40 d左右小苗长出新叶，出现吐水现象，说明小苗已长新根，以后逐渐撤去塑料薄膜，1个月后逐渐撤去无纺布和遮阳网，后期进入常规管理。

3. 上盆后养护

当红掌组培苗长出新叶后应过渡到上盆养护。上盆时不必施基肥。随小苗的长大，可每隔 1～2 周追施一次稀薄液体肥料，供水应以喷雾为主。

红掌茎尖组培与快繁操作见图 9-1-1。

图 9-1-1　红掌茎尖组培与快繁操作任务实施图解

技术提示

1. 采集红掌侧芽时，为避免伤口对母株造成伤害，工具要消毒；取材后用杀菌剂涂抹伤口。

2. 茎尖脱毒最好选择未开花的苗，脱毒成功率高。

3. 红掌茎尖含有内生菌，每剥离一层微茎尖外的叶片后，解剖刀、解剖针最好重新灼烧冷却后再使用。

4. 红掌离体培养时容易褐变，因而茎尖不宜切得太小。

5. 苗床用漂白粉消毒后，待余味散尽后再摆穴盘。

6. 冬季瓶苗出瓶后最好用温水洗苗。

7. 红掌对杀虫剂敏感，所以要准确控制杀虫剂的浓度。通常比其他花卉用量要低。

知识链接

一、红掌组培概况

自 1974 年 Pierik 对红掌进行组织培养获得成功以来，国内外学者对其进行了大量的组织培养研究。目前，国内外均采用组培的方法来繁殖红掌种苗。

红掌组培采用的外植体种类较多，主要有叶片、叶柄、茎尖、侧芽、根尖、苞片、花序轴等，其中以顶芽、茎段、叶片、叶柄为常用的外植体。较幼嫩的外植体容易诱导愈伤组织，并且嫩叶的叶柄较叶片更容易诱导出愈伤组织；茎尖最容易诱导出丛生芽。相对而言，叶片最容易消毒，而红掌腋芽因含有内生菌难以彻底灭菌，采用常规的升汞灭菌方法难以达到理想效果。这主要是由于红掌为热带植物，茎段、腋芽部位含有大量内生菌，如果采用升汞灭菌结合酸化的培养基可有效解决以上问题。

红掌植株再生有两条途径：一是以茎尖为外植体的丛生芽增殖途径(如以红掌腋芽为外植体)，这种直接器官发生途径不仅能直接快速分化不定芽，再生速度较快，并且能保持较好的遗传稳定性，但存在外植体(茎尖)数量少、内生菌严重、消毒困难的问题。二是除茎尖外的外植体的愈伤组织诱导分化途径。这种间接的器官发生途径的植株再生时间普遍较长，需 2～3 个月，甚至需要 1 年时间，并且后代遗传稳定性不高。

培养基中无机盐和激素的种类、浓度和有机附加物都会对红掌组培效果产生较大的影响。低浓度铵盐有助于愈伤组织的发生和芽的诱导，常见的基本培养基可选用 1/2 MS、改良 MS(NH_4NO_3、KNO_3均为 250 mg/L)、ZS(NH_4NO_3 412 mg/L、$FeSO_4 \cdot 7H_2O$ 9.3 mg/L，其他成分同 MS)、B_5、N_6、P 等。红掌对植物激素的反应较为敏感，从愈伤组织诱导到不定芽的分化及生根各阶段，都要求较低的激素水平(1.0 mg/L 左右)，反之则抑制生长。如果激素浓度较高，有些品种的红掌会产生黄色的愈伤组织，但往往不分化、易碎；反之，产生深绿色的愈伤组织较硬、分化较少；在添加适宜激素的培养基上产生黄绿色愈伤组织，则生长分化正常。2,4-D 是诱导愈伤组织发生的主要激素，而在分化培养基中不能添加 2,4-D。6-BA 既可以配合 2,4-D 诱导脱分化，又可以诱导愈伤组织分化，通常浓度为 1～3 mg/L。椰汁、水解酪蛋白等有机附加物有利于愈伤组织的分化及芽苗的增殖，而且有一定的壮苗作用。另外，在培养过程中存在激素累积效应，长期培养的愈伤组织容易退化，甚至丧失再生功能。一般红掌愈伤组织继代 15～20 代，便会出现不同程度的退化，需要重新建立培养体系。王桂兰等人研究发现，红掌气生根可以连续培养，能够避免重建培养体系。

由于光照是愈伤组织发生的必要条件，所以无菌叶片和叶柄可以直接在 1 000～1 500 lx 的自然散射光下培养；茎尖和芽在初代培养前期暗培养 10 d，后期可进入正常的光照培养期。

陈春满等(2008)的试验研究表明，光照强度对红掌组培苗的生长具有显著影响，在一定的光强范围内，光照强度越强，越有利于组培苗生长；光照是红掌组培苗壮苗生根的主导影响因子；低光照条件下，红掌不同品种对光周期的敏感性不同；光照和温度对红掌组培苗的生长具有明显的相互作用。在红掌组培苗工厂化生产上可根据不同品种的特性适当控制光照强度、光照时间和培养温度，可以节约能源。对某些红掌品种来说，当光照强度不足时可适当延长光照时间或提高培养温度，以促进幼苗的健壮生长，而当培养温度不够时，可通过增加光照强度的方法来促进红掌组培苗的健壮生长。

二、红掌组培与快繁操作流程

红掌组培与快繁流程如图 9-1-2 所示。

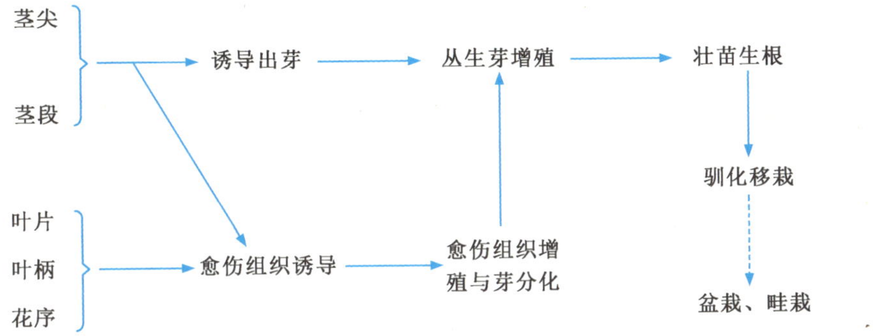

图 9-1-2 红掌组培与快繁流程

红掌叶片组培技术流程

红掌叶片组培快繁任务实施图解

三、降低红掌组培苗工厂化生产成本的措施

（一）替换培养瓶

一般实验室里进行组织培养都是用玻璃三角瓶或玻璃罐头瓶，其优点是透光性好，适合科学研究，但价格昂贵、易碎、培养容积小，不利于大批量手工操作，在工厂化生产中会相应地增加生产成本。红掌组培苗工厂化生产中尽量选用塑料瓶或塑料盒替代玻璃瓶进行规模化生产，既可以降低成本，又可以增加组培苗的生长空间，提高苗的质量，同时还便于洗涤和人工批量接种操作，能够极大地提高生产效率。

（二）简化培养基

红掌组培苗工厂化生产时，一般培养基成本约占室内生产成本的 8%。可以通过改变或降低培养基成分来降低生产成本。生产实践中可以用白砂糖代替分析纯蔗糖、用自来水代替蒸馏水，温度低的季节用卡拉胶代替琼脂，用 1/2 MS 或 1/3 MS 培养基代替 MS 培养基进行培养。

（三）改变培养条件

在红掌组培苗工厂化生产中，电费约占整个生产成本的 35%，其中培养阶段所消耗电费占 70%以上。因此，需要采取有效措施降低组培苗培养阶段的成本。设计类型多样的自然光照培养室，利用自然光替代人工辅助光源，实现通过有效利用自然光来培育组培苗。

（四）提高繁殖系数

繁殖系数对红掌组培苗室内直接生产成本有一定影响。当繁殖系数由 2 增加到 6，室内直接生产成本将下降 10%～22%。因此，在试管苗生产允许变异的范围内，可以通过调节试管苗繁殖系数来降低生产成本。

（五）试管苗瓶外生根

红掌试管苗生根过程的费用占总费用的 35%～75%。因此，降低试管苗生根成本对提高红掌组培苗工厂化生产的经济效益很重要。除了上述通过培养基的简化和改变培养条件来降低试管苗生根成本外，还可以通过瓶外生根降低生产成本。瓶外生根与瓶内生根相比，不仅直接成本相对较低，而且生根苗木抗逆性强、移栽成活率高。

问题探究

☆不同环境因素对红掌组培与快繁有何影响？

☆如何提高红掌试管苗驯化移栽成活率？

☆如何控制红掌发生褐变？

☆如何建立气生根再生繁殖系，以解决红掌愈伤组织增殖多次后退化问题？

拓展学习

一、茎尖接种后的生长表现

不同植物的离体茎尖对生长素的反应是不同的。茎尖在培养过程中会出现生长太慢、生长太快和生长正常等 3 种类型。

生长太慢型是接种后茎尖不增大，只是茎尖逐渐变绿，出现绿色小点，细胞逐渐老化而进入休眠状态，或者逐渐变褐死亡。引起的原因主要是生长素浓度太低，或是温度过低或过高。

生长太快型是接种后茎尖迅速增大，在茎尖基部产生愈伤组织，并迅速增殖，而茎尖不伸长，久之茎尖也形成愈伤组织，从而丧失发育成苗的能力。引起的原因：一是生长素浓度过高，引起细胞疯狂分裂而导致愈伤组织的形成；二是光照太弱或温度太高。

生长正常型是接种后茎尖基部稍增大并形成少量愈伤组织，茎尖颜色逐渐变绿，并逐渐伸长，叶原基发育成可见的小叶，进而形成小苗。

二、多倍体诱导

多倍体诱导

三、器官培养的类型

器官培养的类型

任务9-2 蝴蝶兰组培与快繁

蝴蝶兰是兰科蝴蝶兰属的一种热带附生兰，素有“兰花皇后”的美誉。其花大如蝶，花形优美，花色艳丽，色泽丰富，花期持久，成为世界名贵高档花卉之一，深受人们的喜爱。蝴蝶兰原产于欧亚、北非、北美和中美，以我国台湾出产最多，主要分布在南北纬度23°之间。蝴蝶兰属于单轴型气生兰，植株上极少发育侧枝，不能用传统的分株进行繁殖，而且蝴蝶兰的种子非常细小，胚乳和胚发育不完全，只有一层极薄的种皮，种皮透性差、含有抑制物，在自然条件下很难萌发。因此，采用组织培养方法快繁种苗，是目前蝴蝶兰唯一且有效的繁殖方法，能够在较短的时间获得大量的优质种苗，服务于“兰花工业”生产。

任务描述

外植体：花梗节段；花梗腋芽的茎尖。

再生途径：丛生芽增殖型；原球茎发生型。

操作程序：①花梗采集与处理→花梗诱导→丛生芽→增殖（母瓶）培养→壮苗（中母）→生根培养（子瓶）→驯化移栽。

②花梗采集与处理→切取花梗侧芽→侧芽灭菌→茎尖剥离与接种→诱导原球茎和不定芽→不定芽转接/原球茎增殖→培养成苗→驯化移栽。

实践成果：建立蝴蝶兰组培与快繁无性系。

任务分析

本任务是以花梗节段和花梗胶芽的微茎尖，通过丛生芽增殖型和原球茎发生型再生植株，建立组培与快繁无性系，经驯化移栽培养成苗。其中，丛生芽增殖型是工厂化育苗常用的快繁形式，能保持蝴蝶兰的遗传稳定性；原球茎发生型虽后代变异概率大，但成本低，繁殖系数大。该任务持续时间长，操作复杂，技术要求高，其技术关键是灭菌环节的管控和培养基的调配。要求操作人员掌握蝴蝶兰操作规程与技术要求，准确把握好关键技术环节，规范、熟练操作，以高度责任心和敬业精神完成生产（实训）任务。

任务实施

子任务 1 花梗腋芽的培养

一、外植体采集与处理

(一)母本植株的选择与采集

选择长势健壮、根系发达、叶片干净且无病毒症状显现、花梗粗壮、花苞排列有序、花朵颜色正以及等级高的蝴蝶兰苗作为母本植株。花梗采集前一个月,尽量不使用抗生素农药;花梗采集前一周,要对蝴蝶兰母本植株进行控水、控肥、控药。当花梗长至 5～10 cm 时,于晴天从健康无病虫害的母本植株剪下整个花梗。如果是花朵盛开或花朵凋谢,则剪下中上部的花梗作为接种材料。

(二)花梗预处理

将剪下的花梗先用 70%～75%酒精棉球擦拭花梗外表,以去除花梗表面的灰尘和杂物等,然后剥除苞叶,用刀削除花梗表面的枯斑和焦枯处,剪成 4～5 cm 长的节段,置于烧杯内,在自来水下冲洗 1～2 h。

(三)花梗表面灭菌

在超净台上对预处理的花梗节段进行表面灭菌。先用 75%酒精浸润 30 s,无菌水冲洗 2～3 次,再用 0.1%升汞溶液浸泡 8～10 min 或 0.5%次氯酸钠溶液浸泡 15～18 min,最后用无菌水漂洗 5 次。也可以用 0.1%升汞溶液浸泡 3 min,用无菌水冲洗 1～2 次,再用饱和次氯酸钙上清液浸泡 15 min、无菌水漂洗 3～5 次。

蝴蝶兰花梗的选取与处理

蝴蝶兰花梗腋芽接种训练

(四)二次修整

用无菌滤纸吸去花梗节段表面的水分,然后将节段两端各切除 0.5～1 cm,花梗节段余下部分以节为单位切成长约 2 cm、带饱满腋芽的切段,接入诱导培养基。花梗表面处理与接种操作流程见图 9-2-1。

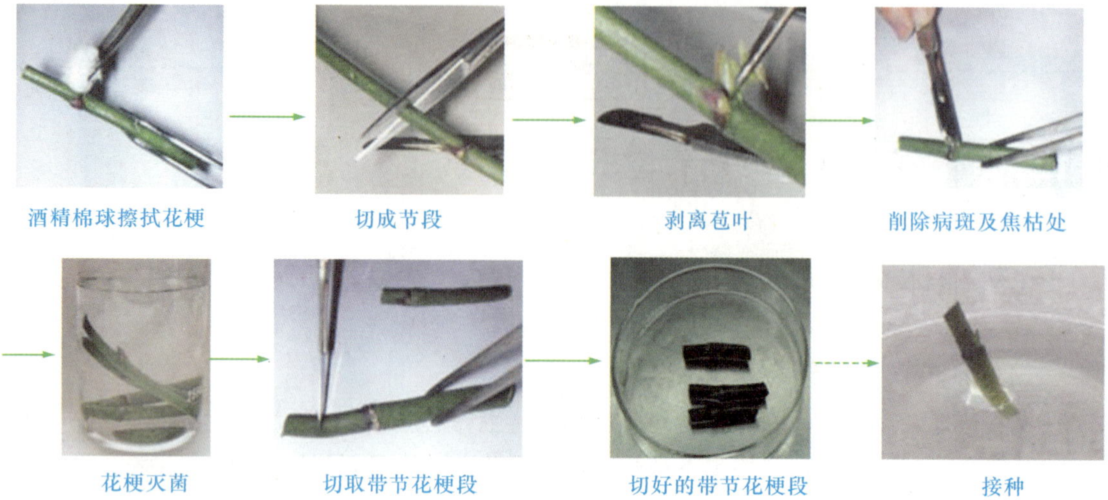

图 9-2-1　花梗表面处理与接种操作流程

二、花梗诱导培养

将花梗节段接入 1/2 MS(大量元素减半)＋6-BA 3 mg/L＋NAA 0.2 mg/L＋蔗糖 3%＋琼脂 0.7%的诱导培养基(pH 5.4)。培养条件:温度(26±2)℃,光强 1 600～2 000 lx,光照时间 12～14 h/d。7 d 左右休眠芽突出、肥大,10 d 左右腋芽陆续萌发,2～3 个月后就可得到无根花梗苗(图 9-2-2)。花梗苗一般有 1～3 片展开叶,叶长 0.4～1.5 cm,叶宽 0.13～1.0 cm。

在离体培养过程中,花梗节段下端的基部和培养基容易变褐,因而要及时将材料转接到相同配方的培养基上。

图 9-2-2　蝴蝶兰花梗诱导培养

三、丛生芽增殖

将诱导产生的芽苗从花梗上切离,转入花宝 1 号 3 g/L＋NAA 0.2 mg/L＋6-BA 5 mg/L＋腺嘌呤 10 mg/L＋椰子汁 10%(体积分数)＋肌醇 100 mg/L＋蔗糖 3%的增殖培养基(pH 5.4)上培养。工厂化生产一般习惯称本阶段为“母瓶”。培养条件同花梗诱导。一般每瓶接种 4 个中间繁殖体。培养 45 d 左右形成丛生芽(图 9-2-3)。每 40～50 d 继代增殖 1 次,反复增殖,实现丛生芽大量增殖。

图 9-2-3　蝴蝶兰丛生芽增殖

四、壮苗与生根培养

通过丛生芽增殖途径培养的小苗在原培养基上生长缓慢、细弱，不易诱导生根成苗，需要壮苗后再生根培养（图 9-2-4）。将增殖的丛生芽剪去部分叶片，去除气生根，接种于培养基 1/2 MS＋NAA 0.1 mg/L＋椰子汁 15%＋蔗糖 2%（pH 5.5）上，进行壮苗培养。培养温度为（26±2）℃，光照强度 2 000～3 000 lx，光照时间 12～14 h/d。当无根苗长至 2～3 片叶，叶长 1～2 cm 时，将芽单个分开，并大小分级，接种于生根培养基 1/2 MS＋NAA 0.1 mg/L＋椰子汁 15%＋蔗糖 2%＋AC 0.2～1.0 g/L 中。光照强度设定为 3 000～5 000 lx，温度和光照时间与壮苗阶段相同。转接后 20 d 左右开始萌发新根，2～3 个月后就可移栽。工厂化生产一般把“壮苗”称为“中母”阶段，把“生根”称为“子瓶”阶段。

图 9-2-4　蝴蝶兰生根培养

五、驯化移栽

当蝴蝶兰子瓶苗具有 2～4 片叶和 2～3 条根时，将瓶苗置于温室或大棚驯化 2 周左右，前期不开瓶，移栽前 2～3 d 开瓶驯化，光照强度也从 3 000 lx 提高到 5 000 lx。当叶片颜色逐渐变深、挺立时就可以出瓶移栽。

移栽前做好必要的准备。先对温室大棚及床架进行消毒处理，然后将新买的水苔浸泡 5 h 以上，以降低基质的 pH。准备 5.0 cm×5.0 cm 塑料钵、50 孔穴盘和 72 孔穴盘。

移栽时，蝴蝶兰组培苗出瓶后用水洗净根部的培养基，在 0.05% 高锰酸钾溶液中浸泡 5 min 后稍阴干，然后将组培苗分级移栽到苔藓基质中。壮苗用 5.0 cm×5.0 cm 塑料钵或 50 孔穴盘分栽，弱苗用 72 孔穴盘分栽。工厂化生产中也可以省略上述环节，出瓶直接包裹水苔藓。移栽时先将水苔抖松，垫少量水苔于根系底下，再用水苔将小苗根部及单轴茎包住，竖直栽入塑料钵或穴盘。特别注意：水苔应低于盆沿约 1.0 cm 的横线处，用手捏压软盆以结实有弹性感为度；水苔不能包住组培苗的顶心或将根系基部全部露出，谨防折断根系。

蝴蝶兰组培苗移栽（学生实训）　　　　蝴蝶兰组培苗移栽（企业员工操作）

移栽后蝴蝶兰小苗按照叶片与育苗盘对角线平行的状态摆放，创造试管苗的快速生长的有利条件。要求刚移栽后应遮光 50%～70%，湿度和温度分别控制在 80%～90%、25～30 ℃范围内，环境通风良好。蝴蝶兰根部忌积水，否则容易引起根系腐烂。刚出瓶的小苗应勤补水，一般 7～10 d 当基质变干、盆面发白时再浇水，让整个基质湿透。当蝴蝶兰试管苗移栽

4个月左右时，就可换盆定植，过渡到正常的栽培管理。

蝴蝶兰试管种苗扩繁与驯化移栽任务实施图解如图9-2-5所示。

图9-2-5　**蝴蝶兰试管种苗扩繁与驯化移栽操作流程**

技术提示

1. 花梗表面灭菌时，基于材料生理状态、质地和成熟度的差异，科学确定并严格控制灭菌时间。为了保证灭菌效果，必要时可采取多次灭菌或交替灭菌方式。一般花梗健壮、质地较硬和成熟度较高的花梗灭菌时间相对较长。

2. 接种操作要迅速，以免外植体在空气中暴露时间过长被氧化而发生褐变。

3. 花梗诱导时应保持较高的温度和光强，保证腋芽形成芽苗，而非抽生花梗。为防止褐变，最好每隔1～2周将无菌材料转接到新鲜培养基上。

4. 不定芽转接时，尽量减少对无菌材料的伤害，否则会因伤口太多而导致培养基褐化，影响不定芽增殖，甚至会造成死亡；同一级别的小苗最好接在同一培养瓶中。

5. 一般继代次数不超过15次。随着继代增殖次数的增加，6-BA的浓度可以适当地降低。

子任务 2　花梗腋芽的采芽培养

采芽培养是花梗腋芽培养的另一种方法，即不带花梗组织的采芽培养。此种方法具有繁殖系数高的优点。操作步骤如下：

①把花茎切成 4～5 cm 长的切段，注意节以下部位留长些。

②材料灭菌时，先用 75%酒精棉球擦拭花茎，然后用 0.1%升汞或次氯酸钠溶液灭菌，最后用无菌水冲洗 3 次。注意灭菌时间依材料的木质化程度而异。

图 9-2-6　蝴蝶兰原球茎诱导培养

③双手消毒，一只手握住腋芽节下端，另一只手持镊子剥去苞叶，再用解剖刀切下腋芽。

④切分的腋芽二次灭菌。

⑤用解剖刀片挤压生长点，将被挤压出的生长点接种于培养基上。注意切口避免接触空气。一般生长点成活后，2～4 周生长变大，后期诱导出原球茎(图 9-2-6)。

⑥培养 1～2 个月后，原球茎的上端长出叶子，下端增殖原球茎。此时，将芽苗与原球茎分离，接入育苗培养基上，培养成苗；将原球茎转接于增殖培养基。

知识链接

一、蝴蝶兰组培概况

蝴蝶兰的组织培养最早报道于 1949 年，当时 Rotor 成功地在试管中培养出了花梗苗，但是大量的应用研究是在 20 世纪 60 年代以后，尤其是 20 世纪 70—80 年代建立了比较完善的兰花组培育苗技术体系，积累了较多的方法和经验，兰花工厂化生产体系比较健全。蝴蝶兰主要有两条植株再生途径：一是利用花梗腋芽、茎切片、嫩叶等外植体，通过原球茎和不定芽的诱导与增殖，最后形成完整植株；二是无菌播种，在人工控制的环境中获得植株，但后代变异率高，主要用于蝴蝶兰育种研究。虽然原球茎发生型再生途径成本低，但后代变异概率大，不能保证后期开花时的一致性和整齐性，不利于市场销售。因此，蝴蝶兰工厂化生产以花梗腋芽诱导丛生芽再生方式成为主要选择。

二、蝴蝶兰组培与快繁流程

蝴蝶兰组培与快繁流程如图 9-2-7 所示。

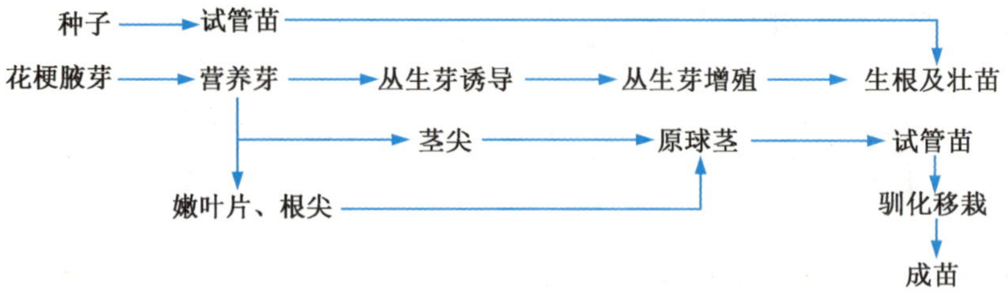

图 9-2-7　蝴蝶兰组培与快繁流程

三、蝴蝶兰瓶苗质量

蝴蝶兰瓶苗质量要求品种纯正，生长健壮，不徒长，无污染，根系粗壮，变异率小于 5%。其分级标准见表 9-2-1。

表 9-2-1　蝴蝶兰瓶苗质量标准

<table>
<tr><th rowspan="2">项目</th><th colspan="3">叶片</th><th colspan="2">根</th></tr>
<tr><th>叶长/cm</th><th>叶宽/cm</th><th>叶片数/片</th><th>根数/条</th><th>根长/cm</th></tr>
<tr><td>1 级瓶苗</td><td>3～5</td><td>1～2</td><td rowspan="2">3～5</td><td rowspan="2">3～5</td><td rowspan="2">1～3</td></tr>
<tr><td>2 级瓶苗</td><td>2～3</td><td>1～2</td></tr>
</table>

温馨提示

蝴蝶兰瓶苗包装运输

☆包装：包装纸箱规格 95.5 cm×42 cm×39 cm。瓶苗用三角玻璃瓶培养，每瓶 22 株，每箱 76 瓶。瓶间用折叠纸板方格隔开，上下层用纸板隔开，防止运输碰损。包装箱外注明品种名称、等级、数量、日期、生产单位、地址及注意事项等。

☆运输：严禁倒置、侧放，保持 19～22 ℃，运输不超过 15 d。

四、蝴蝶兰组培与快繁的影响因素

影响蝴蝶兰组培与快繁的因素主要有外植体、基本培养基、植物激素、培养基添加物、培养条件等。

(一)外植体

蝴蝶兰的茎尖、茎段、叶片、花梗侧芽、花梗节间、种子、根尖等外植体都可以再生植株，但方法各异、难度各有高低，而且不同外植体的成活率也有差异。顾伟民等研究的结果表明，蝴蝶兰花梗腋芽、花梗、叶片和根尖的成活率分别为 75%、62.5%、12.5%和 7.5%。针对不同外植体，取材方法也不同。由于花梗腋芽具有取材和灭菌较容易、不伤及母株、组培效果较好和容易组培成功的特点，已成为蝴蝶兰组培与快繁首选的外植体。如果选用 2～3 cm 长的根尖段，将其切成 0.5～0.8 cm，接种 2 周后可见根端切口处开始膨大，产生淡绿色瘤状愈伤组织；采用无菌种子苗茎尖作为外植体时，培养 30 d 后基部出现愈伤组织，出愈率达 85%以上；利用正在培养的花梗苗生长旺盛的根尖进行培养，20 d左右外植体膨大且表面颜色明显加深。蝴蝶兰的群体效应很明显，单芽容易褐化死亡，并且原球增殖较慢；在继代转接时，尽量减少对不定芽和原球茎的伤害，以避免或减轻褐化的发生。

林宗铿(2001)等的研究结果表明，采取花梗芽苗去茎尖和保留茎尖转接培养，去茎尖的茎段培养生长较快，而保留茎尖情况下转接相对较慢。

(二)基本培养基

蝴蝶兰组培所采用的基本培养基包括MS、1/2 MS、VW、B_5、KC、花宝及其改良型等，但对最适培养基的选择却不同，主要是由蝴蝶兰品种差异及外植体来源不同所致。周俊辉等以红花品种为试材，研究比较了MS、1/2 MS和改良KC三种基本培养基，发现改良KC的效果最好，1/2 MS次之，MS最差；多人研究结果表明，蝴蝶兰原球茎的增殖与分化培养以较低的无机盐浓度为好，1/2 MS培养效果明显好于MS；也有报道B_5培养基更有利于蝴蝶兰根段原球茎的诱导和增殖；鲁雪华等认为减少MS中大量元素和部分微量元素及有机成分，适当增加少量的叶酸和生物素，有利于原球茎的增殖生长；杨美纯等认为MS培养基适合蝴蝶兰种子的萌发。

(三)植物激素

6-BA是蝴蝶兰花梗休眠芽萌发和原球茎增殖与分化的重要影响因素。许聪耀指出，2.5 mg/L的6-BA可用来打破休眠。林宗铿等认为，在25～30 ℃的条件下提高6-BA的浓度，可提高丛生芽的增殖率，5.0 mg/L的6-BA能使花梗各部位的腋芽有93%发育为营养芽，但过高的6-BA会使褐化率随之上升，并且抑制丛生芽的生长发育。多数研究结果表明，6-BA在1.0～5.0 mg/L的范围内有利于促进原球茎增殖，而较低浓度(0.1～0.5 mg/L)的6-BA则能促进原球茎分化，BA 6 mg/L以上容易引起原球茎褐化。单独添加3 mg/L 6-BA，原球茎的增殖率与平均每块增殖数要高于其他各激素浓度的配比，并且原球茎增殖迅速。相对而言，6-BA对原球茎的增殖效果好于KT。有人认为低浓度的NAA对原球茎增殖和出苗均有促进作用，而高浓度的则不利；适宜浓度的6-BA配合较低浓度的NAA，更有利于原球茎的增殖；彭立新等在蝴蝶兰组培与快繁研究中，采用6-BA 3.0 mg/L＋NAA 0.2 mg/L配方能够有效诱导原球茎，同时还发现提高激素配比(6-BA 5.0 mg/L＋0.2 mg/LNAA)，有利于原球茎的增殖和提高增殖系数，并且不用转接就可直接生根成苗，避免转接过程带来的污染损失，从而简化了培养过程。此外，在培养基中加入1.0 mg/L GA对原球茎分化成芽有一定的抑制效果。因此，为获得大量原球茎而避免分化成芽，适当添加GA是有一定作用的。

在壮苗生根培养阶段，常用的生长素有IBA(0.3～1.5 mg/L)、NAA(0.1～0.8 mg/L)。GA_3 0.1 mg/L＋NAA 0.1 mg/L的组合能明显提高生根率，并且植株健壮，长势好。培养基中添加1.0 mg/L的NAA，一般20 d左右可形成1～3条幼根。

通过丛生芽增殖途径培养的小苗在原培养基上生长缓慢、细弱，不易诱导生根成苗，需要转移到新的培养基上壮苗和促根发生，其方法是调整激素的浓度与配比。

(四)培养添加物

不同添加物对蝴蝶兰原球茎增殖和分化的影响是不同的。水解酪蛋白对蝴蝶兰原球茎增殖有明显促进作用，而水解酪蛋白和香蕉匀浆相结合却对原球茎增殖有抑制作用，这可能是有机添加物之间的相互作用或有机添加物与培养基之间的相互作用所致。许多研究也表明，添加适量的香蕉泥或含胶质的果菜汁等均对原球茎增殖有明显促进效果；添加 10%的椰子汁，也能促进原球茎的生长，并减少原球茎增殖过程中的褐变。

在生根培养基中添加香蕉泥和马铃薯汁，可以明显促进根系生长，生根数量较多。高浓度活性炭(2.0～3.0 g/L)对原球茎增殖有促进作用，也能防止原球茎褐化，但原球茎时有黄化现象。在生根培养基中添加 AC(一般浓度为 0.5～1 g/L)，既可有效防止褐化，又有利于根的生长。蔗糖作为培养基的能源物质和渗透调节剂，对原球茎的增殖生长影响较大。有人认为，2%的蔗糖浓度有利于原球茎生长，2%～3%蔗糖促进芽的形成，5%的蔗糖有利于根的分化和生长，3%～5%蔗糖能抑制原球茎的分化和生长，分化质量和分化速度都显著下降。

(五)培养条件

蝴蝶兰组培适宜的温度为 25～28 ℃。较高的培养温度能够促进腋芽朝营养芽的方向分化，而较低的温度则促进朝花芽方向分化；当温度低于 20 ℃时，诱导叶块形成原球茎的发生率很低，却容易抽生出花梗。光强对试管苗生根和生长势均有明显的影响。3 000 lx 的光强对蝴蝶兰根诱导和植株生长有利。完全黑暗或光照强度较低(1 000 lx 左右)时，则不利于叶块诱导原球茎的形成。生根阶段适当提高光强至 3 000 lx，可明显促进芽苗生长健壮，表现出叶色浓绿、叶片肥厚和植株生长健壮，而在 1 000 lx 的光强下，则叶色浅绿、叶片瘦长、植株较弱。

培养基 pH 会直接影响到培养物对离子的吸收，过酸或过碱都对植物材料生长有很大影响。此外，pH 还影响到琼脂培养基的凝固情况。原球茎在 pH 5.0～5.4 的环境中生长最好，在 pH 5.6～5.8 的环境中则有利于丛生芽的诱导与增殖。

五、蝴蝶兰病毒侵染途径

蝴蝶兰组培过程中，由于母本材料或操作等原因，容易造成病毒侵染，给种苗质量和后续生产带来损失。病毒侵染途径有两大途径，即母本材料带毒和操作不当带毒。实践中应针对具体情况进行有效控制。

(一)母本材料带毒

母本材料带毒，有两种情况：一种是原种母本本身已经感染病毒，未经病毒检查即进入分生组织培养和大量繁殖，结果造成种苗全面带毒；另一种情况是原种母本已感染病毒，但病毒浓度极低，虽经检查程序，但未检出病毒，故误认为无病毒母本，进行分生组织培养，结果造成种苗全面带毒。尽管部分蝴蝶兰生产者拥有病毒检测设备，但由于不够专业及精密，遇到感染初期的植株，因病毒尚未繁殖至可检出的浓度，常会有误判的情形发生，从而导致组培的种苗全面带毒。

(二)操作不当

原种母本并未感染病毒，但在分生组织培养过程中，因遭受操作人员的污染，而导致感染病毒。若种苗在母瓶期即被感染，则后续所繁殖的种苗全面带毒；若在子瓶期才被感染，则可能只有部分子瓶苗带病毒。以下为几种最有可能传播病毒的操作方式：

1.不良的工具灭菌方式

传统上大多数接种人员都使用高温灭菌法，例如利用高温烘箱的干热灭菌法、高压杀菌锅的湿热灭菌法及无菌操作台上的火焰灭菌法。然而，有些接种人员为了提高生产效率、降低成本，在无菌操作时采用次氯酸钠溶液对工具灭菌。虽然次氯酸钠灭菌效果仍可被接受，但对于杀除病毒的污染却完全缺乏效果，因此也成为近年来国内兰花组织培养种苗大量感染病毒的重要原因之一。另外，危害兰花的两大主要病毒——ORSV 与 CyMV 均为细胞外性质极为稳定的病毒，如果缺乏适当有效的灭菌方法，这两种病毒极有可能长期存留并污染超净台上的工具或台面，甚至经操作人员的手部及衣物感染所转接的种苗。

2. 传接操作盘的污染

严格说来，操作盘必须随不同批号（来源）种苗的更换而随时更换，否则上一批材料若感染病毒，则操作的结果必会将病毒遗留在操作盘上，而成为下一批种苗感染的来源。另外，操作盘回收后再灭菌，是否能完全将病毒杀灭，也是影响病毒传播的关键因素。倘若因为成本考虑，利用次氯酸钠溶液进行操作盘灭菌，则病毒的传染将无法避免。

3. 操作人员的疏忽与不良习惯

基于国内兰花感染病毒的现状，很难避免部分瓶苗带有病毒，从而导致所生产的瓶苗带有病毒。例如，该换操作盘而不换，工具该火焰灭菌而未灭菌，或烧烤工具时草率应付了事，造成灭菌不完全，这些都是操作人员在转接种苗时常犯的错误，也正是兰花瓶苗难以避免感染病毒的关键因素。

六、蝴蝶兰组培苗工厂化生产的污染控制

在蝴蝶兰组培工厂化模式下，控制污染率是首要关卡。每次转接的污染率高低直接影响蝴蝶兰种苗工厂化生产成本。持续高污染率会使工厂化成本大幅度提高，利润大幅缩减。一般认为，组培工厂的平均污染率应控制在5%以下，证明组培工厂的整体环境、设备、设施条件达标，组培员的操作规范有效。组培工厂化生产的污染控制应从以下几方面着手：

①组培工厂远离污染源。组培工厂周边的污染源包括粉尘类（水泥厂、砂场、煤电厂等）、细菌类（果蔬、食品加工厂、海产加工厂等）、水质类（有明渠排放废弃物的工厂）等，这些周边企业带来的潜在污染源会随着人、物的进出逐渐渗入，日积月累，会导致积聚性暴发，会对组培工厂造成倾覆性的损失。

②提高组培工厂建设质量与无菌空间管理水平。接种室、培养室和缓冲间要求密封效果好，采用高效过滤器实现内部换气；人员、物品的进入必须经过消毒。内部空间采用臭氧消毒，定期用甲醛、高锰酸钾熏蒸，但熏蒸后要大幅度换气，排除有害气体。

③加强组培工厂内部污染源的控制。组培室每天都会导出污染的瓶苗、打碎的培养瓶或试管等，必须及时采取适当方法清洗干净。组培操作产生的垃圾物必须倾倒在远离工厂的地方或作掩埋处理。工厂内部的下水道、下水井需经常清理、疏通，保持清洁、顺畅。

④提高接种人员操作水平。组培员是工厂生产最直接的实施者，其操作控制的不谨慎是造成直接污染的最主要因素。因此，台上的器具消毒，承载器皿的消毒，个人的卫生清洁等，都须严格按照操作规范执行，从而最大限度地降低人为因素造成的污染。

七、蝴蝶兰组培苗工厂化生产的褐化控制

蝴蝶兰花梗诱导和原球茎增殖过程中容易褐化。结合蝴蝶兰组培与快繁影响因素的分

析，可采取以下方式来控制褐化率：

①接种时适当增大外植体的体积，减少外植体修整次数和伤口面积。

②控制 6-BA 的浓度在 3～5 mg/L 范围内。

③培养基添加 10%的椰子汁。

④原球茎增殖时，应尽量避免切成单芽，原球茎增殖用的切块也不宜过小。

⑤在原球茎增殖和生根培养基阶段，可在培养基中添加适量的活性炭（原球茎增殖阶段添加活性炭 2.0～3.0 g/L、生根培养阶段添加活性炭 0.5～1 g/L）。

⑥尽量不在高温季节进行蝴蝶兰组培与快繁。

问题探究

☆如何做到对花梗进行全面、彻底的灭菌？

☆蝴蝶兰组培的原球茎发生型与丛生芽增殖型的再生途径之间有何不同？

☆为什么蝴蝶兰试管苗移栽时，通常采用苔藓、蕨根、树皮块、椰壳或蛭石等基质？

拓展学习

蝴蝶兰种子培养

兰花皇后蝴蝶兰(上)

兰花皇后蝴蝶兰(下)

任务9-3 观赏凤梨组培与快繁

观赏凤梨(*Ornativa pineapple*)是以叶或花供观赏的单子叶植物凤梨科植物的泛称,多年生常绿草本,原产于南美洲热带、亚热带雨林地区,后因其花形丰富艳丽、株形优美,经多年发展已在世界各国逐渐流行,成为我国年宵花市场上四大盆花系列之一。目前,已发现凤梨科植物有60属2 000余种,除菠萝作为水果种植外,其他种类如果子蔓属、丽穗凤梨属、光萼荷属、彩叶凤梨属、水塔花属、姬凤梨属、巢凤梨属和铁兰属凤梨常作为观赏花卉种植,市场上常见的凤梨品种有星花凤梨属、莺哥凤梨属、珊瑚凤梨属、铁兰属等。由于观赏凤梨在自然状态下很难获得种子,繁殖后代性状会发生分离,不能保持母株的优良性状,严重制约观赏凤梨的标准化生产,并且传统的分株繁殖方法和热带生长习性很大程度上限制了观赏凤梨的生长分布区域和发展。因此,采用植物组织培养技术繁育观赏凤梨组培苗,具有较大的市场潜力。

任务描述

外植体:茎段;叶片。

再生途径:丛生芽增殖型;器官发生型。

操作程序:①茎段采集及消毒→丛生芽诱导→丛生芽增殖→壮苗生根→驯化移栽。

②叶片采集及消毒→诱导愈伤组织→丛生芽诱导→丛生芽增殖→壮苗生根→驯化移栽。

实践成果:建立观赏凤梨组培无性快繁体系。

任务分析

本任务是以观赏凤梨萌发的腋芽、幼苗的茎段和叶片基端为外植体,分别进行不定芽和愈伤组织的诱导,再通过丛生芽增殖型再生途径建立无性系。从生芽增殖再生途径可以省去诱导愈伤组织环节,增殖系数高,方便快捷,能够节约时间和生产成本,但茎段是目前观赏凤梨直接诱导不定芽的唯一外植体,而观赏凤梨中大多数品种的叶片均为莲座式排列,茎很短,采用此再生途径进行规模化快繁材料来源有限,而叶片取材广泛、短期内也能得到较多试管苗,所以两者结合用于观赏凤梨的快速繁殖比较合适。在操作环节上注意选取市场上受欢迎的品种和生长健壮、无病害的植株作为接种材料。

任务实施

一、外植体处理

采集观赏凤梨新生芽或幼苗，先用洗涤剂刷洗、流水冲洗干净。切去叶片展开的部分，以其幼嫩的叶丛中央部分（短缩茎）为外植体，流水冲洗 10 min，然后在超净台上按照以下操作顺序进行灭菌处理：75%酒精 30 s→无菌水漂洗 3 次→0.1%升汞 8～10 min→无菌水漂洗 3 次→用无菌滤纸吸干表面水分。接种时切去材料与药液接触的伤口。

二、初代培养

（一）丛生芽诱导

将灭过菌的茎段先横切成长约 1.5 cm 的小段，再纵切成两半，以纵向切口面接触培养基，接种于 MS+6-BA 4 mg/L+NAA 1 mg/L+IAA 1 mg/L+VC 0.2 mg/L+蔗糖 30 g/L+琼脂 40 g/L 的诱导培养基上（pH 5.4～5.8）。培养条件要求温度 25 ℃、光强 1 000～1 500 lx、光照时间 10 h/d。

（二）愈伤组织诱导与分化

将新萌发的幼叶的叶片，接种于 MS+2,4-D 4 mg/L+NAA 1 mg/L+维生素 C 0.2 mg/L+蔗糖 30 g/L 的培养基上。培养条件要求温度（25±2）℃，先置于黑暗条件下培养 7 d，逐步转为光下培养；光照强度 1 500～2 000 lx，光照时间 14 h/d。

将诱导出的愈伤组织接种于 MS+BA 4 mg/L+NAA 1 mg/L+IAA 1 mg/L+维生素 C 0.2 mg/L+蔗糖 30 g/L 的培养基上，进行分化培养，诱导不定芽。培养条件要求光照强度 2500 lx、光照时间 13 h/d。

三、继代增殖

当诱导培养或增殖培养形成的丛生芽长 2 cm 时，在超净台上于生长点上方约 0.5 cm 处下刀，切除所有的上部叶片，只留下“苗茬”，将“苗茬”切成 3～5 块 0.5～1.0 cm^3 不带愈伤组织的丛芽切块，然后转接到增殖培养基上，每瓶 5～8 块。增殖培养基为 MS+6-BA 2 mg/L+NAA 0.5 mg/L+维生素 C 0.2 mg/L+蔗糖 30 g/L（pH 5.4～5.8），光强 5 000 lx，光照时间 13 h/d。

四、壮苗生根

当丛生芽长至 2.5 cm 时，切下单株芽苗转接到生根培养基上，进行不定根诱导。培养基为 MS+NAA 0.2 mg/L+蔗糖 30 g/L(pH5.4～5.8)。培养 30 d 左右,可长出 3～10 条 1～3 cm 长的不定根,生根率约 100%。培养条件设定为温度(25±2) ℃、光照强度 1 000～2 000 lx、光照时间 14 h/d。

五、驯化移栽

(一)移栽前准备

1. 炼苗

当试管苗长至 10 cm 左右,叶片呈莲座式排列,具 4～5 片完整叶、3 条或 3 条以上的根时即可准备驯化移栽。先将培养瓶移到温室或驯化棚内正常温度和光照条件下炼苗 10 d,然后将培养瓶开盖炼苗 5 d 左右。

2. 营养钵、穴盘和基质的准备

将营养钵、专用穴盘用 800～1 000 倍液的百菌清浸泡过夜。移栽基质选用水苔或椰糠、河砂为 1∶1的混合基质。用 0.1%高锰酸钾溶液对基质进行消毒,用塑料薄膜覆盖 1 d 后揭膜,通风晾干。移栽之前,将基质装入移栽盘中,要求基质高度与盘口下沿相平,浇足水分,待用。

(二)移栽

将生根苗瓶盖打开,用镊子小心取出组培苗,洗净根部的培养基,在 800～1 000 倍多菌灵溶液中浸泡消毒 30 min,再用清水洗净后移栽于 110 mm×90 mm (高×内径)的营养钵,每钵栽 1 株。将营养钵置于专用穴盘的孔穴中,穴盘置于苗床上。组培苗移栽时,注意基质高度应低于盆口 1～2 cm,以心叶不被埋入基质中为参考,定植以后浇足定根水。

(三)栽后管理

移栽初期,用塑料薄膜覆盖保湿 30 d,定期揭膜通风,温度控制在 22～28 ℃,空气湿度保持在 80%～90%,光照强度控制在 3 000～5 000 lx。

定植 3～4 个月后可进行二次移栽,采用规格为 140 mm×120 mm (高×内径) 的塑料盆换盆。二次移栽时要小心移除小盆、放入大盆,再添入适量的基质并固定好,种植深度以 3～4 cm 为宜。换盆后淋足清水,促进生根恢复,大约 1 个月后可以淋肥。换盆初期,温湿度条件要求与移栽相同,但光照强度要提高到 5 000～8 000 lx。

观赏凤梨组培快繁任务实施图解见图 9-3-1。

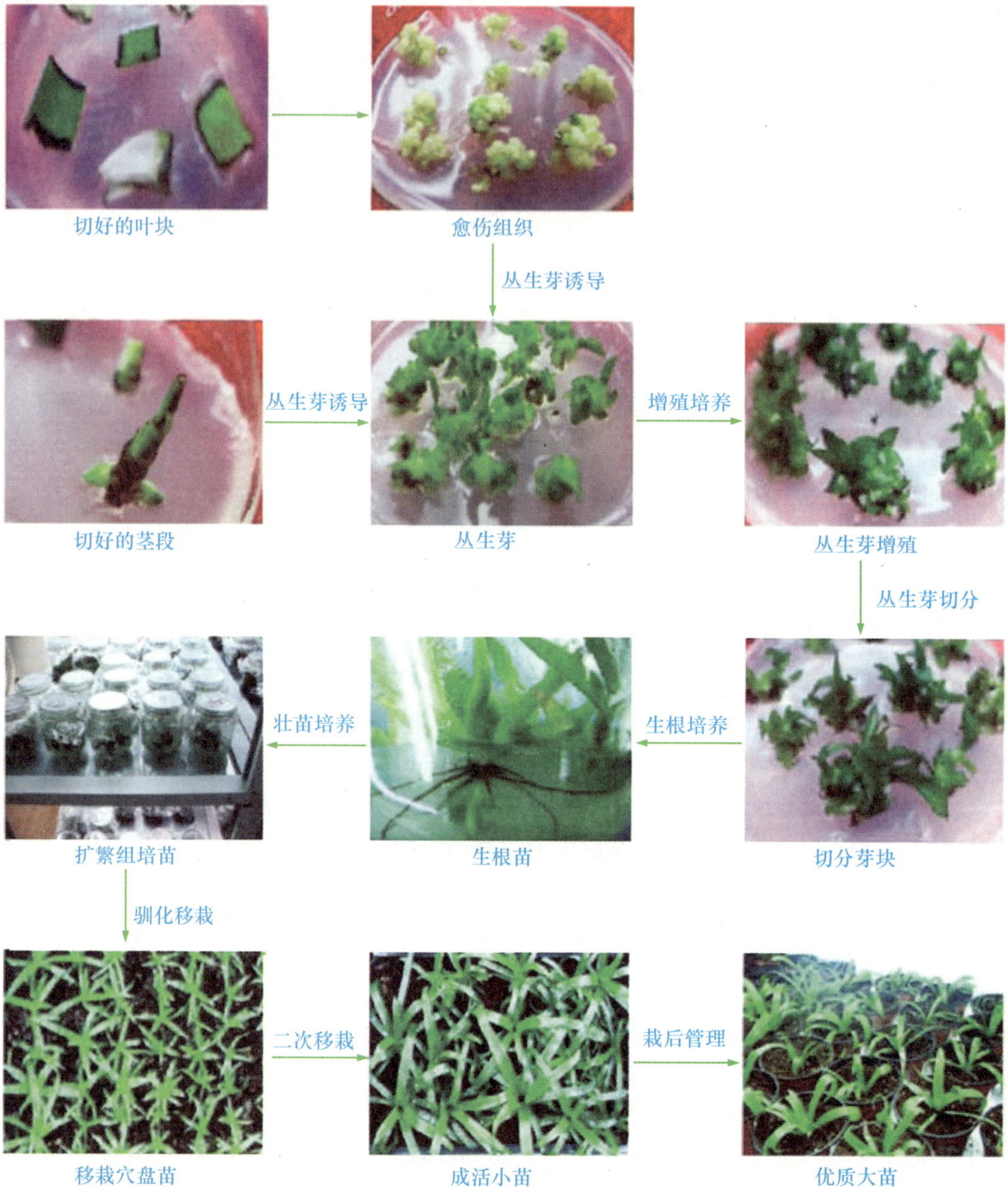

图 9-3-1　观赏凤梨组培快繁任务实施图解

技术提示

1.选择具有品种典型性状、生长健壮、形态正常、无畸变、健康无病虫害的母本植株，优先将从母本植株上采集带有侧芽的基段与基尖作为外植体。

2.新萌发的幼苗叶片诱导效果最好，愈伤组织大多产生于叶片的边缘，叶基和靠近基部的叶片出愈率高、产生愈伤组织的数量也较多。

3.继代增殖培养基的激素含量、比例需根据凤梨品种、继代次数及生长情况而定。一般初始几次继代增殖培养可用较高的激素浓度，继代增殖 4～5 次后应逐渐降低激素浓度；如果继代增殖 8～10 次后丛生芽较多、较弱，可转至无激素的培养基复壮，再转至含激素的培养基增殖。

4.继代增殖培养代数控制在 15 代以内，增殖系数控制在 2.5～5.0。

5.愈伤组织诱导、分化和继代增殖过程中，外植体容易褐化、死亡，应做好预防褐化处理，如在培养基中添加维生素 C 0.2 mg/L 或 AC 等。

6.严格去除各阶段的变异组培苗(劣变苗)，包括矮化、叶片变异(叶片细长、肥厚、直立、变宽、变色、畸形等)等变异苗。

知识链接

一、观赏凤梨组培概况

观赏凤梨的组织培养研究始于 20 世纪 70 年代初，经过 50 多年的发展，基本上各个属均建有组织快繁体系的品种。目前一些常见的观赏凤梨品种，如果子蔓属、丽穗凤梨属、凤梨属及彩叶凤梨属的多数种类已实现了组织培养工厂化育苗与高效生产。表 9-3-1 汇总部分已建立再生体系的观赏凤梨。

表 9-3-1　部分已建立再生体系的观赏凤梨

属名	种名	外植体	表面消毒	基本培养基
星花凤梨属	奥斯塔拉	花蕾	70%酒精 20 s，0.03% $HgCl_2$ 8 min	诱导：MS＋6-BA 3.0 mg/L＋ZT 1.5 mg/L＋NAA 0.5 mg/L； 增殖：MS＋6-BA 1.0 mg/L＋NAA 0.1 mg/L； 生根：1/2 MS＋IBA 0.3 mg/L＋NAA 0.2 mg/L＋活性炭 0.5 mg/L
莺歌凤梨属	波尔曼	花蕾	70%酒精 20 s，0.03% $HgCl_2$ 8 min	诱导：MS＋6-BA 3.0 mg/L＋ZT 1.5 mg/L＋NAA 0.5 mg/L； 增殖：MS＋6-BA 1.0 mg/L＋NAA 0.1 mg/L； 生根：1/2 MS＋IBA 0.3 mg/L＋NAA 0.2 mg/L＋活性炭 0.5 mg/L

续表 9-3-1

属名	种名	外植体	表面消毒	基本培养基
珊瑚凤梨属	银色粉叶珊瑚凤梨	花蕾	70%酒精 20 s，0.03% $HgCl_2$ 8 min	诱导：MS＋6-BA 3.0 mg/L＋ZT 1.5 mg/L＋NAA 0.5 mg/L 增殖：MS＋6-BA 1.0 mg/L＋NAA 0.1 mg/L 生根：1/2 MS＋IBA 0.3 mg/L＋NAA 0.2 mg/L＋活性炭 0.5 mg/L
凤梨属	光滑凤梨	嫩芽	70%酒精 30 s，0.1% $HgCl_2$ 8 min	诱导：MS＋6-BA 1.0 mg/L＋NAA 0.2 mg/L 增殖：MS＋6-BA 2.0 mg/L＋NAA 0.2 mg/L 生根：1/2 MS＋IBA 0.5 mg/L＋NAA 0.5 mg/L
丽穗凤梨属	虎纹凤梨	嫩芽	70%酒精 30 s，0.1% $HgCl_2$ 2～6 min	诱导：MS＋6-BA 1.0 mg/L＋NAA 0.3 mg/L 增殖：MS＋6-BA 0.05 mg/L＋NAA 0.01 mg/L 生根：1/4 MS＋IAA 0.3 mg/L＋NAA 0.05 mg/L
擎天凤梨属	擎天凤梨	腋芽	70%酒精 30 s，0.1% $HgCl_2$ 12 min	诱导：MS＋6-BA 1.0 mg/L＋TDZ 2.0 mg/L 增殖：MS＋6-BA 1.0 mg/L＋NAA 0.02 mg/L 生根：1/2 MS＋IBA 0.5 mg/L＋活性炭 0.05 mg/L
果子蔓属	星花凤梨	短缩茎	70%酒精 15 s，0.1% $HgCl_2$ 12 min	诱导：MS 增殖：MS＋6-BA 3.0 mg/L＋NAA 0.01 mg/L 生根：MS＋NAA 0.5 mg/L＋IBA 0.5 mg/L
果子蔓属	康泰凤梨	侧芽	70%酒精 30 s，0.2% $HgCl_2$ 8 min	诱导：MS＋BA 1.5 mg/L 增殖：MS＋BA 1.0 mg/L＋IBA 0.5 mg/L 生根：MS＋IBA 0.5 mg/L＋NAA 0.5 mg/L
光萼荷属	蜻蜓凤梨	短缩茎	70%酒精 15 s，0.1% $HgCl_2$ 10 min	诱导：MS 增殖：MS＋6-BA 4.0 mg/L＋NAA 1.0 mg/L＋IAA 1.0 mg/L 生根：MS＋IBA 0.1 mg/L
丽穗凤梨属	大莺歌凤梨	茎尖、腋芽	70%酒精 20 s，0.1% $HgCl_2$ 10 min	诱导：1/2 MS＋6-BA 5.0 mg/L＋NAA 1.0 g/L 增殖：1/2 MS＋6-BA 1.0 mg/L＋NAA 0.5 mg/L 生根：1/2 MS＋IBA 0.1 mg/L＋AC 1.0 mg/L
梨叶凤梨属	梨叶凤梨	侧芽	70%酒精 30 s，0.1% $HgCl_2$ 10 min	诱导：MS＋2,4-D 4.0 mg/L＋NAA 2.0 g/L 增殖：MS＋6-BA 4.0 mg/L＋NAA 0.4 mg/L
莺歌凤梨属	莺歌凤梨	侧芽	70%酒精 30 s，1%次氯酸钠，0.1% $HgCl_2$ 10 min	诱导：MS＋6-BA 5.0 mg/L 增殖：MS＋6-BA 2.0 mg/L＋NAA 0.2 mg/L 生根：1/2 MS＋IBA 0.5 mg/L＋AC 1.0 mg/L

二、观赏凤梨组培与快繁流程

观赏凤梨组培与快繁流程如图 9-3-2 所示。

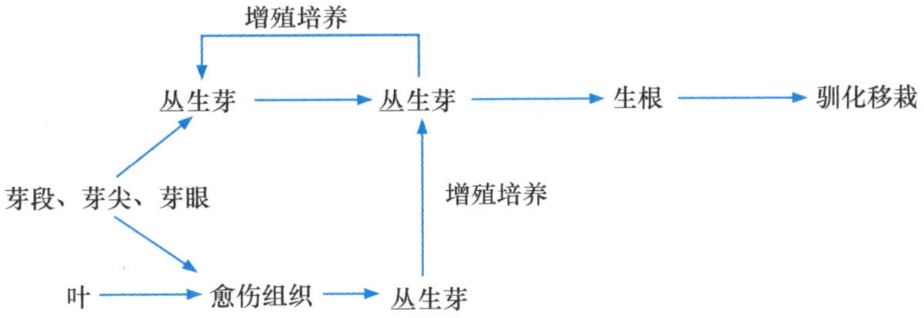

图 9-3-2 观赏凤梨组培与快繁流程

三、观赏凤梨组培与快繁的影响因素

(一)外植体的采集与消毒

观赏凤梨愈伤组织和芽的诱导能力因品种和外植体的不同而有所差异,建立植株再生体系的外植体虽然有老叶鞘、嫩叶鞘、短缩茎、顶芽、腋芽、茎尖、叶片、种子、花蕾和果实等不同组织可以选择,但多采用侧芽和茎尖作为外植体。观赏凤梨直接成苗的外植体主要为茎段和茎尖。以休眠腋芽、小冠芽、小腋芽进行培养得到不定芽。钟红梅等(1998)剥取莺歌凤梨侧芽(带基板)离体培养 30～40 d 后形成小芽,也有剥取侧芽的茎尖,经 30 d 培养,形成丛生芽。众多研究者认为,在丹尼斯凤梨组培快繁时,采集外植体时应首选花后的新侧芽,其次为开花前的侧芽,通过茎尖生长点诱导腋芽产生不定芽效果最好。选取无菌植株上的叶子作为外植体,可诱导出愈伤组织,并分化成芽。从腋芽切口处、侧芽的基部均可诱导出愈伤组织,但所需时间较长,一般为 60 d 左右。

外植体的消毒是决定组织培养能否成功的第一步,在培养时常因消毒效果不佳而造成外植体污染,最终导致培养失败。选择适宜的消毒剂,并注意针对不同外植体的消毒时间与浓度配比,才能获得较好的消毒效果。目前,多采用 70%～75%酒精与其他消毒剂(如升汞、次氯酸钠、次氯酸钙、安替福民和过氧化氢)等交替灭菌。使用最多的是 70%～75%的酒精浸泡 10 s 至 2 min,无菌水冲洗后再用 0.1%～0.2%升汞浸泡 6～12 min,即可有效杀死附在外植体表面的细菌及真菌芽孢。

(二)外植体的诱导分化与培养

目前外植体诱导与分化的基本培养基主要为 MS 和 1/2 MS。由于品种差异和外植体选择不同,其所含的内源细胞分裂素与生长素的绝对含量及两者的相对比例也不同。

(三)褐化与变异

外植体诱导培养时极易产生褐化现象,是凤梨科植物组培中最常见的问题。外植体褐化,不仅使培养基褐变,而且影响外植体的脱分化和器官的再分化。目前凤梨科植物组培过程中的褐化机理尚不清楚。品种、外植体部位、消毒剂种类对观赏凤梨的褐化影响较大。有研究表明,选用当年生侧芽作外植体,同时选取较小的侧芽作外植体可明显减轻褐化,尽量不要采用花器部位作为外植体;以较小苗为接种材料,茎段的褐化程度较轻;减少培养基中的无机盐含量、添加防褐化剂(如抗坏血酸)、选择合适的外植体、培养初始阶段进行暗培养等措施均能够有效减轻和防止培养物褐化的发生。外植体在初始培养时,可采取每 1～2 d 转瓶 1 次,连续转瓶 3～5 次，可收到较好的防止褐化的效果。

观赏凤梨组织培养过程中，会有少数变异苗发生，而大部分变异率较低。但是，有些变异较大的如彩叶凤梨属的七彩羞凤梨[*N. carolinae*(Beer) L. B. Sm.]为嵌合体，叶片黄绿相间，在外植体初始培养时，萌芽未出现变异，但组培后的试管苗却容易出现分享，叶片出现全绿、全黄及不同程度的黄色纵条纹小苗。因此，观赏凤梨根据品种的不同，尤其是叶片有斑纹的，为防止变异苗的发生，一般以腋芽为外植体，通过腋芽增殖方式（不通过愈伤组织途径），可以减少变异的发生。

问题探究

☆为什么优先选择短缩茎（侧芽）作为观赏凤梨组培的外植体？

☆如何合理调控观赏凤梨组培继代增殖系数，以实现优质高效生产？

☆观赏凤梨驯化移栽时需注意哪些事项？

拓展学习

微繁过程中芽的增殖途径

乡村振兴案例

任务9-4　金丝皇菊组培与快繁

金丝皇菊(*Chrysanthemum morifolium*'Huangju')简称皇菊,也叫九月菊、大黄菊,花大、色艳,富含黄酮、氨基酸和微量元素,具有较高的观赏和药用价值。药典记载其性凉,味甘、苦,微寒,有散风清热、平肝明目、清热解毒、延缓衰老等作用。金丝皇菊属多年生草本菊科植物,主要以扦插和分株两种方式繁殖种苗,但这两种繁殖方式的繁殖系数低,并且容易传染母株病毒,导致产量降低、花形变小,严重影响其品质和商业价值。通过植物组培技术规模化快速繁育金丝皇菊种苗,可有效解决这方面的难题,对合理开发利用金丝皇菊资源具有重要意义。

任务描述

外植体:茎段。

再生途径:丛生芽增殖型。

操作程序:外植体采集与处理→芽诱导→芽转接→增殖培养→生根转接→生根培养→驯化移栽→成苗。

实践成果:建立金丝皇菊组培与快繁无性系。

任务分析

本任务是以生长健壮的当年生金丝皇菊嫩茎段为外植体,通过丛生芽诱导和增殖再生植株,操作简单,技术要求中等,培养相对容易。在操作环节上注意外植体灭菌彻底,做到操作规范、熟练。有效控制培养条件,就能够顺利建立金丝皇菊组培无性系。

任务实施

一、外植体采集与处理

选取生长健壮的当年生金丝皇菊嫩茎段(带1~2个芽),去除多余的叶片及茎段,置于流水中用软毛刷刷去表面的灰尘和泥土,将幼茎剪成带腋芽的茎段,于1%洗衣粉溶液中浸泡1 min,流水冲洗0.5 h,置于超净台上将洗净的嫩茎段用75%酒精浸泡30 s(期间不断晃动),用无菌水漂洗2~3次,取出用0.1%氯化汞溶液浸泡6 min灭菌,再用无菌水漂洗5~6次。将灭过菌的茎段剪成长1.5~2 cm、带1~2个腋芽的茎段,接种于诱导培养基上。

二、初代培养

茎段接种至诱导培养基(配方:MS+6-BA 0.1 mg/L+NAA 0.1~0.15 mg/L)后,置于温度(22±2) ℃、光照 3 000 lx 下培养,每天光照时间 12 h,相对湿度保持在 70%~80%。培养 5~10 d,可见茎节上潜伏的腋芽开始萌动生长,20 d 左右可逐渐形成主芽及芽丛(图 9-4-1)。

三、继代培养

待诱导的芽苗长至 2~3 cm 时,将其从基部切下(均分割为单株),切取 1~2 cm 长、带有 1~2 个芽的短茎段接种于 MS+6-BA 0.3 mg/L+NAA 0.05~0.10 mg/L 的培养基上进行继代培养。5~10 d 后可见幼苗基部萌发出新芽,30 d 左右可进行转接扩繁(图 9-4-2)。

图 9-4-1　金丝皇菊茎段腋芽诱导培养

图 9-4-2　金丝皇菊增殖苗

四、壮苗生根培养

金丝皇菊幼苗根分化能力很强,当继代芽增殖到一定数量,并且丛生芽生长至 4~5 cm,取出整株接种于 1/2MS+IBA 0.8mg/L 生根培养基中,持续培养 20~30d,待小苗形成健壮组培苗时(图 9-4-3),即可炼苗移栽。

五、驯化移栽

待生根组培苗长至 5~6 cm,并形成大量白根时,开始炼苗处理。分别在室内外闭瓶炼苗 2~3 d,开瓶炼苗 2~3 d。开瓶炼苗阶段注意每天浇水。炼苗完成后洗净生根瓶苗基部的培养基,移栽到有机质:珍珠岩=1:1 的混合基质中,保湿培养。15 d 后观察移栽成活率(图 9-4-4)。

图 9-4-3　金丝皇菊生根苗

图 9-4-4　金丝皇菊组培苗驯化成活状态

金丝皇菊茎段培养任务实施图解

知识链接

一、金丝皇菊组培概况

我国利用植物组培技术繁殖菊花种苗的研究很多，但是金丝皇菊组培技术的研究相对较少，目前了解到的有梁小敏等人和崔乐源等人均以金丝皇菊茎段为外植体进行的组织培养研究。梁小敏等(2022)对金丝皇菊进行丛生芽诱导培养，转接后形成根，成功获得再生植株，并筛选出最佳诱导培养基 MS＋6-BA 0.1 mg/L＋NAA 0.10～0.15 mg/L；崔乐源等(2023)研究了外植体的消毒、诱导培养、生根壮苗、炼苗移栽及苗圃管理，建立一套适合金丝皇菊的组培快繁技术体系，并筛选出最佳诱导培养基 MS＋6-BA 2.0 mg/L＋NAA 0.3 mg/L。王自布等(2015)对菊花不同外植体组培快繁及其再生体系的研究中发现，不同基因型菊花的花蕾、花瓣、茎段、叶片等离体培养的不定芽诱导率并不相同，花蕾、花瓣的再生能力较强，叶片再生能力较弱，最适合的培养基配方是 MS＋6-BA 2.0 mg/L＋NAA 0.2 mg/L；顾昌华等(2006)对世界名菊——墨菊花的顶芽、侧芽、幼叶、幼茎进行诱导培养，顶芽、侧芽的分化要优于叶、茎的诱导效果。芽诱导较好的培养基是 MS＋6-BA 2.0 mg/L＋NAA 0.1 mg/L，其次是 MS＋6-BA 1.5 mg/L＋NAA 0.05 mg/L；愈伤组织诱导培养基是 MS＋6-BA 1.5 mg/L＋NAA 0.2 mg/L。

在金丝皇菊的生根培养上，除了选择常规的诱导生根培养方法外，还可利用菊花容易生根的特点，将健壮无根组培苗炼苗后移栽到育苗盘内生根，免去试管生根这一环节，降低生产成本，缩短生产时间，提高生产效率。

二、金丝皇菊组培与快繁操作流程

金丝皇菊组培与快繁操作流程如图 9-4-5 所示。

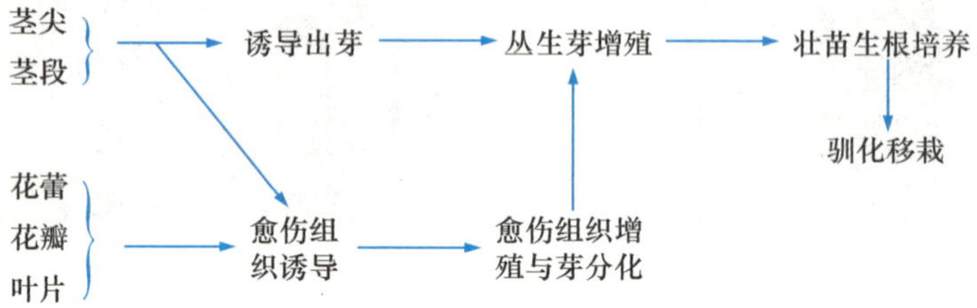

图 9-4-5　金丝皇菊组培与快繁操作流程

三、金丝皇菊组培快繁存在的问题

（一）褐化

褐化现象在植物组培中普遍存在，金丝皇菊离体培养褐化现象比较严重。崔乐源(2023)等在金丝皇菊的初代培养中发现，消毒剂的浓度对金丝皇菊的褐化率影响较大，其中 5%次氯酸钠消毒的染菌率最高，25%次氯酸钠处理的褐化率较高，而 15%次氯酸钠处理的染菌率最低，组培苗长势最好，叶片浓绿无枯萎，且差异显著。夏小环(2006)等以非洲菊为材料，探索了 1/2 MS、MS 和大量元素加倍、微量元素加倍、铁盐加倍共 5 种基本培养基对非洲菊褐化程度的影响，试验结果表明：微量元素、大量元素及铁盐的加倍处理，有促进外植体发生褐变的作用，其中铁盐加倍使褐变发生最为严重，1/2 MS 培养基虽然能减轻褐化，但它所有成分都减半不利于材料生长和愈伤分化。对褐化程度影响从重到轻的顺序依次是铁盐加倍、微量元素加倍、MS 培养基、大量元素加倍、1/2 MS 培养基。在诱导愈伤培养基中添加抗褐化抑制剂能有效防止外植体褐变，其中 0.5 g/L PVP 对于防止外植体褐变效果最好。

在实践中可以从以下几个方面防止外植体褐变：①取材时间：在植物生长旺盛期取材褐化率较低，尽量冬、春季节采取幼嫩的外植体，并加大接种量；②在初始培养时，把外植体置于不适合酚类合成的条件下（如在黑暗或弱光中）培养，则可抑制酚类的氧化。将外植体很快转移到新鲜培养基 2～3 次，在某些情况下可以缓解褐化；③合理使用灭菌剂，并做到材料剪切时尽量减少外植体的受损面积，创伤面尽量平整；④控制光照、温度，选择适宜培养基及外植体，调整培养基内附加激素的浓度、比例及附加成分，或加入抗氧化性物质可以对培养物的褐化起到一定的抑制作用。

（二）污染

建立无菌体系是植物组织培养能否顺利开展的一个重要因素，既要提高外植体的成活率，又要注意降低污染率。崔乐源(2023)等在金丝皇菊的初代培养中探索了不同消毒剂浓度对外植体污染的影响。结果表明：15%次氯酸钠消毒 20 min，染菌率最低，组培苗长势最好，叶片浓绿无枯萎，且差异显著。顾昌华(2006)等在对世界名菊——墨菊花的消毒试验中，采用了次氯酸钠、0.1%升汞、4%双氧水、饱和漂白粉上清液等 7 种不同消毒方法，结果表明，升汞消毒效果好、成活率高、污染率低，但消毒处理时间不能过长，否则会危害外植体，因此要用无菌水多次反复冲洗。在金丝皇菊的组织培养中，初代培养的外植体先用 75%的酒精处理 30 s，再用 0.1% 氯化汞处理 5～6 min，最后用无菌水冲洗 6～8 次，这种灭菌策略的预防污染效果较好。

问题探究

☆如何解决金丝皇菊培养种的褐化问题？

☆如何计算金丝皇菊的不定芽增殖率及增殖系数？

拓展学习

花器官的培养

任务9-5　玉露组培与快繁

玉露(*Haworthia obtusa* var. *pilifera*)为百合科瓦苇属(也称十二卷属)中软叶类多肉植物,原产于南非,植株低矮,叶片呈莲座状紧凑排列,叶色碧绿,叶片顶端具晶莹剔透的透明状,故名为"玉露"。常见的有姬玉露、大型玉露、毛玉露、帝玉露、蝉翼玉露、白斑玉露等。玉露因其透亮如露珠的外形备受青睐,市场需求较大。玉露生长较为缓慢,产量少,个别稀有品种的母本难求,目前采用叶插、根插、枝插、分株和种子等方式进行繁殖,存在繁殖系数低、扩繁速度慢等问题,短时间内难以满足市场需要,而植物组培方法可以较好地解决这些问题。应用组培技术进行种苗生产性扩繁,具有培养周期短、扩繁效率高的优点,能够为玉露优质种苗的快速繁育提供有效途径。

任务描述

外植体:叶片、幼嫩花茎。

再生途径:愈伤组织增殖型。

操作程序:外植体的采集与处理→诱导愈伤组织→不定芽诱导与增殖培养→增殖培养→驯化移栽→成苗。

实践成果:建立玉露组培与快繁无性系。

任务分析

本任务是以玉露的叶片和花茎为外植体,通过愈伤组织增殖、分化再生植株,操作简单,技术要求中等,培养相对容易。在操作环节上注意外植体灭菌彻底,做到操作规范、熟练,有效控制培养条件,就能够顺利建立玉露组培无性系。

任务实施

一、外植体采集与处理

10月取无病虫害的玉露叶片或花茎,用洗衣粉水清洗叶片,然后自来水下冲洗0.5 h,将冲洗后外植体放入超净工作台中,用75%的酒精消毒10 s,再用无菌水冲洗3次,然后用0.1%升汞溶液浸泡消毒8 min,最后无菌水反复冲洗5~6次。消毒后的材料置于无菌滤纸上，剪切成 1 cm 左右的小段，将切割面接种于 MS+6-BA 0.2 mg/L+NAA 0.2 mg/L 培养基上（图 9-5-1），进行愈伤组织的诱导，每瓶培养基接种 3～5 个外植体。

图 9-5-1 叶片接种后状态

二、愈伤组织的诱导培养

叶片或幼嫩花茎接种后，将培养材料置于温度 (25±2) ℃，湿度 50%～60%，光强 2 000～3 000 lx 下培养，每天光照 12 h，15～20 d 后观察愈伤组织生长情况，出现黄绿色的颗粒状疏松愈伤组织后每隔 7 d 切割转接 1 次，转接 3 次后，形成蓬松且颜色较深的愈伤组织时，转入增殖培养基。

三、增殖培养

去除茎端多余的老化组织，将带有不定芽的愈伤组织进行切割，并接种到 MS+6-BA 0.5 mg/L+NAA 0.1mg/L 培养基上进行增殖培养，每 10 d 观察外植体愈伤组织生长情况，直到形成丛生芽。培养条件同愈伤组织诱导培养。

四、生根壮苗培养

当继代芽增殖到一定数量时，将 1.5 cm 左右高度的丛生芽切割分离，接种于 1/2 MS+NAA 0.2 mg/L 生根培养基上。生根培养 10 d 左右，幼苗能发出 0.5～1.0 cm 长的新根 2～3 条，持续培养 30～60 d，待小苗形成健壮且叶尖呈现典型观赏特征时，即可炼苗移栽（图 9-5-2）。

图 9-5-2 玉露生根苗

五、驯化移栽

当生根苗长到 5 片叶子以上，叶片肥厚，根系粗壮时就可以揭开封口膜或打开瓶苗盖，在组培室进行炼苗培养。开瓶炼苗 5 d 后取出植株，在流动的自来水下洗净琼脂培养基。将洗净的组培苗置于铺有灭过菌的干燥报纸的搪瓷盘上，在通风阴凉处适当风干后栽种在灭过菌的基质中（蛭石与草炭的体积比为 1∶3）。苗床基质保持湿润，避免积水，防止烂根。为防止玉露幼苗晒伤，应将组培苗放置在可调控的光照环境下，避免阳光直射。每月施 1 次薄肥，满 3 个月即可达到商品标准。

玉露叶片组培与快繁任务实施图解见图 9-5-3。

图 9-5-3　玉露叶片组培与快繁任务实施图解

知识链接

一、玉露组培概况

玉露组培开始研究的时间较晚，目前玉露组培主要以叶片、花序、幼嫩花茎为外植体诱导形成愈伤组织来获得组培苗。为探索外植体的最佳选择，李晓(2021)对叶片、基部分株叶片和花序开展了外植体的选择性试验，结果表明：以花序作为外植体进行组织培养，污染率最低，成活率最高。陈红刚(2011)等和宋扬(2014)以玉露花茎为外植体建立了组培快繁体系，但花茎与花序取样有时间限制，不如叶片方便。徐伟等(2019)和王莉(2017)以玉露叶片为外植体，对玉露的组培快繁体系进行了研究，结果表明：在不含激素的 MS 培养基上培养玉露叶片诱导出愈伤组织。王莉在 MS＋6-BA 3.0 mg/L＋NAA 0.1 mg/L＋蔗糖 30 g/L＋琼脂 6 g/L (pH 5.8)的培养基上对玉露叶片进行不定芽诱导培养，诱导率达到了 95%。

王莉(2017)与郜李彬(2018)等在对玉露组培苗生根培养研究时发现，NAA 和 IBA 均能诱导玉露组培苗生根，且生根效果较好。华玲玲(2022)等在对玉露的驯化移栽研究中发现：光照过强、湿度过大、大棚内温度过高等多种因素都会导致驯化移栽后组培苗出现萎缩、发黄现象。周亚辉等的研究表明，玉露组培苗 9 月份移栽成活率比 3 月份移栽成活率高 26%。

二、玉露组培与快繁操作流程

玉露组培与快繁操作流程如图 9-5-4 所示。

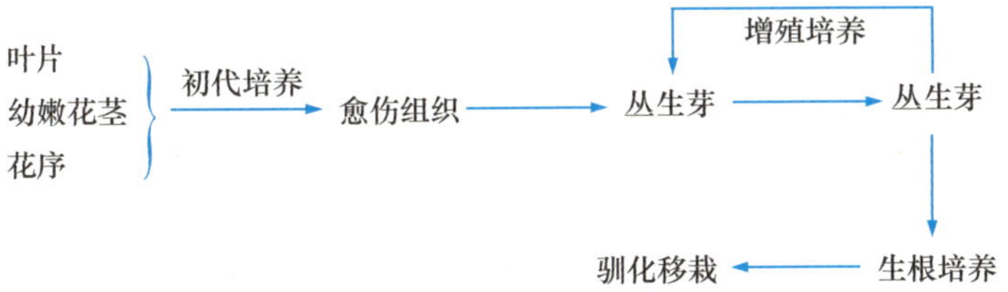

图 9-5-4　玉露组培与快繁操作流程

三、玉露组培与快繁的影响因素

影响玉露组培与快繁的因素主要有外植体、植物激素、培养基添加物等。

1. 外植体

玉露的花茎、叶片、叶芽、花序等外植体都可以再生植株，但方法各异、难度各有高低。玉露不同外植体成活率有差异。华玲玲等(2022)的研究结果表明：玉露以芽作为外植体诱导成功率明显好于叶片；接种方式也对愈伤组织的诱导存在一定的影响，并且竖放最佳、平放最差。李晓等(2021)对叶片、基部分株叶片和花序开展了外植体诱导试验，结果表明：花序作为外植体进行组织培养，污染率最低、成活率最高。由于叶片材料丰富并且取材、灭菌都较容易，组培效果也较好，已成为玉露组培与快繁首选的外植体。

2. 植物激素

植物激素是植物细胞脱分化和再分化的关键因子，不同激素组合以及不同激素浓度对愈伤诱导、不定芽分化、增殖和生根起着重要作用。王莉(2017)以草玉露幼嫩叶片为外植体，探讨了 6-BA 与 NAA 不同浓度配比对玉露不定芽分化的影响，结果表明：当 6-BA 的浓度不变时，随着 NAA 浓度的增加，不定芽增殖率大体趋势是增加的；在一定的浓度范围内，当 NAA 的浓度不变时，随着 6-BA 浓度的增加，不定芽增殖率大体趋势是增加的；在 MS＋6-BA 3.0 mg/L＋NAA 0.1 mg/L＋蔗糖 30 g/L＋琼脂 6 g/L(pH 5.8)的培养基上诱导率达到了 95%，每个外植体诱导出的单芽数最多为 12.2，单芽形态粗壮且正常。李晓等(2021)与段慧鹏等(2019)的试验结果表明：多种激素协同作用效果要远大于一种激素单独使用效果，KT、6-BA 与 NAA 组合使用，有效地提高了姬玉露叶片的出愈率，是同种浓度 6-BA 单独与 NAA 作用叶片出芽率的 2.9～6.4 倍。

3. 培养基添加物

玉露组织培养采用的基本培养基是 MS 培养基。曾卫静等(2018)以 MS＋6-BA 0.5 mg/L＋NAA 0.1 mg/L 为基本配方，通过加入香蕉泥、椰子水和活性炭，研究不同培养基配方对玉露增殖的效果。结果表明：在培养基中加入 15%的椰子水对玉露增殖的效果最佳；添加香蕉泥的效果稍逊于椰子水，其作用随香蕉泥含量的减少而减小；添加活性炭的作用最小，与对照组相比差异不明显。

技术提示

1. 玉露叶片含水量高，在灭菌后存活率会受到一定影响；如果灭菌不充分，培养过程中大量水分外泄，容易滋生细菌，导致材料污染。

2. 玉露叶片表面灭菌时，要基于材料生理状态和幼嫩程度的差异，科学选择灭菌剂并严格控制灭菌时间。为了确保灭菌效果，必要时可采取多次灭菌或交替灭菌方式。

2. 玉露接种方式对愈伤组织诱导存在一定的影响，竖放最佳，其次平放，去端平放最差。

3. 不定芽转接时，尽量减少对无菌材料的伤害，否则会因伤口太多而导致培养基化，影响不定芽增殖，甚至会造成死亡。

4. 玉露组培苗在9—11月份移栽，不仅可以保持多浆植物的高品质，又可获得较高的移栽成活率。

问题探究

☆为什么多肉植物外植体灭菌时间相对较长？

☆多肉植物组织培养时，在培养室湿度控制上与其他植物组培有何不同？

拓展学习

人工种子

玉露人工种子制备

多肉植物组培污染现象及预防措施

自我测试

一、填空题

1. 红掌组织培养时，如果分别以茎段、花序、叶片和叶柄为外植体，愈伤组织诱导率最高的外植体是（　　　　）。

2. 一般红掌愈伤组织继代（　　　　）代，便会出现不同程度的退化，需要重新建立培养体系。

3. 对红掌组织培养影响最显著的环境因子是（　　　　）。

4. 红掌离体器官再生的途径一是以（　　　　）为外植体的丛生芽增殖途径，二是（　　　　）外的外植体的器官发生途径。

5. 蝴蝶兰主要有两条再生途径，一是通过（　　　　）和（　　　　）的诱导与增殖，最后形成完整植株；二是（　　　　），在人工控制的环境中获得植株。

6. 蝴蝶兰瓶苗质量要求（　　　　），生长健壮，（　　　　），无污染，根系粗壮，变异率小于 5%。

7. 蝴蝶兰花梗腋芽诱导丛生芽时，较好的培养条件是在温度（　　　　）℃、光强（　　）左右的条件下培养。

8. 蝴蝶兰原球茎诱导和增殖过程容易出现褐化现象，可在培养基中添加 0.5～1 g/L 的（　　　　），有助于减轻褐化程度，利于小苗的生长。

9. 刚移栽的蝴蝶兰试管苗应遮光（　　　　）湿度和温度分别控制在 80%～90%、（　　）范围内，通风良好，创造试管苗的快速生长的有利条件。

10. 观赏凤梨组织培养时多采用（　　　　）和（　　　　）作为外植体。

11.（　　　　）、（　　　　）和（　　　　）对观赏凤梨组培的褐化影响较大。

12. 金丝皇菊组培育苗遇到的主要问题是（　　　　）和（　　　　）。

13. 玉露的组织培养主要以（　　　　）、（　　　　）、（　　　　）为外植体诱导形成愈伤组织来获得组培苗。

14. 观赏凤梨组织培养直接成苗的外植体主要为（　　　　）和（　　　　）；（　　　　）再生途径增殖系数高，方便快速，能够节约时间和生产成本。

二、判断题

1. 花轴基部的芽往往为休眠芽，一般不能作为花梗芽组培的材料。（　　）

2. 蝴蝶兰花梗灭菌步骤是：花梗→75%酒精棉球擦拭→切段→剥去苞叶→灭菌 15～20 min→无菌水荡洗 3～5 次→两端切除约 0.5 cm→接入诱导培养基。（　　）

3. 蝴蝶兰原球茎诱导形成后，需要在无菌条件下分割成块，转移到新鲜增殖培养基继代。切割的原球茎体块较大，培养瓶内接种块数较多，易生长缓慢，甚至死亡。（　　）

4. 蝴蝶兰试管苗移栽最佳基质是水苔，因为水苔保水性、透气性强。（　　）

5. 温度和 BA 是影响蝴蝶兰花梗休眠芽萌发的关键因素。（　　）

6. 接种蝴蝶兰花梗腋芽所诱导出来的无菌培养物一定是花梗芽。（　　）

7. 添加 100～150 g/L 香蕉泥对蝴蝶兰的原球茎增殖和分化苗生长都有促进作用。（　　）

8. 一般叶片、茎段组培的植株再生途径分别是器官发生型和丛生芽增殖型。（　　）

9. 红掌茎尖和芽在初代培养的前期都需要一段时间的暗培养。（　　）

10. 低浓度铵盐有助于红掌愈伤组织的发生和芽的诱导。(　　)

11. 组培苗驯化的目的是提高组培苗的适应性,其原则是创设组培生境与自然环境的过渡环境。(　　)

12. 组培苗只要生了根,就可以拿到棚室驯化。(　　)

13. 玉露在诱导培养与增殖培养阶段,褐化问题以及玻璃化问题仍然存在。(　　)

14. NAA 和 IBA 均能诱导玉露组培苗生根,且 NAA 效果最好。(　　)

15. 观赏凤梨组培快繁过程中,当试管苗长至 10 cm 左右,叶片呈莲座式排列,具 4～5 片完整叶,含 6 条及以上的根时,即可准备进行移栽。(　　)

16. 观赏凤梨丛生芽诱导时,基部产生愈伤组织,继代时须将愈伤组织保留。(　　)

17. 观赏凤梨组培快繁中优先采用的外植体是芽,新萌发叶片的诱导效果最好。(　　)

18. 观赏凤梨组培快繁中,如丛生芽较多、较弱,可转至高浓度激素培养基复壮,再进行增殖培养。(　　)

测试要求: 先独立自测后核对答案

温馨提示: 自律彰显素养　诚信成就人生

项目 9 自我测试题参考答案

自我总结

结合本项目学习与实践,绘制红掌、蝴蝶兰、观赏凤梨、金丝皇菊、玉露等花卉组培快繁的思维导图。

项目 10　蔬菜组培与快繁

我国不仅是蔬菜生产大国，也是蔬菜消费大国。随着人民生活水平的提高，蔬菜的消费水平尤其是一些特菜（如百合、蕨菜等）的消费需求不断升高。但有些蔬菜（如马铃薯、生姜等）在长期的无性繁殖过程中，由于病毒的侵害，造成产量和品质下降；一些野生蔬菜（如蕨菜）因具有较高的营养价值，备受消费者青睐。传统的根茎繁殖尽管成活率高，但受野生蔬菜根茎数量的限制难以大规模生产，盲目采挖会导致野生资源的破坏，而孢子繁殖对环境条件要求严格、成苗率低。植物组培技术具有材料来源经济、繁殖系数高、可以人为调控环境等优点，因而能有效解决以上问题。随着植物组培与快繁技术的有效应用，必将推动蔬菜种业及蔬菜产业的高质量发展。

学习目标

知识目标

1. 掌握生姜、马铃薯脱毒与快繁技术；
2. 掌握蕨菜组培与快繁技术。

能力目标

1. 能针对不同蔬菜设计相应的组培快繁技术方案并予以有效实施；
2. 具有一定的文献搜集与处理能力、观察能力、分析和解决问题的能力，提高蔬菜组培与快繁技术的应用能力。

素质目标

1. 树立岗位意识、市场意识、成本意识、质量意识、环境保护意识和责任意识；
2. 具有“三农”情怀、家国情怀、团队精神和较高的职业素养。

思想领航

要交到真心朋友，就要有副热心肠——辣椒
做人要有层次——卷心菜
随机应变，更有广阔人际——土豆

项目实施

任务 10-1 生姜组培与快繁

生姜(*Zingiber officinale* Roscoe)为姜科姜属多年生宿根植物,以根状茎入药,味辛,微温,具有解表散寒、温中止呕、化痰止咳、解鱼蟹毒的功效。生姜药食同源,还可提取姜油酮、姜油、香精等医药化工用品。近年来以生姜为原料的保鲜生姜及生姜加工制品大量出口日本及东南亚诸国,成为出口创汇的重要产品。

生姜一般不开花,很难进行有性繁殖,以无性繁殖为主,而长期无性繁殖容易受到多种病毒的侵染,造成品种严重退化、产量下降、种质资源变劣。侵染生姜的病毒主要有CMV(黄瓜花叶病毒)和TMV(烟草花叶病毒)。连年种植带毒种姜,会使生姜产量和品质受到很大的影响,减产幅度达30%～50%。采用组培方法培育生姜种苗,可以有效克服病毒侵染等导致的品种退化、产量下降等问题,并且因其不受季节、取材数量等因素制约,节省土地、繁殖系数高,便于集约化管理和工厂化生产种苗。

任务描述

外植体:茎尖。

再生途径:丛生芽增殖型。

操作程序:外植体采集与处理→诱导不定芽→无毒苗检测→丛生芽增殖培养→生根培养→驯化移栽→成苗。

实践成果:建立生姜脱毒与快繁无性系。

任务分析

本任务是以生姜姜块催生的新生芽为外植体材料,经热处理和微茎尖培养诱导丛生芽的方式再生植株,操作相对复杂,技术要求严格,培养相对容易。在操作环节上注意外植体灭菌彻底、把握好热处理温度与处理时间以及剥离的微茎尖大小,做到操作规范、熟练,有效控制培养条件,就能够顺利建立生姜脱毒与快繁无性系。

任务实施

一、外植体采集与处理

（一）催芽

挑选肉厚、皮色黄亮、外观良好、没有腐烂和病虫害的姜块，用自来水冲洗干净，放入纸盒（保持姜块湿润），置于人工光照培养箱催芽，催芽温度设定为 24 ℃，光强控制在 6 000 lx，或者将姜块清理干净后，放入盛装消毒沙的花盆中，上面覆盖一层沙，喷洒适量水，置于室内催芽。催芽期间保持相对湿度 80%、温度（26±1）℃。培养 1 个月左右，新生姜芽长至 2 cm 左右。

（二）热处理

参照高山林等（1999）的热处理方法，即在高温 50 ℃下处理新生姜芽 5 min。

（三）外植体表面灭菌

切下高 2～3 cm 的新生姜芽，在自来水流水下冲洗 0.5 h，无菌条件下用 70% 酒精浸泡 30 s（期间不断晃动），无菌水冲洗 2～3 次后，再用 0.1% 氯化汞溶液灭菌 10～15 min，最后用无菌水漂洗 5～6 次，以无菌滤纸吸干材料表面的水滴，备作解剖用。

（四）微茎尖剥离与接种

在无菌条件下利用解剖镜仔细剥离出茎端 0.2 mm 左右圆亮的分生组织，并迅速接种到 MS+KT 2.0 mg/L（或 6-BA 1.0 mg/L）的诱导培养基上，每瓶接种 1 个微茎尖。

二、初代培养

微茎尖接种后，将培养材料置于温度（25±2）℃、光强 1 200～1 500 lx 的条件下培养，每天连续光照 10～12 h，相对湿度 70%～80%。微茎尖接种 1 周后会在基部或四周开始膨大，10 d 后出现绿色小点，15 d 后发育长成形态可辨的新芽，培养 4 周后每个微茎尖可增殖 3～6 个不定芽。

三、无毒苗的检测

从每个株系随机抽取 1%～2% 生长健壮的芽苗，检测是否携带烟草花叶病毒（TMV）和黄瓜花叶病毒（CMV）。经检测确定不带病毒（或主要危害病毒）后才能用于大量扩繁。

四、继代培养

当诱导培养基中的丛生芽长至 2～3 cm 时，把丛生芽切成单芽、去除叶片，转入继代培养基 MS+KT 2.0 mg/L+NAA 2.0 mg/ L（或 IBA 2.0 mg/L）的培养基上进行继代培养，每瓶接种 5 株，培养条件同初代培养。继代周期为 25～30 d，增殖倍数 5.0 以上，3～4 个月可建成大规模离体无性快繁体系。

五、生根培养

当继代培养的丛生芽长至 4～5 cm、具 2～3 片叶时，将其切成单株，转接到 1/2 MS+NAA 0.5 mg/L(或 IBA 0.5 mg/ L)的生根培养基上诱导生根，6 d 后可看到有根分化，25 d 后生根可达 100%。持续培养 30～40 d，待组培苗长至 5～6 cm，并有大量白根时(图 10-1-1)，即可进行炼苗移栽。

六、驯化移栽

选择具有 3～4 片叶、5～6 条根的健壮生根苗进行驯化移栽。先室内炼苗 3 d。第 1 天在培养室里半开瓶盖，第 2 天揭掉瓶盖，向培养瓶中注入少许水，第 3 天移出培养室，置于通风明亮的常温房间再炼苗 3～4 d。取出组培苗，用清水洗净组培苗基部的培养基，再用 1 200 倍的多菌灵药液浸泡 8 min，然后移栽到菜园土∶沙＝1∶1 的混合基质中，淋足定根水，用 50%～70%遮阳网和薄膜覆盖遮阳保湿。7 d 后半揭开薄膜，每天坚持适量喷水，保证基质湿润，10 d 后移栽的组培苗开始正常生长，一般 25 d 即可成活(图 10-1-2)，移栽成活率可达 90%以上。

图 10-1-1　生姜脱生根苗

图 10-1-2　驯化移栽成活后的生姜脱毒苗

知识链接

一、生姜组培概况

国内最早报道的生姜组织培养是 1999 年郭启高等以生姜茎尖为外植体进行不定芽诱导，转接后形成了根，并成功获得了脱毒植株。李晓波等(2018)以茎尖为外植体，通过丛生芽途径成功再生植株，并筛选出最佳培养基为 MS+NAA 0.2 mg/L+6-BA 2 mg/L。彭康等(2019)以生姜块茎人工催芽获得的幼芽为外植体，成功诱导出不定芽并获得脱毒植株，筛选出最佳的芽诱导培养基为 MS+6-BA 4.0 mg/L+NAA 0.2 mg/L。王磊等(2017)以试管苗初展的幼嫩叶片为外植体，接种到 MS+2,4-D 1.0 mg/L+6-BA 0.5 mg/L+蔗糖 30 g/L 的培养基上，可有效诱导出生长迅速、质地疏松的愈伤组织并成功再生成完整植株。刘振伟等(2010)对生姜器官(营养芽、花芽和花药)的培养和植株再生进行了综述,以幼嫩花芽为外植体,在 MS+BAP 10.0 mg/L+2,4-D 0.2 mg/L 的培养基上成功诱导出丛生芽。目前,组培快繁技术应用于生姜的种苗生产,成为防止病害和提高繁殖系数的一条有效途径,不仅对生姜的良种选育推广有较大的作用,并且取得了良好的经济效益。

二、生姜组培与快繁操作流程

生姜组培与快繁操作流程如图 10-1-3 所示。

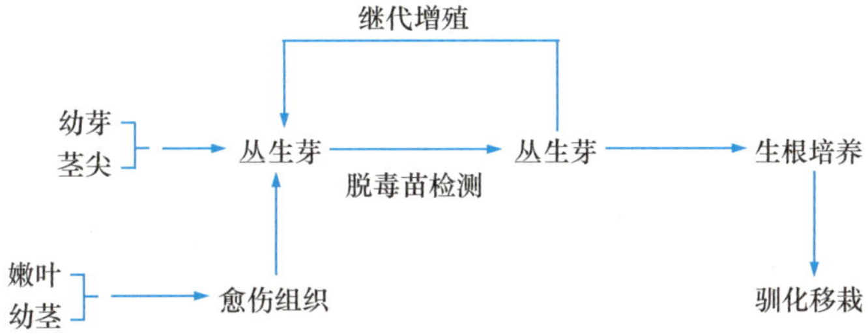

图 10-1-3　生姜组培与快繁操作流程

三、生姜组培与快繁的影响因素与主要问题

(一)外植体

生姜组培常用的外植体有茎尖分生组织、幼茎、叶片、叶鞘组织、芽尖、花粉、子房、花芽等,其中最常用的外植体是茎尖分生组织,尤其被选为生姜组培脱毒唯一的外植体。梁称福等(2006)以黄姜幼茎为外植体,诱导出愈伤组织和丛生芽;郭启高等(1999)以叶片或叶鞘切段诱导愈伤组织成苗;薛寒青等(2009)以生姜芽尖组织进行了离体培养;黄学林利用生姜花粉诱导出愈伤组织。即使是相同的器官,由于其生理或年龄的差别,也会影响组织培养的效果。一般情况下幼嫩的生姜外植体较容易获得再生植株。春季植物生长旺盛,再生能力最强,是进行生姜组织培养的最适季节。因此,生姜组织培养应根据实际情况和现有条件选择适宜的外植体和取材季节。

(二)培养基

适宜生姜组织培养的基本培养基有 N_6、MS,后者应用较多。梁称福等的研究表明,1/2 MS 培养基与 MS 相比,生根更粗壮;在空白的 1/2 MS 上添加一种生长素或组合添加生长素和细胞分裂素的培养基上都能生根,但是根的数量、粗细、长度不同。潘学峰等(2002)的研究结果表明,单独使用生长素或细胞分裂素均不能诱导火炬姜花叶片产生愈伤组织,只有两者同时存在才能产生愈伤组织。其中以 6-BA 0.5 mg/L+2,4-D 0.5 mg/L 组合的处理效果较佳,诱导出的愈伤组织不仅质地致密,而且颜色鲜嫩,有利于进一步分化。唐玉明等(2002)的研究结果表明,培养基添加 6-BA 的愈伤组织诱导率明显高于不添加 KT 的培养基,这表明 6-BA 更有利于生姜愈伤组织的产生。茎尖初代培养基中添加 KT 2.0 mg/L,最适合不定芽的增殖培养。

(三)蔗糖浓度

碳源是植物组织培养不可缺少的物质，它不仅能够给外植体提供能量，而且也能维持一定的渗透压。生姜组织培养中常用的碳源为蔗糖，并且在组织培养各个阶段所需要的蔗糖浓度是不一样的。宣朴等(2004)指出，茎尖分化培养基添加蔗糖的适宜浓度为 3%。郑永强(2004)对生姜组织培养各个阶段的适宜蔗糖浓度均进行了研究，发现生姜试管苗快繁培养基的蔗糖浓度以 5%为好，而生根培养基的蔗糖浓度应为 2%，进行根状茎诱导时的蔗糖最佳浓度为 8%～11%。

(四)热处理脱毒

传统的植物茎尖脱毒一般在 35～38 ℃条件下持续处理种苗 5～6 周，使病毒钝化失活，但效果不理想。高山林等(1999)根据热处理脱病毒原理，改进热处理方法，即在高温 50 ℃下短时间处理 5 min，然后在无菌条件下剥取分生组织培养，取得良好的病毒脱除效果。

(五)污染问题

生姜初代培养接种污染率高，主要是生姜通常带有内生细菌，纯粹的表面灭菌不能有效控制内生细菌对生姜的污染，如果加大表面灭菌强度，则生姜的芽点变黑，会出现药害现象并抑制其后期的生长。因此，需要采取表面灭菌与添加适宜抗生素处理相结合的外植体灭菌方式。薛寒青等(2009)在基本培养基中添加 1 g/L 青霉素 10 mL、1 g/L 卡那霉素 10 mL，姜芽脱菌试验的染菌率为零，脱菌效果良好。韦金洋等(2005)将生姜茎尖接种于含 20～40 mg/L 利福平抗生素的培养基中消毒灭菌效果好，但茎尖分化率比不加利福平有所降低。

问题探究

☆生姜无毒苗的检测方法有哪些？

☆影响生姜叶片分化出芽的因素有哪些？

拓展学习

姜脱毒原种生产技术要点

任务10-2 马铃薯脱毒与快繁

马铃薯(*Solanurn tuberosurn*)为茄科茄属作物,是全球性重要的粮菜兼用作物。马铃薯生产中普遍存在种性退化的问题,而病毒侵染是马铃薯退化的根源。由于马铃薯是无性繁殖作物,所以病毒侵染后会世代相传,危害逐年加重,造成种性退化、大幅度减产和品质下降。目前,世界上公认的解决马铃薯病毒危害、防止品种退化的有效途径是茎尖离体培养(也称茎尖脱毒技术)。通过茎尖离体培养培育脱毒组培苗,再通过建立合理的良种繁育体系生产优良种薯,从而确保马铃薯优质、高产、稳产。

任务描述

外植体:块茎萌发的顶芽;田间植株的顶芽或腋芽。

再生途径:无菌短枝型。

操作程序:材料选择→PSTVd检测→材料灭菌→微茎尖剥离与接种→微茎尖培养→病毒检测→继代增殖→驯化移栽→微型薯生产。

实践成果:建立马铃薯脱毒苗株系;培育出马铃薯脱毒苗。

任务分析

本任务是选择合适的脱毒材料,以热处理和微茎尖培养相结合为主的方式进行脱毒处理,获得脱毒试管苗,经过检测验证后,以无菌短枝型扩繁,最后壮苗生根,并以切段扦插方式进行移栽和生产微型薯。其中,微茎尖剥离技术和病毒检测技术是关键,而马铃薯脱毒苗扩繁技术则相对简单。在操作环节上只要注意把握好茎尖剥离的大小、培养基的成分和无菌环境调控,就能顺利建立马铃薯脱毒苗繁育体系。

任务实施

一、脱毒苗培育

(一)脱毒材料的选择

根据马铃薯母本植株和块茎的选择标准准确选择脱毒材料,并进行PSTVd检测。以下是田间脱毒材料的选择标准和PSTVd检测方法。

1. 母本植株的选择标准

母本植株应具有品种的典型特征(包括株形、叶形、花色、成熟期等);植株生长健壮,无病害症状(包括病毒病、真菌、细菌性病害等);选择单株产量及大薯率相对高产的单株。

2. 块茎的选择标准

块茎要求具有品种代表性(包括薯块的皮色、肉色、薯形和芽眼等),薯块大,无病斑、虫蛀和机械创伤。

3. PSTVd 检测

马铃薯纺锤块茎病(PSTVd)是由类病毒引起的一种病害,能够引起马铃薯种性"退化"。目前尚难通过微茎尖组织培养或化学抑制剂等方法汰除马铃薯纺锤块茎病,因此只能在尚未达到饱和侵染的品种群体中,利用双向聚丙烯酰胺凝胶电泳(R－PAGE)等方法,筛选出未感染 PSTVd 的块茎或田间植株作为脱毒材料。

(二)热处理

将马铃薯块茎置于人工气候箱,使其萌发,待芽伸长至 1～2 cm 时,根据要脱除的病毒种类进行热处理。若脱除 PVX 和 PVS,可以块茎萌发的芽为外植体接种,然后在 35 ℃下处理 8～18 周后,再茎尖培养。若脱除 PSTVd,需要 2 次热处理,第 1 次处理 2～14 周,通过茎尖培养筛选出轻微感染的植株,再进行 2～12 周的热处理,最后再切取茎尖进行培养。若脱除 PLRV,可参照任务 5-1"马铃薯热处理脱毒"方法进行。

(三)微茎尖培养

1. 取材

方法 1:在田间选定母本植株,定期给植株喷施内吸杀菌剂,如 0.1%多菌灵和 0.1%链霉素的混合液,以提高后期外植体灭菌效果。当母本植株的顶芽或腋芽长约 15 cm 时,直接距顶端 6～8 cm 的上部切下,置于实验室营养液中生长,2～3 周后除去顶芽,以促使腋芽生长,当腋芽长至 1～2 cm 时,剪下作为接种材料。

方法 2:将马铃薯块茎放置在较低温度和较强光照条件下促萌发,取粗壮顶芽作为接种材料。

方法 3:当采取热处理结合茎尖培养脱毒时,先将块茎热处理,然后取萌生的顶芽或腋芽为接种材料。相对而言,顶芽较腋芽培养效果好。

2. 材料灭菌

材料经过预处理后,要比直接取自田间的材料带菌少得多,加之生长点有彼此重叠的叶原基严密保护,只要仔细解剖,不进行消毒也能得到无菌的外植体,但包在它外面的叶片和连带的茎段可能有菌,因此在切取外植体前要对茎芽进行表面灭菌。材料灭菌方法参照任务 6-1。

微课:马铃薯微茎尖剥离技术
(基于全国职业技能大赛教学能力比赛网站获奖项目视频剪辑)

3. 微茎尖剥离与诱导培养

见任务 6-1,并学习二维码内容。

二、病毒检测

微茎尖培养获得的脱毒种苗，只有经病毒检测后，确认是不带病毒的植株，才能进一步利用。对带有病毒的株系，可进行再次脱毒。脱毒种苗扩繁一定代数后，为防止弱毒株系病毒积累或病毒传播也要进行病毒检测。

马铃薯病毒检测可采用指示植物法、电镜观察法、血清学方法、核酸杂交及 PCR 技术。指示植物法中的汁液涂抹法相对简单直观，而血清学方法中的酶联免疫吸附法（ELISA）虽然操作比较复杂，却是目前马铃薯脱毒苗病毒检测的常用方法。具体检测方法见任务 6-2。

马铃薯苗病毒鉴定
——汁液涂抹法
（选自姜放军主持的在线精品课）

技术提示

病毒检测的注意事项

1. 提取样品尽可能选用幼嫩的叶片。如果样品不能及时提取、需要冷冻保存时，切忌反复冻融。

2. 洗板时要避免串样，第一次洗板应迅速倾去洗液，特别是在洗涤样品时，同时滴定板倾斜度不超过 20°；洗板所加的洗液应大于最大加样量，至少 0.2 mL。

3. 底物是光敏感的，要在临用前现配。底物有一定的毒性，终止液对皮肤有腐蚀性，应尽量避免接触。

4. 吸取液体要用量程和需要量接近的移液枪，以减少误差；将液体加到酶标孔中时，避免枪头和孔内液体接触，可使枪头上的液滴和孔壁接触，液滴会自然流下去。

5. 实验前 1 h 将配制好的药品从冰箱中取出，使各种试剂都恢复到室温，以使结果稳定。检测前要打开酶标仪，使之稳定 10 min 以上。

三、脱毒苗快繁

（一）增殖培养

在无菌条件下，将试管或三角瓶中的脱毒苗切段，每个茎段带有 1～2 个腋芽，平放在培养基上或者将茎段下端轻轻按入培养基，露出叶腋。培养基一般为 MS+3%蔗糖+0.6%琼脂（pH 5.8）。培养条件为温度 22 ℃、光强 1 000 lx、光照时间 16 h/d，一般每间隔 20～25 d 切转一次，扩繁倍数一般为 3～8。如果多茎节的试管苗接种在 MS+2%蔗糖的液体培养基上，进行浅层静止液体培养，则比固体培养效果好，同时降低了生产成本。在温度 25～28 ℃、光强 3 000～4 000 lx，且连续光照条件下培养，切段繁殖速度很快，增殖系数达到 7～8（图 10-2-1、图 10-2-2）。

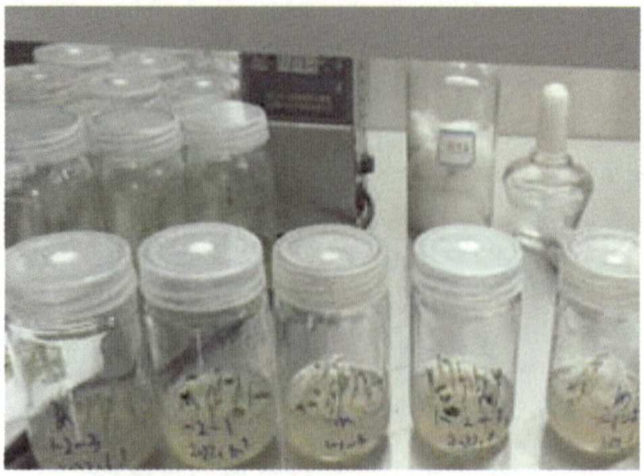

图 10-2-1　马铃薯增殖培养

图 10-2-2　马铃薯增殖苗

(二)壮苗与生根

为了控制马铃薯脱毒苗的徒长，培育壮苗，可将无菌芽苗接种到 1/2 MS+B_9 10 mg/L 培养基，同时在低温 15～18 ℃、高光强 4 000～5 000 lx 下培养(图 10-2-3)。将健壮脱毒苗切段(1～2 cm 长)，接入 MS+IAA 0.1～0.5 mg/L+AC 0.1～0.2 g/L 的生根培养基中培养，一般 7～10 d 生根(图 10-2-4)。

图 10-2-3　马铃薯生根培养

图 10-2-4　马铃薯生根苗

技术提示

1. 经鉴定确认的脱毒苗在进一步大量扩繁前，还需进行试种观察，即将每个脱毒株系的脱毒种苗取出一部分移栽到防虫网室内试种观察，检验其是否发生变异，是否符合原品种的全部生物学特性及农艺性状。

2. 脱毒种苗在离体条件下多次继代培养，特别是长期生长在高激素含量的培养基中，可能会引发芽变。为防止发生芽变，增殖培养基中尽量少用或不用激素。由于病毒在植株体内会随继代而逐渐积累，脱毒不彻底的种苗质量会随着扩繁次数增多而下降，因此需两年更换一次“基础苗”。

四、驯化移栽与微型薯生产

将长有 3～5 片叶、高 2～3 cm 的瓶苗置于温室内有散射光的地方 5 d 左右后即可移栽，也可将瓶塞取下，注入少量自来水，静置几天后移栽。环境温度一般要求白天 23～27 ℃，夜间不低于 10 ℃。

在网室内移栽。一种方法是将驯化的脱毒马铃薯生根苗按常规移栽。另一种方法是将脱毒试管苗以单芽茎段或双芽茎段扦插于灭过菌的珍珠岩或疏松土壤中，或搭建 4～6 层育苗架，其上摆放育苗盘，在育苗盘内装填蛭石、珍珠岩等灭过菌的基质，将脱毒试管苗扦插于育苗盘内，以节约土地和充分利用空间。注意插条边剪边扦插。在扦插前用 3 mg/L GA 和 5 mg/L NAA 的混合液浸泡茎段，确保扦插成活率达 98%以上。扦插成活后每隔 2～3 d 喷 1 次营养液（表 10-2-1），后期每隔 10 d 喷 1 次营养液，以促进扦插苗健壮和顺利结薯。在人工调控的温光条件下，一般经 60～90 d 即可收获微型薯。

表 10-2-1　马铃薯营养液的成分及用量

成分	KNO_3	NH_4NO_3	$MgSO_4 \cdot 7H_2O$	KH_2PO_4	$CaCl_2 \cdot 2H_2O$
浓度/(mg/L)	950	800	180	85	220

马铃薯脱毒种薯繁育任务实施图解

马铃薯脱毒苗繁育

知识链接

一、马铃薯组培概况

经检测，马铃薯体内不含有马铃薯纺锤块茎类病毒（PSTVd）和马铃薯卷叶病毒（PLRV）、马铃薯 Y 病毒（PVY）、马铃薯 A 病毒（PVA）、马铃薯 X 病毒（PVX）、马铃薯 M 病毒（PVM）、马铃薯 S 病毒（PVS）的组培苗，才被确认为马铃薯脱毒苗。马铃薯脱毒种薯是指符合国家标准《马铃薯种薯》（GB 18133—2012）规定的相应质量要求的原原种、原种、一级种和二级种。马铃薯脱毒种薯繁育操作流程与生产体系见图 10-2-5。

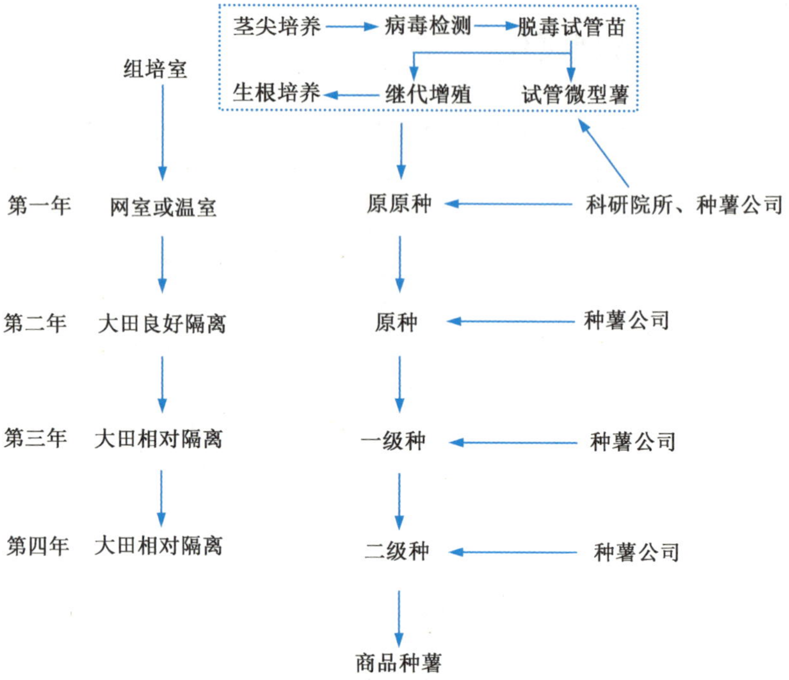

图 10-2-5　马铃薯脱毒种薯繁育操作流程与生产体系

经过近 40 多年的研究与实践，马铃薯组培脱毒与快繁技术已相当完善，形成了一整套马铃薯脱毒与快繁体系，也明晰了茎尖大小、培养基、培养条件和病毒种类等影响因素，实现了马铃薯脱毒种薯繁育可控、高效生产，取得了巨大的经济效益。

二、微茎尖培养脱毒效果的影响因素

(一)茎尖大小

考虑到马铃薯茎尖太小不易成活、太大脱毒效果不佳的特点，最客观的取材标准一般是以带 1～2 个叶原基，并且尽量少带生长点邻近的组织为宜。这样的茎尖既有一定的成活率，也能排除大多数病毒。

(二)培养基

我国马铃薯茎尖培养主要采用 MS、MA 培养基，也有采用 ER 培养基的，其中碳源含量多数在 2%～3%。有研究者在培养基中加入泛酸钙，以提高诱导效率。提高培养基中铵盐和钾盐浓度，有利于茎尖成活。

关于植物激素的调节，黑龙江省农业科学院马铃薯研究所以 MS＋琼脂 5～8 g/L 为基础，加入植物激素的范围为 IAA 1.0～3.0 mg/L、KT 0.04～1.0 mg/L。其他研究者以不同品种为对象，添加 NAA 浓度范围为 0.01～0.1 mg/L，脱毒培养效果好于 IAA；添加 BA 的浓度范围 0.05～0.5 mg/L 居多，个别达到 2.0 mg/L；加入 GA_3 的浓度范围以 0.05～0.2 mg/L 居多，少数人使用 0.5 mg/L 或 1.0 mg/L 的 GA_3，在培养前期利于茎尖的伸长和成活，但后期浓度过高或时间过长会产生不利影响。

在培养方式的选择上，茎尖培养可以选择半固体培养、液体培养，也有选择滤纸桥法液体培养的，采用此方式诱导产生愈伤组织分化较少。

（三）培养条件

微茎尖采用液体培养时，培养条件控制在温度 21～25 ℃、光强 3 000～4 000 lx。若采用固体培养时，温度一般要求(25±2) ℃，稍放宽一点的温度范围是 18～25 ℃或 20～25 ℃；光强多为 2 000～3 000 lx，光照时间多采用 16 h/d。若以滤纸桥法液体培养，在光强 1 000～3 000 lx、光照时间 16 h/d 的条件下培养 120 d。茎尖即可长成小苗。

（四）病毒种类

马铃薯茎尖培养脱毒从易到难的顺序为：PLRV、PVA、PVY、PAMY、PVM、PVX、PVS。很多试验证明有些病毒也可侵入分生组织，如 PVX、TMV 均可侵入茎尖，所以顶端分生组织可以脱除病毒，但并不是所有的病毒均可汰除，因而必须采用与热处理结合顶端分生组织培养方法，先热处理母株，然后剥离茎尖进行培养。两种方法相结合的处理，可除去部分单用茎尖培养难以脱除的病毒。

温馨提示

马铃薯病毒种类

马铃薯病毒种类很多，全世界有 30 余种病毒和 1 种类病毒，我国主要危害病毒有马铃薯 X 病毒(PVX)、Y 病毒(PVY)、A 病毒(PVA)、S 病毒(PVS)、M 病毒(PVM)、卷叶病毒(PLRV)和纺锤块茎类病毒(PSTVd)等。受到侵染植株的症状表现在其形态、生长势或产量等方面的变化。马铃薯主要病毒症状及其危害见表 10-2-2。

表 10-2-2　马铃薯主要病毒症状及其危害

病毒种类	病毒症状	侵染方式	减产率
PVX	植株矮小、叶片皱缩所结块茎少而小	汁液、机械、咀嚼式口器昆虫等	10%～50%
PLRV	初侵染幼叶失绿，小叶沿中脉向上卷曲，顶部叶片上竖	桃蚜传播	40%～60%
PVY	由潜隐无症到轻花叶，皱缩花叶以及叶脉坏死	蚜虫传播、机械传播	50%左右
PVS	叶脉深陷、叶片粗缩、叶片轻度垂叶、植株呈开扩状，多数不表现症状	病健株叶片摩擦、机械传播、桃蚜传播	10%～20%
PVM	轻花叶叶尖扭曲、顶部叶片卷叶，重株系叶片严重变形，有时叶柄叶脉坏死	汁液嫁接传播，蚜虫传播	10%～20%
PVA	花叶或严重花叶蚜虫传播	与 PVY 复合侵染	
PSTVd	叶片与主茎间角度小，呈锐角，叶片上竖，上部叶片变小，有时植株矮化；感病块茎变长，呈纺锤形，芽眼增多，芽眉凸起，有时块茎产生龟裂	接触传播	弱系：20%～35% 强系：60%

(五)脱毒处理

以块茎为热处理脱毒对象，恒温处理的温度中间值为 33.5 ℃、37.5 ℃和 38 ℃，在此范围内选择较高温度处理会造成成活植株数下降，但处理时间越长，其剥离茎尖的长度可适当放宽。考虑到植株有一个逐渐适应的过程，采取变温处理以先高温后更高温处理为宜。肖玉兰等通过试验发现，热处理时间的长短与外植体的成活率呈负相关，而与脱毒率呈正相关。她认为热处理 28 d 左右，既可获得较高的脱毒率，又保证了外植体的成活率，是比较理想的处理时间。如果对未能完全脱除病毒的试管苗再脱毒处理，可以 33～37 ℃热处理长根的茎 42～56 d 后剥取 0.1～0.3 mm 茎尖进行培养，能够去除 85%的 PVX 和 62%的 PVS。

内蒙古大学马秀芬等将无病的马铃薯块茎保存于 4～5 ℃下 90 d，然后 5～7 ℃下处理 120～190 d，此时块茎芽逐渐萌发，切取带 2 个叶原基的芽尖进行组织培养，脱除 PSTVd 的效果比热处理提高 5～10 倍。李灿辉等认为，对材料进行长时间(120 d 以上)的低温(6～8 ℃)处理后，再进行分生组织的剥离和培养，脱除病毒效果较好。

三、脱毒苗快繁的影响因素

(一)培养基和培养方式

马铃薯脱毒苗快繁时，为降低成本，可去除 MS 培养基中的有机成分；MS 培养基中添加 NAA 5.0 mg/L，可有效提高试管苗的高度、叶数、根数，缩短根长和维持根的长势；MS 液体培养基添加少量 GA_3，与固体培养相比，能够显著提高成苗速度；液体培养显著优于固体培养，同时成苗时间缩短 7 d 左右，降低了组培成本。

(二)外植体大小

马铃薯多数采用单节切段接种，长度控制在 0.8～1.0 cm 为宜。多节切段液体浅层培养的优缺点与单节切段液体培养相近，但由于根基部相连不适于移栽前壮苗培养。

(三)培养条件

马铃薯脱毒苗培养时，自然光源明显强于日光灯。日光灯的光强控制在 1 500～4 000 lx，光周期要求不严格，一般光照时间 16 h/d；培养温度一般控制在 20～26 ℃，宜低不宜高；液体培养的相对湿度控制在 50%～80%，而固体培养的相对湿度控制可稍高些。

四、壮苗培养

脱毒试管苗移栽于温室前必须生长健壮才能有较高的成活率。实践中可通过保持培养基中 KH_2PO_4 含量在 140～155 mg/L 范围、添加 B_9 5～30 mg/L、降低温度至 15～18 ℃、提高光强至 4 000～5 000 lx 等措施来达到壮苗的目的。

五、驯化移栽

脱毒马铃薯试管苗一般在网室内移栽。移栽基质要求不严，珍珠岩、蛭石或二者混配的复合基质，甚至直接移栽于土壤中均可。移栽方法多为单芽茎段或双芽茎段扦插，插条边剪边扦插。为保证扦插成活率，可在扦插前用生长素等刺激生根的药剂处理。移栽或扦插后的管理要点与一般植物大致相同。一般15 d左右生根、驯化成活。

图 10-2-6　马铃薯试管微型薯

六、微型薯生产

马铃薯微型薯生产分为温室生产和组培室生产(图10-2-6)两种方式。温室生产微型薯一般是结合试管苗扦插同步进行，也可以采取扦插成活后雾化栽培室生产微型薯。

问题探究

☆为什么剥离的微茎尖如果不带叶原基，会严重影响茎尖培养的成活率？
☆热处理和茎尖培养在脱毒原理上有何不同？
☆我国培育马铃薯脱毒苗和微型薯有何现实意义？

拓展学习

实验室生产马铃薯微型薯

任务 10-3　蕨菜组培与快繁

蕨菜为凤尾蕨科凤尾蕨属多年生草本植物，是无污染、营养丰富、清香适口、具有多种生物活性、药食两用的山野菜，也是很好的出口创汇蔬菜。在自然条件下蕨菜繁殖系数非常低。近年来，对其需求量的增加使蕨菜资源遭到严重破坏，基于资源、环境、生态及市场需求的考虑，对蕨菜进行人工繁殖是必由之路，而组织培养是蕨菜主要的人工繁殖方法之一，具有繁殖快、周期短、苗木质量高等特点。

蕨菜的营养价值与繁殖

任务描述

外植体：根状茎。

再生途径：GGB 发生型。

操作程序：根状茎采集与处理→GGB 诱导→GGB 增殖→不定芽诱导→壮苗→生根培养→驯化移栽。

实践成果：建立蕨菜组培与快繁无性系。

任务分析

本任务是以蕨菜的根状茎为外植体，通过 GGB 诱导与分化再生植株，建立组培与快繁无性系，并经驯化移栽培养成苗。其中，GGB 发生型是蕨类植物工厂化育苗主要的快繁形式，成本低、繁殖系数大。该任务持续时间长，操作比较复杂，技术要求高，其技术关键环节是根状茎的选取、处理和培养基调控。要求操作人员掌握蕨菜组培操作规程与技术要求，准确把握关键技术环节，规范、熟练操作，以高度责任心和敬业精神来完成实训（或生产）任务。

任务实施

一、外植体采集与处理

1. 根状茎选择与采集

每年 5 月初前后，于晴天上午挖取生长健壮、无病虫害、带生长点的蕨菜根状茎作为接种材料带回实验室。

2. 根状茎预处理

先用流水冲洗刚突起的根状茎部分，用无菌滤纸吸干材料表面水分，再用 70%的酒精棉球擦拭。剪取 1～2 cm 长、带刚突起的根状茎置于烧杯内，在自来水下冲洗 0.5～1 h，然后剪取 0.5～1 cm 长、带刚突起的根状茎部分置于无菌烧杯内，待用。

3. 根状茎表面灭菌

在超净台上对预处理的根状茎进行表面灭菌。先用 75%酒精浸润 30 s、无菌水冲洗 3 次，再用 0.1%升汞溶液浸泡 10 min、无菌水漂洗 3～5 次，最后再用无菌滤纸吸干水分，备用。

二、GGB 诱导

将灭菌后带刚突起的根状茎按极性接入 1/2 MS+AC 1.5 g/L+KT 2.0 mg/L+6-BA 3.0 mg/L+NAA 0.5 mg/L 的 GGB 诱导培养基(pH 5.8)中。设定培养条件：培养温度(25±1) ℃，光强 2 000 lx，光照时间 12 h/d。接种 20 d 左右培养基上的部分外植体开始形成黄绿色颗粒状 GGB 团块，随着时间的延长，GGB 团块上 GGB 的数量逐渐增多、逐渐增大。当 GGB 大小达到 1 mm 左右时，可以切割增殖。

三、GGB 增殖

将诱导产生的 GGB 团块，剥离成含 2～3 个 GGB 的小团块接种到 1/2 MS+AC 1.0 g/L+KT 1.0 mg/L+6-BA 2.0 mg/L+NAA 0.3 mg/L 的 GGB 增殖培养基上培养。培养条件同 GGB 诱导培养。一般每瓶接种 4 个 GGB 的小团块。增殖培养 30 d 左右会形成含有 20～30 个 GGB 的大团块。每 30 d 继代增殖 1 次，反复增殖，实现 GGB 大量增殖。

技术提示

GGB(green globular body)绿色球状体是蕨类植物组培过程中出现的一种特殊结构,通常是由众多绿色颗粒组成的球状体。GGB在诱导培养基中可不断增殖,通过改变培养基成分使其迅速分化出幼苗,具有增殖快、分化快、成苗周期短的特点。因此,利用GGB进行蕨类植物种苗的繁殖有着良好的发展前景。目前,多种蕨类植物已建立GGB组培快繁途径,如鹿角蕨、笔筒树、华南紫萁、光叶蕨、凤丫蕨、过山蕨、蕨菜等。虽然,目前已经通过诱导得到了多种蕨类植物的GGB,但不同种类的GGB在大小、生长速率、外部形态方面存在一定差异,其适宜的增殖和分化条件也因种而异,有待进一步研究。

四、不定芽诱导

无菌条件下,将增殖培养30d的GGB团块剥离成单个、直径大于1 mm的GGB,直接接种到1/2 MS+AC 1.5 g/L+KT 2.0 mg/L+NAA 0.2～0.5 mg/L的不定芽诱导培养基上培养。培养条件同GGB诱导培养。接种12 d后GGB陆续诱导出芽,随着培养时间的延长,不定芽渐渐长高、由浅绿变成深绿色,40 d左右芽苗可长至3.0 cm以上。

五、试管内生根

将高3 cm以上的不定芽切割成单芽接种到1/2 MS+AC 1.5 g/L+NAA 0.2 mg/L的生根培养基上培养。培养条件设定为温度(25±1) ℃、光强2 500～3 000 lx、光照时间14 h/d。接种后15 d左右开始形成根原基,30 d左右根长1.0 cm以上,此时可进行驯化移栽。

六、驯化移栽

先将生根的蕨菜组培苗移至驯化室炼苗7 d,然后用洗苗枪将蕨根上的培养基冲洗干净,并去除褐色老根,最后置于0.1%的高锰酸钾溶液中浸泡5 min,沥干水分后移栽到草炭∶河沙=1∶1的混合基质中。移栽后15 d内遮光度保持60%左右,湿度和温度分别控制在85%以上、(25±2) ℃范围内,注意通风,创造试管苗快速生长的有利条件。15 d后逐渐增加光强到5 000 lx左右,30 d后新叶长出、新根生成,代表移栽成活。

蕨菜组培苗出瓶清洗与消毒处理

蕨菜组培与快繁任务实施流程见图10-3-1。

图 10-3-1　蕨菜组培与快繁任务实施流程

技术提示

1. 蕨菜根状茎预处理和表面灭菌时，刚萌发的生长点部分比较幼嫩，动作要轻，以免受伤影响诱导率。

2. GGB 是独立的胚性细胞，无菌分割时不能用无菌解刨刀去切割，而要用解剖刀尖轻轻剥离，以免划伤 GGB 而影响诱导。

知识链接

一、蕨菜组培概况

我国于 20 世纪末 21 世纪初开始探索蕨菜组培与快繁技术，并对蕨菜根状茎 GGB 诱导、增殖、分化、生根以及驯化移栽进行了深入的研究。目前，根状茎、孢子、原叶体、叶柄、幼叶等均可作为蕨菜组织培养的外植体，其中以根状茎、孢子作为外植体的研究较多。但若要建立组培工厂化育苗体系，以根状茎作为外植体更为有利和快速。随着研究的不断深入，蕨菜的组培快繁技术体系日趋完善，现已初步建立了一套蕨菜组培与快繁的培养程序。

蕨类植物生活史

二、蕨菜组培与快繁操作流程

蕨菜组培与快繁操作流程如图 10-3-2 所示。

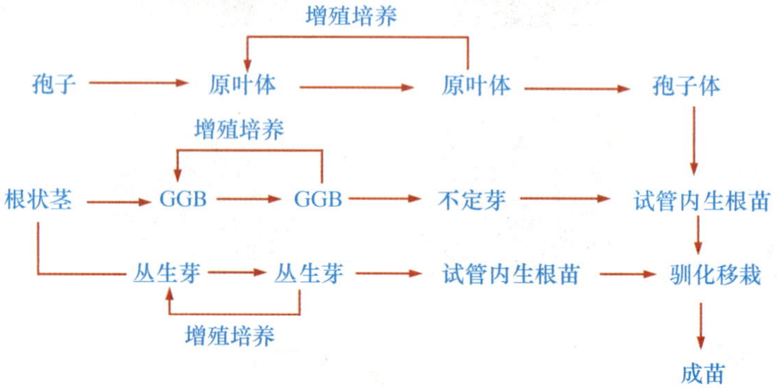

图 10-3-2　蕨菜组培与快繁操作流程

三、蕨菜组培与快繁的影响因素

影响蕨菜组培与快繁的因素主要有外植体、基本培养基、消毒方法、外源激素、糖源等。

(一)外植体和基本培养基的选择

以孢子体为外植体,重要的是对外植体材料和质量的选择与审定。外植体材料生理和营养状况的不同可能会导致组织培养工作的混乱。经过在 30 余种培养基类型上的试验证明,蕨菜不同类型的外植体中,以地下茎(根状茎)最幼嫩的包括生长点在内的先端小段,经过诱导才具有产生大量不定芽的能力,也最易诱导形成 GGB。选择配子体材料进行组织培养时,如果能获得孢子,大多采用孢子作为外植体。蕨菜组培应用的基本培养基一般有 MS、1/2 MS、Knop、N_6等。在用孢子体作为初代培养外植体材料或继代增殖阶段培养材料时,常使用较高无机盐浓度的 1/2 MS。在孢子萌发、分化成苗、生根阶段应使用低盐浓度的基本培养基,如 Knop、1/8 MS 等,因为高盐浓度往往抑制孢子萌发。MS 培养基对提高孢子的萌发效果最佳,而 1/2 MS 培养基则有利于诱导出绿色小球 GGB,进而诱导出不定芽、分化出苗。需要注意的是,因蕨菜种类繁多和生育特性不同,对培养基成分的要求也有所不同。

(二)消毒方法

蕨菜组织培养的外植体消毒一般采用 0.1%～1.0%升汞、70%～75%酒精等常用消毒剂。升汞虽然杀菌力强,但对外植体的伤害也很大,并且不易去除,所以一般使用浓度不超过 1.0%,而且要严格把控消毒时间。另外,同样的消毒时间和消毒方法对不同大小的外植体消毒效果也不同,将大块的外植体消毒后再切成合适大小接种比把外植体切成合适大小消毒后再接种效果要好,并且成活率也较高。

(三)外源激素

蕨菜组织培养时,培养基中添加的外源激素有 IAA、NAA 或 IBA 等生长素、GA_3等赤霉素和 BA、KT 等细胞分裂素。GA_3能有效打破孢子休眠,促进上一年常温保存的孢子提早萌发，并能提高萌发率，而对当年的孢子只有促进提早萌发的作用，不能提高萌发率。在不含有任何激素的 1/2 MS 培养基中 GGB 诱导率极低，但当添加 6-BA、IBA、NAA 后，GGB 诱导率与增殖率均有所提高。KT、Zip 和 Zeatin 等细胞分裂素在适宜的浓度水平都具有较好的诱导芽增殖的效果。

(四) 糖源

在蕨菜的组培中，一般以蔗糖为糖源，其次为葡萄糖。高浓度的糖会抑制孢子萌发，加入适量的糖则有利于原叶体的进一步生长发育，但有关蔗糖的最佳浓度尚无定论。糖源对蕨类植物的世代转换也有重要的影响。一般认为在无糖源或在低糖源水平的饥饿状态下，容易诱导孢子生殖，而含高浓度糖的培养基则有利于无性生殖原叶体的诱导。

四、蕨菜组培与快繁的发展趋势

尽管蕨菜有很多组织培养成功的报道，但真正用于大规模商业化生产的并不多。因为在目前的蕨类组培技术条件下，组培苗生长缓慢、污染严重、成活率低、成本过高、炼苗阶段的小苗存活率低等，这些都是阻碍蕨菜组培技术发展的突出问题。为此，国内外学者将环境控制技术和组培技术有机结合起来做了大量研究。

(一)采用新技术

由于传统的组培技术中使用的含糖培养基容易受到污染，日本千叶大学古在丰树教授发明了一种全新的植物组培技术——无糖组培技术，其优点是用 CO_2 气体代替常规培养基中的糖源作为植物组织培养过程中所需要的碳源，通过环境控制技术，为组培苗提供生长发育所需的光、温、水、气、营养等条件，避免了蕨菜传统组培过程中因污染而引起的损失，减少了生理及形态的异常。

(二)改善培养方式

利用气升式生物反应器进行组织培养，这是一种模仿蕨类植物自然生长环境的培养方式。以蕨菜在自然界里生长的土壤为基质，作适当调节，经消毒灭菌后应用于组织培养。它具有更强的抗杂菌能力，流动性也更为均匀，结构简单、容易操作。目前，这种培养方式已用于蕨类生产。

(三)培育壮苗、改善培养条件

通过培育健壮的组培苗、调控环境因素、选择适宜的基质来提高蕨菜组培苗的成活率。

问题探究

☆如何做到对根状茎进行全面、彻底的灭菌？

☆蕨菜 GGB 发生型与蝴蝶兰原球茎发生型的再生途径之间有何不同？

拓展学习

铁线蕨孢子的组织培养技术流程

自我测试

一、填空题

1. 马铃薯脱毒最好的方法是(　　　　)。

2. 马铃薯微茎尖要求最好带(　　　　)叶原基。

3. 马铃薯种性退化是(　　　　)造成的。

4. 病毒主要通过(　　　　)等途径传播。

5. 由试管苗生产的重(　　　　)g 的微小马铃薯称为微型薯。

6. (　　　　)是蕨菜主要的人工繁殖方法之一，具有繁殖快、周期短、苗木质量高等特点。

7. 生姜的脱毒苗培育通常以(　　　　)热处理催芽的新生芽苗上剥取的茎尖为外植体，通过(　　　　)再生植株。

8. 蕨菜以根状茎为外植体，通过(　　　　)发生型再生植株，建立组培与快繁无性系。

9. 将诱导产生的蕨菜 GGB 团块，剥离成含(　　　　)个 GGB 的小团块接种到相应的培养基上进行增殖培养。

10. 影响蕨菜组培与快繁的因素主要有外植体、基本培养基、(　　　　)、(　　　　)、糖源等。

二、判断题

1. 液体培养微型薯要求光下培养。(　　　)

2. 马铃薯增殖培养阶段，固体培养和液体培养都可以。(　　　)

3. 马铃薯试管苗徒长，可在 MS 培养基中添加 B_9 或 CCC 复壮。(　　　)

4. 马铃薯脱毒苗快繁的影响因素有培养基、培养条件、外植体大小等。(　　　)

5. 马铃薯茎尖培养以滤纸桥法液体培养诱导形成的愈伤组织较少。(　　　)

6. 培养基中加入较高浓度的 GA，利于马铃薯茎尖的伸长和成活。(　　　)

7. 马铃薯脱毒种苗一般每间隔 30 d 切转一次，扩繁倍数一般为 3～6 倍。(　　　)

8. 马铃薯脱毒试管苗驯化移栽多采用单芽茎段或双芽茎段瓶外扦插方式。(　　　)

9. 只要待生根生姜组培苗长至 5～6 cm 就可以炼苗移栽。(　　　)

10. 在蕨菜的组培中，一般以蔗糖为糖源，其次为葡萄糖，高浓度的糖促进孢子萌发。(　　　)

测试要求:先独立自测后核对答案
温馨提示:自律彰显素养　诚信成就人生

项目 10 自我测试题参考答案

自我总结

结合本项目学习和实训,绘制生姜、马铃薯和蕨菜等脱毒与快繁的思维导图。

项目 11　果树组培与快繁

中国是世界生产水果最多的国家，也是世界消费水果最多的国家。随着人民生活水平的不断提高，人们对水果的安全、营养、多样化提出了更高的要求，消费更趋向于优质、特色、品牌产品。而培育整齐度高、一致性好、优质丰产的果树种苗，无疑是促进果树生产的一项重要基础工作。传统的果树繁殖方法主要是实生繁殖、嫁接、分株、扦插等方式，但是果树生长周期长、杂合度高以及容易发生病毒病等问题，导致传统的繁殖方式难以从质和量上保证优质种苗的推广应用。植物组织培养与传统繁殖方式相比，有用材少、繁殖系数高、繁殖速度快、工作不受季节限制等优点，可以实现周年生产，有利于保持优良果树品种的遗传特性和良种的推广，并且通过培育脱毒种苗，能够有效克服病毒病对果树产量和品质的影响。此外，细胞融合技术可以克服果树远缘不亲和性障碍，有利于果树新品种的培育。果树组织培养与快速繁殖技术已经成为现代果树生产的一项实用科学技术，以此项技术应用为支撑，大规模工厂化生产优质果树苗木已成为必然趋势。

学习目标

知识目标

1. 掌握樱桃、香蕉、蓝莓脱毒与快繁技术；

2. 掌握蓝靛果、软枣猕猴桃组培与快繁技术。

能力目标

1. 能够针对不同果树选择最适宜的外植体和再生途径进行脱毒与快繁；

2. 具有一定的文献搜集与处理能力、观察能力，分析解决问题能力，提高果树组培与快繁技术的应用能力。

素质目标

1. 树立市场意识、成本意识、质量意识、环境保护意识和责任意识；

2. 具有“三农”情怀、民族自豪感、团队精神和较高的职业素养。

思想领航

——树高千尺，不忘根本；果香万里，由树而来。

——合抱之木，生于毫末；九层之台，起于累土；千里之行，始于足下。

项目实施

任务 11-1　樱桃脱毒与快繁

樱桃为蔷薇科樱桃亚属植物，分为中国樱桃和欧洲樱桃。目前世界上栽培较普遍的樱桃种类有欧洲甜樱桃、欧洲酸樱桃、中国樱桃和毛樱桃。樱桃鲜食（如欧洲甜樱桃）、加工（如欧洲酸樱桃）均可，而且也是城市绿化、美化的理想树种。其繁殖以扦插繁殖为主，但在长期的无性繁殖过程中，樱桃苗木感染并积累了多种病毒（截至 1985 年已发现 39 种樱桃病毒）、类病毒，使树势减弱、产量降低、果实品质下降，甚至整株死亡。美国、加拿大、英国等国的甜樱桃曾因病毒危害而减产 30%以上，严重者全园崩溃。我国甜樱桃栽培面积不断扩大，病毒病也成为影响其产量和品质的重要因素，如李属坏死环斑病毒侵染大樱桃可使果园减产 25%～50%。如果两种以上病毒复合侵染大樱桃，减产幅度会更大。通过组培技术手段能够繁育樱桃脱毒苗，为实现良种快繁和良种樱桃的无毒化栽培提供技术保障。

任务描述

外植体：微茎尖。

再生途径：丛生芽增殖型。

操作程序：茎尖热处理→微茎尖剥离→丛生芽诱导→脱毒苗鉴定→不定芽转接→增殖培养→生根转接→生根培养→驯化移栽。

实践成果：建立樱桃脱毒苗快繁无性系。

任务分析

本任务是先对优质樱桃母株进行热处理，再离体培养微茎尖，通过丛生芽增殖型再生途径培养成苗。相对来说，培养材料容易获得，操作简单。其技术关键是合理设定热处理温度、准确剥离微茎尖和科学鉴定脱毒效果。要求操作人员清楚樱桃脱毒与快繁技术要领、操作流程，操作规范、熟练、动作协调，这样才能顺利完成实操任务。

任务实施

一、脱毒处理

盆栽甜樱桃热处理与微茎尖培养相结合的脱毒处理方法见任务 6-1。微茎尖培养一般 15 d 左右会在切口和腋芽处产生 10～30 个丛生芽(图 11-1-1)。

二、脱毒苗鉴定

樱桃脱毒苗鉴定可选择汁液涂抹法和双重芽嫁接法，具体参照任务 6-2。

三、脱毒苗快繁

将苗高达到 2 cm 左右、具 4～5 片叶的丛生芽切割成单芽茎段接种到 MS＋6-BA 1.0 mg/L＋NAA 0.2 mg/L＋$AgNO_3$ 3.5～10.0 mg/L 的增殖培养基上。培养 30 d 左右芽苗可长到 4～6 cm 高，具 4～8 片叶，丛生芽增殖数达到 6 个以上。如此反复切割转接，扩大繁殖数量(图 11-1-2)。分离丛生芽苗，并剪切成 2 cm 左右长的茎段，转接到 1/2 MS＋IBA 0.7 mg/L＋NAA 0.2 mg/L 的生根培养基上，生根率可达 75.1%(图 11-1-3、图 11-1-4)。增殖与生根培养的培养条件同微茎尖培养。

图 11-1-1　樱桃定芽诱导丛生芽

图 11-1-2　樱桃丛生芽

图 11-1-3　樱桃生根培养(示生根状态)

图 11-1-4　待移栽的樱桃生根苗

四、清理现场

安排值日组，清理现场。要求设备用具归位、现场整洁。后期对茎尖诱导培养跟踪观察，要求观察仔细、记录完整。

五、驯化移栽

采取分步移栽法。将甜樱桃脱毒苗在温室内按常规要求驯化后移栽到河沙中。温室保持气温 20 ℃左右、地温 18～20 ℃，成活率一般可达 90%以上。移栽 2 周后脱毒组培苗长出新叶，这时再移栽到塑料钵。基质选择粗沙、蛭石、草炭 1∶1∶1混合的复合基质。二次移栽 1 周后逐渐放风，最后带基质坨栽植到大田，移栽成活率可达 80.5%以上。

为了加快樱桃脱毒苗的培育速度和降低成本，可用嫁接技术二级扩繁，嫩枝嫁接、芽接均可。砧木选用已脱毒的 2 年生砧木。将脱毒组培苗高接后，第二年春再在其上取芽作接穗进行嫁接，秋季可获商品苗。

大樱桃组培与快繁任务实施图解

技术提示

1. 严格控制热处理的温度和时间。
2. 严格遵守微茎尖剥离的操作程序与技术要求。
3. 针对检测的病毒对象，选择不同的指示植物。
4. 最好春季培育樱桃脱毒苗。
5. 注意培养基中添加 BA 的浓度要适宜，否则容易导致玻璃化。

知识链接

一、樱桃组培概况

樱桃组培技术始于 20 世纪 60 年代，经过近 60 多年的发展，利用樱桃的茎尖、茎段、根尖、叶片、子叶、种子和花器官等外植体都可以诱导出植株，并对胚培养、细胞悬浮培养、砧木生根诱导和胚状体的诱导进行了研究，在樱桃的脱毒培养、转基因技术等方面也取得了一些进展。我国对于樱桃组织培养的研究始于 20 世纪 80 年代中期，主要集中在以扩繁为目的的器官离体培养的研究。虽然樱桃的茎尖、茎段、叶片、根、种子和花器官都能进行离体培养诱导出苗，但是樱桃的多数品种生根比较难，因此对于樱桃组培苗诱导生根方面也进行大量的探索。近些年，很多学者重点研究了不同的樱桃种类组培与快繁的技术。如魏明杰等以甜樱桃品种高砂、顽童和中国樱桃品种莱阳矮樱为试材，以 MS 和 F14 为基本培养基进行组培试验，对增殖率和成苗率等指标进行研究，结果表明：用 F14 做培养基，3 个樱桃品种茎尖组培苗的增殖系数比 MS 高。赵晓光用甜樱桃早红宝石的茎段为外植体，得出结论：甜樱桃的最佳增殖培养基为 MS+6-BA 1.0 mg/L+IBA 0.1 mg/L，最有效的生根培养基为 1/2 MS+IBA 0.5 mg/L。高杰以德国培育的“吉塞拉”系列樱桃砧木为试材，对影响其组培苗的成活及其长势的一系列因素展开试验研究，发现樱桃组培苗最适的生长激素配比为 6-BA 0.5 mg/L+IBA 0.1 mg/L，琼脂的硬度控制在 8.5～9 g/L，光源距离设定 10～15 cm，温度控制在(25±2) ℃，增殖周期以 4 周左右为宜，在上述条件下组培苗均能保持很好的长势及增殖率。李江等在大规模生产樱桃组培苗的过程中，用玻璃瓶代替三角瓶、以水质好的自来水或凉开水(适于水质差的地方)代替蒸馏水、绵白糖代替蔗糖，同时光强控制在 1 500～4 000 lx(注意光强>5 000 lx 的地方要作遮阳处理)、培养温度控制在 23～25 ℃，将使组织培养技术在生产中应用的成本大大降低。但是对于近些年发展较快的一些离体培养技术，如胚状体的诱导、细胞悬浮培养等仅仅进行了初步的探讨，而在樱桃原生质体培养、突变体筛选、遗传转化等方面的研究涉及很少。

二、樱桃脱毒与快繁操作流程

樱桃脱毒与快繁操作流程如图 11-1-5 所示。

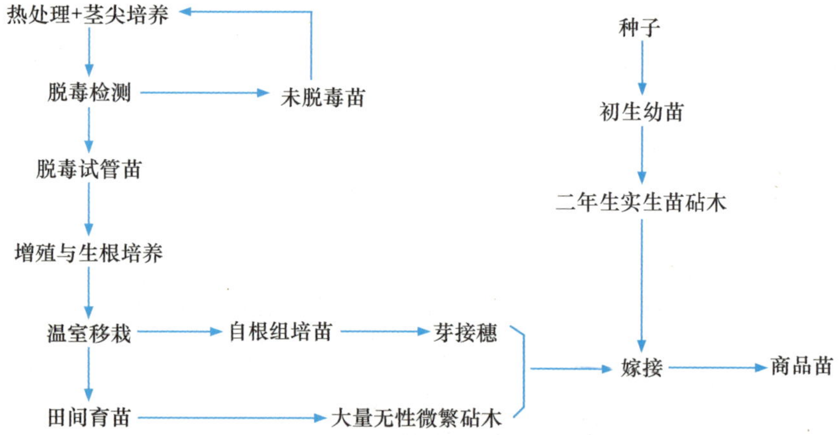

图 11-1-5 樱桃脱毒与快繁操作流程

三、樱桃脱毒与快繁的影响因素

(一)樱桃脱毒的影响因素

1. 茎尖大小

脱毒率和成活率是茎尖脱毒效果的重要指标。切取大樱桃 0.1～0.3 mm 的分生组织进行培养，能有效消除苹果褪绿叶斑病毒、洋李矮缩病毒、失绿坏死环斑病毒、欧洲锈斑驳病毒和樱桃小果病毒等。覃兰英(1997)等检测樱桃茎尖分生组织培养脱毒苗发现:0.3 mm 以下的小茎尖脱毒率为 100%,0.4～0.8 mm 的为 70%～80%,0.8 mm 的不到 50%。但代红艳(2003)等证明大樱桃茎尖培养不能有效脱去 PNRSV。谢永红(2003)等以乌皮樱桃为试材,研究结果表明:通过热处理和生长点培养,可脱除常见的樱桃坏死锈斑驳病毒(cherry necrotic rusty mottle)和坏死环斑病毒(cherry choroticnecrotic ring spot),芽诱导率为 98.5%,脱毒芽的增殖倍数为 7～12,继代周期 30～35 d,壮苗率为 90%,生根率高达 98%,移栽成活率高于 95%。

2. 高温水浴处理

据报道,将带毒的甜樱桃休眠枝条在 52 ℃恒温水浴锅中处理 20 min,插入温室苗床 65 d 后检测带毒情况,会出现部分苗木新梢脱除了樱桃坏死环斑病毒。如果只用分生组织培养则很难去除樱桃坏死环斑病毒,而热处理与组织培养结合起来则很容易脱毒。

3. 其他因素

近年来,化学药剂在植物抗病毒中有着广泛的应用。Deogratias 等报道培养基中添加病毒唑,甜樱桃可脱除 ACLSV、PNRSV、PDV 等病毒;罗晓芳(1996)等将三氮唑核苷、土霉素、盐酸吗啉双胍结合使用,对脱除 CLSV 有一定效果。

(二)樱桃组培快繁的影响因素

1. 品种与取材时期

宁淑香(2001)等发现 6 种樱桃砧木在同一培养基中分化存在着差异,这主要是由同一属植物不同品种之间的基因型存在一定的差异所致,供试大樱桃砧木为大连市农业科学院培育的杂交新品系 1193、英国东茂林试验站培育的考莱特(COLT)、日本培育的北海道及山东草樱、本溪山樱、水桃 6 个品系,按再生能力由强到弱的排列顺序是:1193、北海道、山东草樱、考莱特、水桃、本溪山樱。取材时期会影响茎尖培养的成活率。覃兰英(1997)等试验结果表明:樱桃休眠后取材,其成活率均高于生长期、休眠前期。代红艳(2003)等试验认为甜樱桃夏季取材,可供接种的茎尖数较少,但成苗率较高;冬季取材,枝条上可供接种的茎尖数较多,但成苗率低。此外,不同樱桃品种其试管苗生根的难易程度也有差异。

2. 培养基与植物激素

樱桃茎尖、茎段培养多以 MS 或改良 MS 培养基为基本培养基即可满足营养需要。附加的植物激素有 BA、IAA、IBA、GA、NAA、ZT 和 TDZ 等。谷迎春(2003)等认为北海道樱桃试管苗增殖培养基的最佳激素组合为 MS+BA 0.5 mg/L+IAA 0.2 mg/L+GA 0.5 mg/L (pH 5.8)。韩文璞(1994)等报道中华矮樱桃的初代茎尖培养应以 MS+6-BA 1.5 ～2.0 mg/L 的培养基为宜,继代扩繁应降低 6-BA 的使用量,适量配以 ZT,以 MS+6-BA 0.5 mg/L+ZT 0.1 mg/L 为主,隔代使用 MS+6-BA 0.5 mg/L+GA 0.5 mg/L,可使扩繁系数达 5 倍以上。另外,液体培养比固体培养往往生长量大,成活率高。覃兰英(1997)等将大紫樱桃茎尖分别接入 F14 液体和固体培养基中发现,采用液体培养的茎尖成活率为 29.3%,是固体培养的茎尖成活率的 3～4 倍,且茎尖分化良好。

诱导樱桃试管苗生根的基本培养基以 1/2 MS 为主,生根激素及活性炭在樱桃试管苗生根培养中具有重要作用。郑红军等(2001)以中国樱桃抗病毒优系 39 号试管苗为试材,在培养基中滴加碳素墨水，其促根作用十分明显，生根率达到96%以上，生根条数9.45条。唐晓杰等人的试验结果表明，诱导酸樱桃组培苗最适宜的生根培养基是1/2 MS+IBA 1.0 mg/L，生根率高达93%。代红艳(2003)等研究甜樱桃红灯、高沙、巨红等试管苗生根时发现，采用一步生根法，在附加IBA 0.5～2.0 mg/L或NAA 0.2～0.8 mg/L的1/2 MS上，除高沙外，其他品种的生根率均较低，小于30%，而采用两步生根法，即先将试管苗接种在附加1/2 MS+IBA 4.0 mg/L+的培养基上暗培养6 d，然后转移到1/2 MS上继续培养，可以显著提高生根率，顽童和早红宝石的生根率均达到100%。魏明杰(2012)等以甜樱桃品种顽童为试材，发现在F14+IBA 1.0 mg/L上添加活性炭500～1 000 mg/L时，可有效提高顽童的生根率。

(三)影响樱桃组培苗驯化移栽的因素

1. 驯化方法

樱桃组培苗直接移植到田间成活率很低，因此从组织培养到田间需要一个驯化培养阶段。韩文璞(1994)等以中华矮樱桃为试材，当试管苗主根达2 cm以上、侧根长出2～3条时即可转移至基质中，但转移前3 d需要开瓶炼苗。自然光炼苗比不炼苗的移栽成活率由41.0%提高到97.0%。谷迎春(2003)等对北海道樱桃生根苗采用三步移栽法(即先将生根苗栽到细沙中，2周左右移入营养土中，3～4周即可移入田间)成活率可达90%以上；而采用二步移栽法(即缺少砂培或土培过程)的成活率不足30%。

2. 移栽基质

孙满芝(2000)等认为，以干净的河沙作基质，移栽成活率最高可达94%，并且移栽后要注意保证一定的湿度、温度，并辅助一定的光照。王小龙(2006)等以樱桃矮化砧木Colt组培苗为试材，主要从樱桃试管苗繁殖过程中精选壮苗、基质选择(河沙∶蛭石=1∶1为最适配组)、炼苗、苗木处理、移栽时间、方法、环境调控等方面进行试验，组培苗移栽成活率达到94.7%。

四、樱桃脱毒与快繁的常见问题

组培苗的玻璃化和污染问题是樱桃组培与快繁的一个瓶颈，始终出现并贯穿在组培与快繁全过程，给樱桃组培与快繁带来极大的困扰。

(一)玻璃化苗问题

高红兵等以酸樱桃为材料，以蔗糖浓度、琼脂浓度、pH、6-BA浓度作为4个因素探索酸樱桃玻璃化苗的形成机理。在4种因素对酸樱桃组培苗玻璃化的影响程度大小上，蔗糖浓度、pH、6-BA浓度的影响都达到了0.01的极显著水平，而琼脂浓度对组培苗玻璃化的影响不明显。其中，蔗糖浓度、pH、6-BA浓度这三个因素的作用强弱依次为蔗糖浓度>pH>6-BA浓度。由此可见，酸樱桃组培苗玻璃化现象受多因素的影响，并不是由某一单因素决定。廖晴等以樱桃砧木吉赛拉5号为试材，将6-BA的浓度控制在1 mg/L以下、蔗糖浓度40 g/L、琼脂浓度6 g/L左右、培养温度24 ℃左右，可有效地预防玻璃化苗的发生。实践中可从以下几方面预防培苗的玻璃化：①适当控制培养基中无机营养成分，减少培养基中的氮素含量；②适当提高培养基中蔗糖和琼脂的浓度；③适当降低细胞分裂素和赤霉素的浓度；④增加自然光照，控制光照时间；⑤控制好温度；⑥改善培养器皿的通风；⑦在培养基中添加其他物质如间苯三酚或根皮苷。

(二)污染问题

造成樱桃组培污染的原因主要有两方面:一是外植体自身带菌,特别是内生菌;二是组培工艺过程中各环节操作不当或不严格而导致带菌。植物组织培养中污染的控制取决于灭菌技术、灭菌设备、外植体年龄和环境条件等许多方面。由于木本植物具有较大的导管,材料内部易感染病菌,常规灭菌方法不易杀死内生菌,极容易导致污染。采用抗生素类药物可直接浸泡外植体或添加到培养基中,能防止和消除细菌污染。郭梁(2009)等以欧洲甜樱桃红灯 5 年生健壮植株为试材,研究了培养基中蔗糖及不同抗生素配比对外植体茎段培养污染率的影响。结果表明:无蔗糖培养基能显著降低染菌率,外植体在无糖培养基中最佳培养时间为 7 d;利福平和氯霉素能很好地抑制菌类物质活性,降低茎段培养的污染率,二者浓度均为 100 mg/L 时获得无菌成活苗的概率最高,100 mg/L 利福平+50 mg/L 氯霉素的无糖培养基处理外植体的污染率为零,成活率为 90%。黄文江(2004)等采用头孢噻吩钠(Carb.)和羧苄青霉素(Cef.)两种抗生素处理继代培养中被细菌污染的樱桃试管苗,结果表明:随着抗生素浓度的增加,试管苗的污染率和污染程度均降低,但对试管苗生长的抑制逐步增强;在抗生素浓度 100~200 mg/L 条件下,能有效抑制细菌的生长繁殖,并且对试管苗生长抑制不明显。廖晴(2012)等以樱桃砧木吉赛拉 5 号为试材,在培养基中加入 500~1 000 mg/L 多菌灵 50%可湿性粉剂,可有效防止污染的发生。

问题探究

☆一种指示植物能否检测出樱桃试管苗体内的所有病毒?

☆樱桃脱毒苗与红掌组培苗的驯化移栽方法有何不同?

拓展学习

组培内生菌污染

任务 11-2　香蕉脱毒与快繁

香蕉为芭蕉科、芭蕉属大型草本植物，是生长于亚热带、热带的著名水果，并且被联合国粮农组织(FAO)认定为仅次于水稻、小麦、玉米之后的第四大粮食作物。香蕉以其营养丰富、芳香味美而深受人们的喜爱，成为全球鲜果消费量最多的水果。香蕉产业是我国南亚热带地区农业支柱性产业，对农民增收及社会稳定发挥着重要作用。目前主栽品种有巴西蕉、桂蕉 6 号、南天黄等品种。部分栽培的鲜食香蕉大多为单性三倍体(AAA、AAB 或 ABB)，具有高度不育性。香蕉传统的繁殖方式主要是利用母株生长的吸芽、地下茎切块繁殖为主，一株优良的香蕉母株，一年内只能繁殖 4～10 个子株，不仅繁殖系数低，而且容易导致病毒的积累和传播，对香蕉的产量和品质影响较大。侵染香蕉的病毒主要有香蕉束顶病毒、黄瓜花叶病毒、香蕉条纹病毒、香蕉苞片花叶病毒等(费继锋等，2001)。随着香蕉种植规模的扩大，香蕉病毒病的发病也越发严重，成为香蕉产业发展的限制性因素。据王达新调查，海南地区头造香蕉病毒病的发病率为 5%～8%，一些连作蕉园的病毒病发病率达到 20%左右。一旦感染病毒，常导致香蕉植株矮化、不开花、不接穗、果实畸形等，造成大幅度减产，若多个病毒复合侵染香蕉，则减产幅度将更大。以组织培养为技术手段，繁育香蕉无病毒苗木，能够提高香蕉抗性，可以实现香蕉良种快繁和无病毒栽培。

任务描述

外植体：吸芽茎尖。

再生途径：丛生芽增殖型。

操作程序：外植体选择与处理→微茎尖剥离→丛生芽诱导→脱毒苗鉴定→不定芽转接→生根培养→驯化移栽 。

实践成果：建立香蕉脱毒苗快繁无性系。

任务分析

本任务是从无传统病虫害威胁地区种植的优良香蕉母株上挖取基部的吸芽，经消毒处理后剥取微茎尖进行培养，通过丛生芽增殖型再生途径培养成苗。相对而言，培养材料容易获得，操作简单。其技术关键是准确剥离微茎尖和科学鉴定脱毒效果，要求操作人员熟练掌握香蕉脱毒与快繁技术要领、操作流程，操作规范、熟练，动作协调，理论实践相结合，才能保证顺利完成实训(或生产)任务。

任务实施

一、脱毒苗培育

(一)脱毒材料的选择

1.母株的选择标准

选择香蕉母株时,应在无传统病虫害威胁地区选取香蕉母株,要求生长态势良好、果实较为整齐、产量较高,以提高脱毒效果。

2.吸芽的选择

从香蕉母株基部选取吸芽时,最好选择暴露在地面的健壮吸芽。吸芽选取时间最好在早春或秋季取芽,避免在梅雨季节取芽。

(二)微茎尖培育

1.材料灭菌

将取回的吸芽,洗去表层污泥,剥除外层叶鞘,用洗衣粉水清洗干净,流水冲洗 1 h 左右。在超净工作台上,用手术刀剥除叶鞘,留取 6~8 cm 的球茎基部,先用 75%的酒精浸泡 1 min,再用 0.1%升汞溶液浸泡 15 min,无菌水冲洗 4~5 次后,用无菌滤纸吸干表面水分,备用。

2.微茎尖培养

方法 1:将灭菌后的吸芽,在无菌状态下借助解剖镜剥离微茎尖,生长点大小为 0.3~0.5 mm,带 1~2 个叶原基,将切下的微茎尖迅速接种到诱导培养基(改良 MS 培养基附加 KT 2 mg/L、适量 BA、NAA)进行培养。

方法 2:将灭菌后的茎尖切成 0.8 cm×1 cm 的外植体,接种在 MS+6-BA 5 mg/L+IAA 2 mg/L+蔗糖 30 g/L 的培养基上,5 d 后外植体开始膨大生长,20~25 d 后长成丛生芽,获得无菌材料进行继代培养。选取继代培养 20~30 d 的健壮芽苗,在无菌条件下切取带 1~2 个叶原基、大小为 1.0~2.0 mm 的茎尖,借助解剖镜下剥离微茎尖,要求微茎尖大小为 0.3~0.5 mm,带 1~2 个叶原基。为防止微茎尖干燥,剥离后立即置于 MS+6-BA 3 mg/L+NAA 0.1 mg/L+蔗糖 30 g/L 的诱导培养基上进行培养。

3.脱毒苗鉴定

香蕉脱毒苗的鉴定可以采用酶联免疫法,具体操作参照任务 6-2。

4.脱毒苗快繁

微茎尖在诱导培养基上生长 1 个半月左右,将 2~4 株/丛的丛生芽接种到增殖培养基(MS+6-BA 4 mg/L+NAA 0.1 mg/L+蔗糖 30 g/L)上进行培养。

5.生根培养

当苗高长到 4~5 cm 时便可进行生根培养。生根培养基为 MS+肌醇 50 mg/L+NAA 0.1 mg/L+蔗糖 40 mg/L。生根培养 45 d 左右,当假茎长 9 cm 左右并长出较多细根时便可移栽。

6.驯化移栽

将根系发达的香蕉组培苗假植在温室砂床，1周内保持环境湿度在90%左右，20 d后挑选健壮的小苗移栽到椰糠为基质的育苗砵中。2～3个月后香蕉苗长至几十厘米时，便可大田定植。

香蕉脱毒与快繁任务实施图解

技术提示

1. 严格遵守微茎尖剥离的操作程序与技术要求。
2. 检测材料最好选择带有大叶脉组织。
3. 采用酶联免疫法检测脱毒效果时，注意避免假阳性的出现。

知识链接

一、香蕉组培概况

香蕉组培与快繁主要是培育脱毒种苗，以保证香蕉规模化生产和产品质量。Berg等(1974)对香蕉的地下球茎进行35～43 ℃的湿热空气处理100 d，从长出的新侧芽上切取茎分生组织进行培养，获得无病毒小植株。欧阳浩等(1993)以威廉斯香蕉种苗为外植体，在无菌条件下剥离微茎尖(带1～2个叶原基，大小0.3～0.5 mm)，接种在加入适量BA、NAA、KT 2 mg/L和椰乳0.1%的改良MS培养基上，经过培养获得了无病毒小植株。自20世纪90年代开始，以吸芽的微茎尖为外植体，通过丛生芽增殖途径进行香蕉种苗的组培快繁，大大缩短了优良品种的繁育及推广时间，有力地推动了我国香蕉产业的发展。香蕉品种繁多，建立种质资源圃，不仅需要大量人力、物力资源，也容易受外界环境条件的影响，导致种质资源的流失。吴黎明等(2006)以广东香蕉2号、巴西蕉、广东粉蕉1号吸芽为离体培养材料，建立组培体系后，选取继代培养20～30 d的健壮芽苗，在无菌条件下切取1.0～1.5 mm大小的微茎尖，接种在MS+6-BA 2.0 g/L+IAA 0.2 g/L+琼脂5 g/L+蔗糖0.4 mol/L的培养基上预培养2 d，保存效果最好，成活率较高，说明一定浓度的高糖预培养能有效预防冷害对茎尖的影响，提高茎尖玻璃化培养的成活率，为香蕉茎尖玻璃化法进行种质资源保存提供了借鉴。

二、香蕉脱毒与快繁操作流程

香蕉脱毒与快繁一般操作流程如图11-2-1所示。

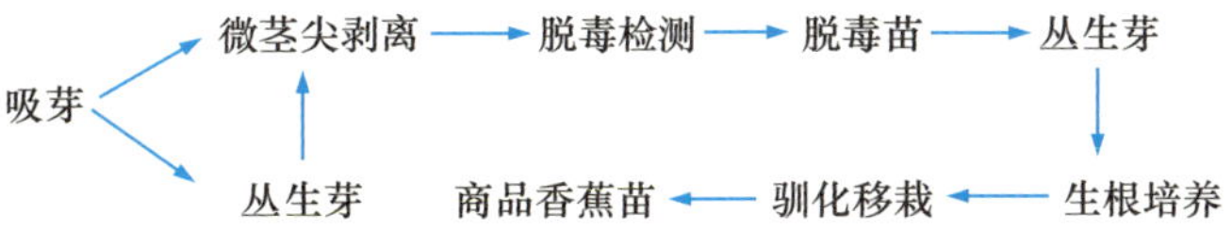

图 11-2-1　香蕉脱毒与快繁操作流程

三、香蕉脱毒快繁的常见问题

香蕉脱毒及快繁技术的应用，对于快速推广优良品种，抑制香蕉束顶病、花叶心腐病等病毒病害、提高香蕉品质与产量都起到了重要作用，但在香蕉组培快繁过程中也遇到一些问题，如变异、污染等，给香蕉苗快繁生产带来困扰。

（一）香蕉组培快繁的变异问题

1. 香蕉变异苗的特征

香蕉从试管苗培养到驯化移栽，到大田结果均可发生各种变异。不同阶段变异特征如下：

（1）试管苗阶段　该阶段主要包括增殖培养和重要培养两个阶段。此阶段变异香蕉苗有 5 种类型：

极度矮小型：叶片短、圆、厚，叶间距显著缩短，形如莲座，芽极矮。

斑叶型：叶片有失绿斑块，不规则，常为红色。

球状体：形如荸荠，可繁殖，但很少分化，从中分化出的芽弱小、生长不良。

白化芽：芽体苍白，长势差。

单株型：在增殖培养中不能增殖，单芽生长，被切割后继代培养，也如此。

（2）驯化移栽阶段　该阶段为组培苗在移栽大田之前所经过的炼苗阶段。此阶段变异苗有如下类型：

矮化苗：叶色浓绿，植株明显矮化。

发育迟缓的弱苗：生长缓慢，植株纤细，叶片窄长直生，比正常植株矮小。

畸形叶：叶片畸形（扭曲或叶缘呈波浪形）下垂，叶片畸形部位多在接近叶柄的地方。

花叶、斑叶：叶片厚度异常，叶片窄小，带绿色斑块，严重时叶片明显下重，斑驳显著。

微红色假茎或绿红色假茎：叶梢、叶柄上出现微红色、绿色或绿红色，叶片呈漏斗状，叶片开张受阻。

（3）大田栽培阶段　香蕉组培苗定植到大田生长一段时间后。可见矮小型、叶片异常、假茎色泽、花序以及果实共五大类变异。其中前三种类型与试管苗阶段和驯化移栽阶段的变异症状相似。花序和果实的变异有如下特征：

宿存花：开花后雌花花被不脱落，不能分泌花蜜，苞片附着且延长枯萎，大部分雄花轴残存着雄花。

果实开裂：朝外纵向开裂。

抽蕾异常：抽蕾迟或提前。

2. 引起香蕉试管苗变异的因素

（1）品种　曾少玲等（2001）对新威廉斯、威廉斯、53-1、74-1 四个香蕉品种进行调查，结果表明:威廉斯的变异率最高达到21.84%,53-1变异率仅有0.5%。韦家川(2005)等所观察的3个品种中,威廉斯的变异率比广东2号的大,台湾8号的变异率最小。因此,变异与品种特性相关。

(2)继代培养时间　在香蕉组培快繁过程中,组织或细胞的变异随培养时间的延长而增加。曾少玲等(2001)发现香蕉不定芽繁殖两年后,叶绿素缺损变异株比繁殖一年的增加20%～30%;同一生产单位的相同品种继代繁殖时间不同,变异也存在着明显差异;繁殖周期在两年以下变异率一般在5%以下,超过3年变异率则成倍增加,超过10%。吴伟怀等(2007)研究发现,台湾北蕉增殖苗在第2代、第3代具有很高的遗传稳定性,第4代至第7代的试管苗则有3%～4%的外观形态异常。

(3)培养基成分　用于香蕉组织培养的培养基成分蔗糖、激素的浓度对香蕉细胞分裂和分化产生一定的影响。曾少玲等(2001)通过研究发现,蔗糖浓度过高时容易产生试管苗白化变异,当使用3%蔗糖浓度的分化培养基时,香蕉芽基部的叶梢常出现紫色斑块,有些芽基部会有愈伤组织产生,从愈伤组织中继续发生的小芽常发生与母株性状不同的各种变异,而使用2%蔗糖浓度无此现象。王正询等(2000)研究表明,在香蕉组织培养中,植物激素的种类和浓度水平对香蕉细胞的分化与生长均有重要作用。激素具有两面性,它既能促进生长、增殖,也能抑制生长,甚至杀死植物,其关键取决于植物激素的种类、浓度及植物细胞的年龄和器官的种类等,一般低浓度下促进生长,中等浓度下抑制生长,高浓度下致畸、致死植物。多数试验表明,当培养基含有多种激素时,诱变率要大于单一激素,而培养基中含2,4-D的复合激素的诱变率又大于含单一的该激素。激素浓度过高也容易诱发诱变,这可能与激素物质抑制过氧化氢酶和过氧化酶的活性或抑制糖酵解过程有关。

(二)香蕉初代培养的污染问题

目前香蕉脱毒与快繁的初代培养大多采用吸芽消毒培养方式,朱广廉等(1996)、柴向华等(2003)研究中发现吸芽消毒较为困难。采用常规的升汞处理对吸芽进行消毒后常因内源性的细菌感染而导致消毒不彻底。此外,在继代培养过程中,如操作不慎,也容易导致细菌污染。唐力波等(2006)利用野生灵芝10 g在1 000 mL蒸馏水中煮2 h的浸出液配制的培养基,对已感染细菌的材料培养一段时间后不仅能消除细菌污染,而且不影响香蕉苗的正常生长。该研究结果对于具有某些抗菌作用的中药材在植物组织培养中抑菌研究提供了借鉴。

问题探究

☆如何防止香蕉试管苗发生变异?

☆如何提高香蕉苗驯化移栽成活率?

拓展学习

茎尖培养

任务 11-3　蓝莓组培与快繁

蓝莓，也称为越橘，专指杜鹃花科越橘属植物中的蓝果类型，是集营养、保健于一身，具有较高经济价值和广阔开发前景的新兴第三代果树树种，原产地和主产地都在北美洲。蓝莓分为高灌蓝莓、矮灌蓝莓、兔眼蓝莓以及其种间杂种半高灌蓝莓、南高灌蓝莓。高灌蓝莓具有果大、产量高等优良品质，是商业种植的重要栽培种。蓝莓果实含有防止脑神经衰老、增强心脏功能、明目及抗癌等独特功效物质，因此被国际粮农组织列为人类五大健康食品之一。目前，蓝莓各种加工产品在国际市场上供不应求，栽培面积迅速扩大，常规的扦插繁殖已经满足不了市场对种苗的需求。采取组织培养技术手段快速繁苗，已成为蓝莓苗木工厂化繁育的主要途径。

任务描述

外植体：幼嫩茎段。

再生途径：无菌短枝型。

操作程序：茎段→丛生芽/新梢→茎段转接→增殖培养→壮苗→试管外生根→驯化移栽。

实践成果：建立蓝莓组培无性系。

任务分析

蓝莓组培与快繁主要以茎段为外植体，通过无菌短枝型植株再生途径容易建立离体快繁技术体系，操作时只需严格执行生产工艺与操作流程即可实现。该任务的技术关键是诱导与分化培养基中添加适量的玉米素和试管外生根的操作与管理，技术要求严格，管理难度偏大，管理时间较长，要求操作人员清楚管理目标和技术要求，以高度责任心、团队精神和求真务实态度，坚持科学管理，细心观察，认真记录，科学分析和及时、有效解决实际问题，以此保证蓝莓组培苗顺利生根和驯化成活。

任务实施

一、外植体采集与处理

冬季或早春从田间采集生长旺盛的一年生幼嫩蓝莓枝条。早春取材，可以提高成苗率；冬季可将休眠插条于室内水培催芽。将采集的枝条去除叶片、留叶柄，先剪切下自顶芽外的上数第 3～10 的节段，再剪切成 5 cm 左右长的若干短茎段，置于流水下冲洗 1～2 h。在无菌条件下用 75%酒精浸泡 30 s，无菌水冲洗 3 次，然后用 2.6%次氯酸钠浸泡 6 min，最后用无菌水漂洗 4 次，完成茎段表面灭菌。用无菌滤纸吸干茎段表面的水分后，剪切成长 0.5～1.0 cm、带腋芽的小茎段接种于诱导培养基上。

二、初代培养

初代诱导培养基为改良 WPM[$Ca(NO_3)_2 \cdot 4H_2O$ 684 mg/L、KNO_3 190 mg/L、$C_{10}H_{13}FeN_2NO_3$ 73.4 mg/L、盐酸硫胺素 0.1 mg/L，去除 K_2SO_4、$CaCl_2$、$FeSO_4$ 和 EDTA-Na_2，其他成分与 WPM 相同]+ZT 1.0～2.0 mg/L。培养条件设定为温度 25～27 ℃、光强 2 000～3 000 lx、光照时间 12～14 h/d。培养 35～40 d 后腋芽萌发，形成无菌短枝型芽苗。

三、增殖培养

将丛生芽切割成 1.5 cm 左右的茎段或新梢，转接至改良型 WPM+ZT 1.0 mg/L 的增殖培养基上进行增殖培养。培养条件同初代培养。30～40 d 后可分化长成出 10～30 个新梢，增殖系数可达 20 以上。每 40～50 d 增殖 1 次(图 11-3-1)。

图 11-3-1　蓝莓增殖培养

四、壮苗

将增殖培养的丛生芽剪切成 1.5 cm 左右的茎段或新梢接种到改良型 WPM＋ZT 0.5 mg/L 的培养基上壮苗培养，45 d 芽苗高度达到 4 cm 以上，生长健壮，颜色浓绿。

五、试管外生根与移栽驯化

将壮苗培养后的无根芽苗移入温室阴凉弱光处炼苗 3～5 d。开瓶取出种苗，放于清水中反复漂洗，去掉基部残留的培养基(注意基部培养基要漂洗净，否则滋生霉菌影响成活；冬季漂洗水温不低于 13 ℃)，沥干水分，置于海藻酸类生根液中浸泡 5～10 min，然后定植于 72 孔穴盘内的水苔草中。每个穴盘栽植 3 株，分散排布，栽植深度 0.5～1 cm。移栽后，穴盘置于遮阳拱棚内，浇透水并喷施 1 000 倍异菌脲、甲霜恶霉灵溶液，以后每 7～10 d 喷 1 次，连续 2～3 次。加强棚内环境控制，保持 50％以下的透光率、湿度 70％～90％、温度 18～25 ℃。20～30 d(因品种而异)后长出白色新根，新叶展开，再养护 10～20 d 即可移入营养钵，进入正常栽培管理。

蓝莓试管外生根

蓝莓茎段培养任务实施图解见图 11-3-2。

技术提示

1. 蓝莓外体选择当年生半木质化的嫩梢。
2. 玉米素是蓝莓组培与快繁所需的最佳细胞分裂素。
3. 培养基 pH 5.2～5.4，有利于芽苗诱导、增殖和壮苗。
4. 试管苗生根前需进行壮苗培养。
5. 试管外生根最好选择智利苔藓，并且保持基质湿润，但不能过湿。

图 11-3-2　**蓝莓茎段培养任务实施图解**

知识链接

一、蓝莓组培概况

我国蓝莓栽培起步较晚。1983 年吉林大学率先开展了蓝莓引种驯化工作，1989 年解决了蓝莓组培与工厂化育苗技术难题，随后南京植物研究所和浙江省农业科学院园艺研究所等单位也陆续建立了比较成熟的蓝莓组培苗木扩繁技术体系。总体来看，目前国内组培育苗技术已经比较成熟。全国蓝莓育苗中心主要集中在辽宁、吉林、贵州和浙江等省份，在东北三省主要集中在丹东市、吉林市、伊春市、大连市等地，年育苗能力达到 1 亿株以上。其中，伊春五营九天公司年育苗能力达到 3 000 万株以上。蓝莓组培与快繁可选用的外植体有茎段、茎尖、芽和子叶、叶片、上胚轴等，植株再生途径有丛生芽发生型和愈伤组织发生型两条主要途径。

二、蓝莓组培与快繁操作流程

蓝莓组培与快繁操作流程如图 11-3-3 所示。

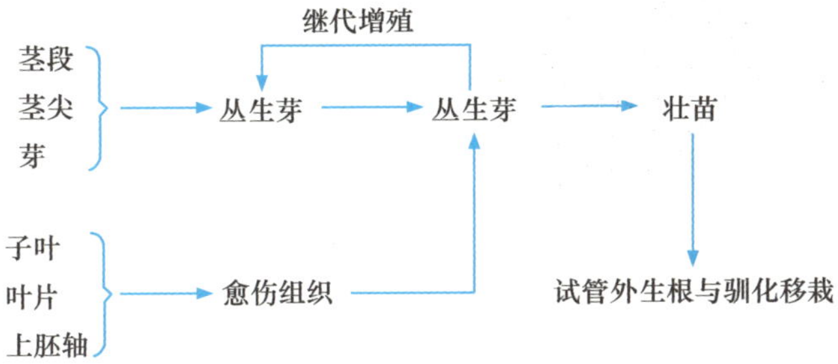

图 11-3-3　蓝莓组培与快繁操作流程

微课：蓝莓组培快繁流程

三、蓝莓组培育苗存在的问题

我国越橘属植物大约有 91 个种，采取组培技术手段，对于我国蓝莓种质资源的保存及开发利用具有重要意义。近年来蓝莓组织培养虽然取得了巨大进展，但也存在一些问题：

(1)培养过程中的污染率仍较高，分化率、生根率和移栽成活率需要进一步提高。

(2)研究者获得众多不同品种的快繁体系，缺少同一品性蓝莓组培技术标准和生理研究成果的支持。

(3)虽然蓝莓组培与快繁技术应用日益广泛，但利用组培技术进行新品种选育的研究需要进一步深化。

(4)蓝莓组培过程中的生理变化特点与规律、工厂化高效再生体系和基因转化育种等方面研究还有待进一步深化，前景看好。

问题探究

☆蓝莓试管外生根、试管内生根和常规扦插有何不同？

☆蓝莓培养基与普通培养基的 pH 有何不同？

☆穴盘内装填水苔的技术要领是什么？

拓展学习

微繁过程中芽的增殖途径

任务 11-4　蓝靛果组培与快繁

蓝靛果忍冬（*Lonicera caerulea* Linn. var. *edulis* Turcz. ex Herd.），又名蓝靛果、黑瞎子果、山茄子，为忍冬科忍冬属的多年生落叶小灌木，其果实中含有人体必需的 7 种氨基酸和多种微量元素，具有很高的营养价值，被誉为“果实营养库”“果中之王”；同时果实中还含有食用天然色素，是天然的抗氧化剂；其果肉多汁、出汁率高，耐腐，是优良的酿酒、饮料的原料。蓝靛果经济价值高，具有广阔的应用与发展前景。通过组培技术可以建立蓝靛果无性快繁体系，开创一条蓝靛果规模化育苗的快繁途径。

任务描述

外植体：休眠芽。

再生途径：无菌短枝型。

操作程序：外植体采集与处理→诱导无菌短枝→芽段转接→丛生芽增殖→生根转接→生根培养→驯化移栽。

实践成果：建立蓝靛果组培无性系。

任务分析

本任务是以蓝靛果休眠芽为外植体，通过无菌短枝型再生植株，操作简单，技术要求中等，培养相对容易。在操作环节上要注意外植体灭菌彻底，做到操作规范、熟练，有效控制培养条件，就能够顺利建立蓝靛果组培无性系。

任务实施

一、外植体采集与处理

在冬季或蓝靛果萌芽前，采集 1 年生枝条，放入装有水的瓶中进行预培养。待芽萌动时，用刀片从枝条上切取带木质部的芽并放入瓶中，盖好纱布后用流水下冲洗 15～20 min，然后在超净台上用 75%酒精浸润 30 s，无菌水漂洗 1 次，再用 0.1%升汞溶液中浸泡 8～10 min，最后用无菌水漂洗 4～5 次。

二、初代培养

切除芽底部的木质部，将芽接种到 1/2 MS+6-BA 2.0 mg/L+NAA 0.2 mg/L（pH 5.5～5.8）的初代培养基上，每瓶接种 1～3 个芽为宜（图 11-4-1）。接种后，将培养瓶置于温度 24～26 ℃、光强 1 500～2 000 lx、光照时间 12 h/d 的条件下诱导培养。一般 3～5 d 腋芽开始萌动，30～40 d 可长到 5～7 cm。

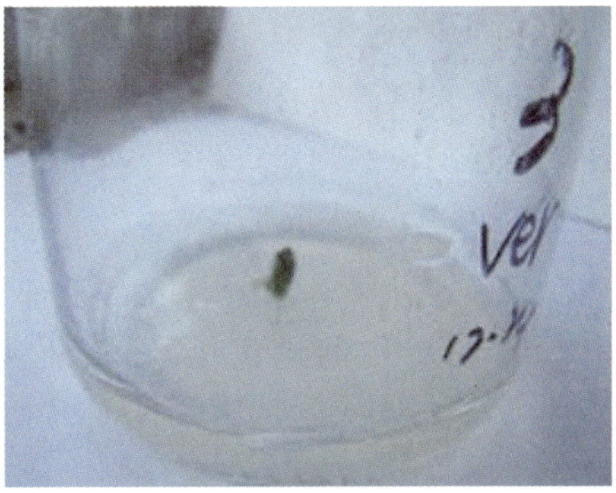

图 11-4-1　蓝靛果腋芽诱导培养

三、继代培养

经诱导产生的腋芽长至 5～7 cm 时，剪成 1.5～2 cm 的带芽茎段接入 1/2 MS+6-BA 1.0 mg/L+NAA 0.1 mg/L（pH 5.5～5.8）的继代增殖培养基上。培养条件同初代培养。经过 30～40 d 培养后即可切割、转接、扩繁无根组培苗（图 11-4-2）。

四、生根培养

当蓝靛果无根芽苗长到高 5～7 cm 时，剪切成 1.5～2 cm 长的带芽茎段，转接到 1/2 MS+IBA 1.0 mg/L+AC 0.1%生根培养基上。培养条件同初代培养。一般经 10 d 左右培养可见白色根生成。当根长 1 cm、具有 2～4 个根、苗高 3 cm 以上时（图 11-4-3），即可进行驯化移栽。

图 11-4-2　蓝靛果增殖苗

图 11-4-3　蓝靛果生根苗

五、驯化移栽

（一）驯化前准备

蓝靛果试管苗驯化移栽一般在普通日光温室或塑料大棚内进行。驯化移栽的时间最好选择3—5月或9—11月，此期间驯化成活率较高。在日光温室或塑料大棚内用砖砌成宽1.2 m左右、深30 cm的苗床，床底整平，上铺15～25 cm的移栽基质。基质以蛭石∶珍珠岩∶泥炭＝1∶1∶1的复合基质或单一河沙基质为宜。移栽前，用1 000倍多菌灵药液浇透整个苗床基质。如在早春和冬季驯化移栽，需在苗床底部铺设地热加温线。

（二）瓶苗驯化

将蓝靛果试管苗在温室内弱光阴凉处炼苗3～4 d，再开瓶驯化2～3 d。开瓶驯化时向瓶内注入洁净的清水约1 cm深。

（三）移栽

从瓶内轻轻取出，用清水洗净根部残留的培养基，用800～1 000倍多菌灵药液浸泡根系5～10 min。开沟，将试管苗根系散开、放入沟内，注意不可栽得过深，以根茎过渡区与基质面平齐即可，然后用手轻按压苗四周，浇透水。移栽后在苗床上搭建拱棚（图11-4-4），并覆盖塑料薄膜和遮阳网。

（四）栽后管理

拱棚内保持温度20～25 ℃；湿度前期95％以上，后期80％左右；前期遮光，后期逐渐揭去遮阳网和增加光强。前期不通风，后期逐渐加大通风，最后揭去塑料薄膜和遮阳网。视拱棚内温湿度情况，通过喷雾加水、加湿，并且每隔1周喷1次1 000倍多菌灵溶液。春、秋季节移栽，15～20 d就能发出新根新叶（图11-4-5）。

图11-4-4　蓝靛果组培苗栽后覆膜

图11-4-5　蓝靛果组培苗栽后成活状态

蓝靛果组培快繁任务实施图解

技术提示

1. 蓝靛果外植体以冬眠枝条上萌动的腋芽为好。
2. 蓝靛果灭菌前切取腋芽时带木质部为宜,防止灭菌时伤到芽的基部。
3. 蓝靛果生根培养时温度略低于 25 ℃生根效果较好。
4. 蓝靛果瓶苗驯化移栽一般以春季和秋季成活率较高,夏季成活率偏低。

知识链接

一、蓝靛果组培概况

蓝靛果组培快繁的外植体一般有腋芽、茎尖、茎段、叶片、种子等,以冬眠枝条上萌发的腋芽作为外植体较多,其次为茎段,且以 1 年生的材料为好。据李桂君、梁琦兰等研究的结果,以蓝靛果腋芽、茎尖、茎段为外植体,其分化率均为 100%,而以叶片和种子作为外植体,其分化率均为零。

蓝靛果外植体灭菌,一般是先用 70%～75%的酒精浸泡 10～60 s,无菌水冲洗 3～6 次,然后用 0.1%氯化汞溶液灭菌 15 s～10 min,最后无菌水漂洗 3～10 次。灭菌时间的长短依据材料的生理状态而定。据梁琦兰等报道,以 0.1%氯化汞溶液作为灭菌剂,茎段、茎尖、叶片、种子最佳灭菌时间为 6 min,其中茎段、茎尖的污染率均为 6.67%。曲迪等(2014)研究表明:腋芽采用 75%的酒精消毒 30 s,无菌水冲洗 3 次,然后用 0.1%氯化汞溶液灭菌 6 min,最后无菌水冲洗 3 次的灭菌效果最好,污染率小于 6.33%,死亡率低于 8%。

蓝靛果分化增殖培养的基本培养基以 MS 为主,也可用 1/2 MS,并附加 6-BA、IBA、NAA、GA3 等植物激素。曲迪等(2014)研究表明,蓝靛果分化增殖的最佳培养基为 MS+6-BA 2.0 mg/L+IBA 0.3 mg/L+GA_3 1.5 mg/L,分化率为 95.92%,培养 30 d 平均苗高 8.43 cm;采用相同配方增殖培养 30 d,增殖系数达 4.14,且分化出的不定芽的芽体粗壮、长势良好。

蓝靛果生根培养的基本培养基以 1/2MS 为主,也可采用 MS、改良 MS、1/4MS 或 WPM 基本培养基。研究表明,蓝靛果生根培养基主要添加 IBA、NAA 两种植物激素,以单独使用为主。一般 NAA 使用浓度为 0.2～0.5 mg/L,IBA 浓度为 1.0 mg/L。为增强生根效果,也可添加活性炭,一般浓度为 0.1%。

二、蓝靛果组培与快繁流程

蓝靛果组培与快繁流程如图 11-4-6 所示。

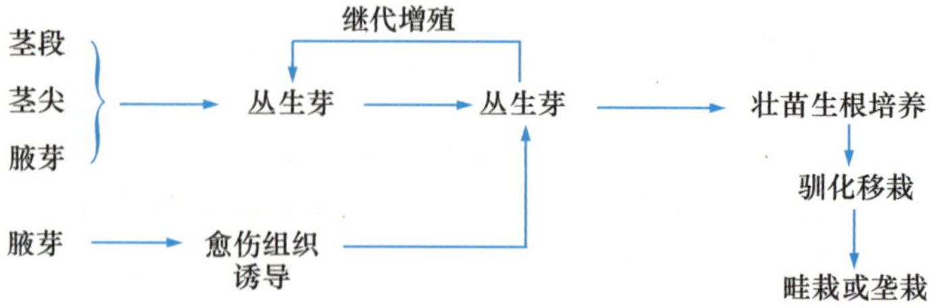

图 11-4-6　蓝靛果组培与快繁流程

问题探究

☆蓝靛果预培养时，为使其腋芽萌动的更好，处置一年生休眠枝需要考虑哪些因素？

☆蓝靛果继代增殖培养时，培养基中一般组合添加细胞分裂素和生长素，部分培养基也会添加赤霉素，请问哪种激素是影响分化率的主要因素？

☆如何提高蓝靛果组培苗驯化移栽成活率？

拓展学习

蓝靛果育种

蓝靛果主要分布在俄罗斯西伯利亚地区和我国的东北地区，朝鲜、日本也有分布。俄罗斯特别重视蓝靛果的研究，也是开展蓝靛果定向品种培育最早的国家，20 世纪 50 年代就开始品种选育的工作，主要开展大果型与无苦味品种培育。已通过国家审定认定的品种多达 100 余个，有 60 个品种应用到农户，并进行产业化生产。日本自 20 世纪 80 年代开展蓝靛果新品种选育的工作，已经有“Yufutsu”等品种推广应用。我国开展蓝靛果育种研究起步较晚，从 20 世纪 80 年代开展了野生蓝旋果的驯化栽培试验及开发利用工作。2006 年开始对引进的俄罗斯蓝靛果品种资源进行了适应性试验与主要经济性状评价，并开展了杂交育种工作，为科学研究和品种培育提供种源保障。

任务 11-5 软枣猕猴桃组培与快繁

软枣猕猴桃(*Actinidia arguta* P.),别名软枣子、猕猴梨等,是猕猴桃科猕猴桃属的多年生高大落叶藤本植物,是我国珍贵的抗寒果树之一,主要生长在我国东北地区,是当今世界的新兴果树,在国际上享有较高声誉。软枣猕猴桃为雌雄异株植物,花白色、较小,具有百合的甜香气,是很好的蜜源植物。软枣猕猴桃享有"水果之王"的美誉,其丰富的营养价值远胜于其他水果。其果实富含蛋白质和多种矿物质,尤其维生素 C 的含量最高,能有效提高人体的免疫力,有降血压、降血脂、美容保健等功效。目前,生产上多采用种子、扦插、嫁接等常规繁殖方式繁育软枣猕猴桃苗木,但种子繁殖容易导致性状分离,并且因传统繁育方式受季节条件限制较大,仅有少数栽培,以野生状态为主,由于长期采摘无序,破坏比较严重,导致资源面临枯竭,从而影响优良品种的开发与利用。因此,国内外利用组培技术快速繁殖软枣猕猴桃苗木受到广泛重视。

任务描述

外植体:幼嫩茎段。

再生途径:无菌短枝型。

操作程序:茎段→新梢→茎段转接→增殖培养→壮苗→生根→驯化移栽。

实践成果:建立软枣猕猴桃组培无性系。

任务分析

本任务是以茎段为外植体,通过组织培养技术手段和无菌短枝型再生途径再生软枣猕猴桃组培苗。建立离体快繁技术体系相对容易,操作简单,技术要求中等,培养相对容易。在操作环节上只要做到外植体灭菌彻底,规范操作,有效控制培养条件,就能够顺利建立软枣猕猴桃组培无性系。

任务实施

一、外植体采集与处理

剪取休眠的软枣猕猴桃一年生枝条,放入室内清水中预培养,促其萌芽。腋芽萌发至 4～

5 cm 后，将嫩茎剪成 2.0 cm 的带芽茎段，放入小烧杯中，罩上纱布，流水冲洗 30 min 左右。在超净台上用 75%酒精消毒 30 s，无菌水冲洗 3 次，然后再用 0.1%升汞消毒 8 min，最后用无菌水冲洗 5 次，放入带有滤纸的无菌培养皿上备用。

软枣猕猴桃茎段的处理与消毒

二、初代培养

将消毒灭菌的带嫩芽茎段剪去两端多余部分，即 1.5 cm 左右 1 芽 1 段，在无菌条件下将其接种于初代诱导培养基 MS＋6-BA 2.0 mg/L＋NAA 0.2 mg/L＋蔗糖 30 g/L＋琼脂 8 g/L(pH 5.8～6.0)上，诱导芽萌发。培养条件为培养温度(25±2) ℃、空气相对湿度 50%～60%、光周期(光照/黑暗)16 h/8 h、光强 2 000～3 000 lx。

三、继代增殖培养

待茎段腋芽伸长至 4 cm 左右(图 11-5-1)，将其从基部剪下，剪成长约 1.5 cm 的一芽一叶一段，分别转接于增殖培养基 MS＋6-BA 4.0 mg/L＋IBA 0.05 mg/L＋蔗糖 30 g/L＋琼脂 8 g/L(pH 5.8～6.0)。培养条件设定为培养温度(25±2) ℃、空气相对湿度 50%～60%、光周期(光照/黑暗)16 h/8 h、光强为 2 000～3 000 lx。一般增殖系数可达 4.0 以上。每 40～50 d 增殖一次(图 11-5-2、图 11-5-3)。

四、生根培养

将长至 5 cm 左右的组培苗剪成单株，接种于生根培养基 1/2 MS＋IBA 0.15 mg/L。日光灯照明，培养条件同继代增殖培养。培养 30 d 后，生根率可达 95%以上，平均根条数为 8 条，平均根长为 2.0 cm。如果增殖苗较弱，进行壮苗培养(图 11-5-4)后再进行驯化移栽。

图 11-5-1　茎段诱导培养

图 11-5-2　继代转接(示刚转接后状态)

图 11-5-3　增殖苗

图 11-5-4　壮苗培养状态

五、驯化移栽

移栽前，将生根后的试管苗培养瓶瓶盖打开，向里面加入少量水后逐渐打开培养瓶盖，降低瓶内湿度。7 d 左右取出生根的组培苗，在温室中用清水洗净培养基后，将其栽植于装有用 0.3% 高锰酸钾溶液消毒的河沙基质的营养钵中(图 11-5-5)，浇透水。移栽后营养钵排列在苗床上，覆盖塑料薄膜进行保湿。每天早晚各喷一次水，中午保持通风。10～12 d 后撤掉塑料薄膜，每隔 3 d 喷一次水，成活率可达到 90%以上。

图 11-5-5　驯化移栽

技术提示

1. 外植体应选择当年生的半木质化嫩梢。

2. 由于升汞的附着力比较强，所以在对外植体进行灭菌后，一定要用大量的无菌水冲洗干净。

3. 试管苗移栽前需要进行 7 d 左右的驯化。一定向打开瓶盖的组培瓶内加入约高出培养基 1 cm 的清水，否则暴露在空气中的培养基极易被污染进而影响苗木的驯化效果。

4. 高锰酸钾对移栽基质消毒后，必须用清水充分清洗掉消毒液，否则会影响试管苗移栽成活率。

知识链接

一、软枣猕猴桃组培概况

猕猴桃的组织培养始于 20 世纪 70 年代，Hirsch 以中华猕猴桃的茎段为材料，进行组织培养研究。我国猕猴桃组织培养研究始于 1979 年，桂耀林以猕猴桃茎段为外植体诱导愈伤组织和植株再生获得成功，从此，我国对猕猴桃组织培养的研究越来越多。经过几十年的研究，猕猴桃组织培养取得了很大进展。以猕猴桃的茎段、叶片、叶柄、根段、顶芽、腋芽、花药、花粉、胚、胚乳以及原生质体为外植体的离体培养均已获得成功，并开展了组织培养技术相关理论及应用的研究。目前，猕猴桃的组织培养主要是器官培养和原生质体培养。其中，器官培养发展很快，到现在为止包括软枣猕猴桃在内的很多个猕猴桃品种的组织培养都取得了成功。

1996 年张远记等对软枣猕猴桃的愈伤组织培养发现，茎段外植体容易愈伤化，但其愈伤组织难以分化，而叶片外植体不易愈伤化，但其愈伤组织容易分化，并建立了完整的叶片和茎段的愈伤组织诱导与植株再生体系。1998 年李昌禹等利用软枣猕猴桃茎尖诱导成苗；诱导叶片产生愈伤组织，然后再分化形成植株。2008 年田新华等以软枣猕猴桃腋芽为材料，研究了扩繁增殖和生根的最佳条件，增殖倍数可达 4 倍，生根率达 87%。2012 年刘岩吉等以 5 个品种野生软枣猕猴桃茎段为外植体，开展 6-BA 和 NAA 浓度组合试验研究，筛选出适宜野生软枣猕猴桃各品种快繁的最佳培养基，建立了离体培养快繁体系。2013 年刘小刚等以野生软枣猕猴桃嫩芽、嫩片和茎段为外植体，研究野生软枣猕猴桃组织培养的整个过程，建立了快速高效的野生软枣猕猴桃再生体系。2016 年邓践以“桓优 1 号”软枣猕猴桃嫩茎段为外植体，研究了外植体诱导扩繁的最佳条件，增殖系数达到 5.0，生根率为 93.3%；2016 年赵芮等以软枣猕猴桃枝条萌发的幼芽为外植体，以 MS 为基本培养基，添加不同质量浓度的 6-BA、NAA 和 IBA，探索了软枣猕猴桃的离体快速繁殖技术，其平均增殖系数为 4.69，生根率达 100%。2017 年于非以从野生资源筛选出的 3 个优良品系 8025、9301、8001(雄株)组培苗的叶片为外植体，研究不同光照强度、不同植物激素对不定芽叶片再生、不定芽的增殖以及组培苗生根的影响，建立了野生软枣猕猴桃组织培养快繁体系。

二、软枣猕猴桃组培与快繁操作流程

软枣猕猴桃组培与快繁一般流程如图 11-5-6 所示。

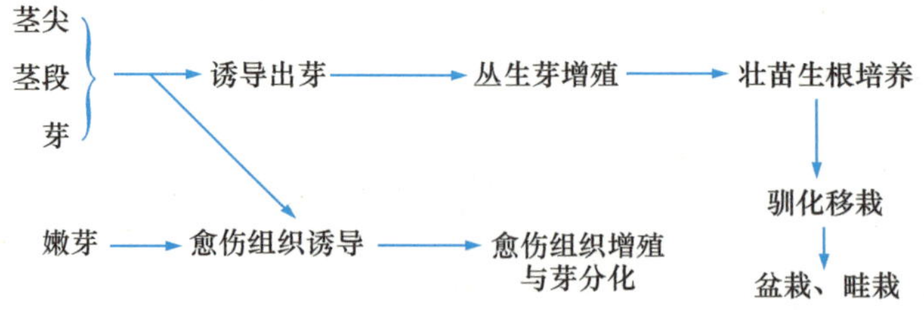

图 11-5-6　软枣猕猴桃组培与快繁流程

三、影响软枣猕猴桃组织快繁的因素

（一）外植体

软枣猕猴桃组织培养可选用的外植体有茎段、叶片、根段、顶芽、腋芽、花药、花粉以及胚，但以茎段为主。汪建亚等利用猕猴桃顶芽作为外植体进行诱导分化培养，芽的分化率最高，侧芽和茎段次之，叶片产生芽的分化率为0。Matkowski等研究发现，茎段、叶柄较叶片、根的愈伤组织诱导效果好，由茎段产生的愈伤组织分化能力强，器官形成迅速。丁士林(1997)等在对美味猕猴桃的离体培养过程中发现，最适宜的外植体材料为茎尖。林苗苗(2016)等的研究表明，构建'天源红'软枣猕猴桃无菌系时，带芽茎段直接出苗的方法可以较快获得无菌苗，叶柄愈伤诱导率和出芽率都较高，叶片相对较低，愈伤获得苗的方法不如腋芽快捷。张远记的研究表明，软枣猕猴桃茎段外植体容易愈伤化，但难以分化；叶片外质体不易愈伤化，但容易分化。朱道圩(2003)等以软枣猕猴桃叶片及其愈伤组织为材料，成功分离出原生质体，并将GUS基因导入原生质体，获得瞬间表达。采用20% PEG加热处理，既能保持较高的基因转化率，又能保持原生质体较好的状态。在原生质体分离上成龄叶片优于幼龄叶片。

（二）培养基及培养条件

软枣猕猴桃组织培养常用的基本培养基为MS和1/2 MS，个别使用N_6、MT、B_5等其他培养基。其中，MS是软枣猕猴桃茎段愈伤组织诱导的最佳基本培养基，王广富的研究表明，软枣猕猴桃（绿王）花药在MS培养基上的愈伤诱导率最高，且愈伤组织状态较好，质地松脆，颜色米白；其次是WPM培养基，B_5培养基上诱导率最低。1/2 MS主要用于生根培养。朱道圩等的研究表明，改良MS液体培养基比KM8p培养基更适合于培养软枣猕猴桃原生质体。刘翠云等认为，使用MS培养基效果要好于用N_6。汪建亚等提出氮素营养在猕猴桃组织培养中对愈伤组织诱导和分化有较大的作用。猕猴桃组织培养配制固体培养基较多，添加的琼脂的浓度一般为0.7%～0.8%；适宜浓度的蔗糖可促进芽的增殖，浓度过高时会产生大量的愈伤组织，而不利于芽的增殖，蔗糖浓度一般为2%～4%。培养基的pH一般为5.8～6.0。

软枣猕猴桃离体培养条件一般是温度为18～28 ℃、光强为1 500～3 500 lx。Dimassi等提出较高的光照强度对试管苗的生长有促进作用。Muleo等认为只有在较强的红光下，才有充实的再生芽出现。丁士林(1997)等用10 000 lx的光照培养生根苗15 d，明显提高了生根苗的素质。培养过程中CO_2和O_2会对培养材料产生影响。Standardi讨论了猕猴桃多次继代对芽质量的影响，继代次数多，芽增殖率高，但是芽变矮、根短。郑小华(2008)的研究表明，软枣猕猴桃试管苗玻璃化产生率随培养基中琼脂浓度的降低而升高，随光照强度的增加而减少。贾景明(1999)等的研究表明，水解乳蛋白500 mg/L+2,4-D 2.0 mg/L+6-BA 1.5 mg/L+抗氧化剂能在一定程度上控制软枣猕猴桃愈伤组织褐化的现象，褐化较轻的细胞能逐渐恢复生长活力。刘延吉(2012)等的研究表明，在培养基中加入PVP能有效防止软枣猕猴桃外植体褐化。

（三）外源激素

牛晓林(2012)的研究表明，6-BA对腋芽萌发的影响最大，其次是NAA；IAA对茎段诱导愈伤的影响最大，其次是 6-BA，2，4-D 丁酯的影响最小。林苗苗等的研究表明，6-BA 0.5 mg/L+IBA 1.0 mg/L 处理腋芽的萌芽率可达到 100%。郑小华的研究表明，6-BA 对愈伤组织的诱导效果最好，ZIP 其次，KT 最差；生长素中 IAA 诱导效果最好，2，4-D 其次，IBA 第三，NAA 最差。2，4-D+6-BA 组合的培养基花药愈伤组织诱导率高于 2，4-D+KT 组合。胡皓等(2011)在软枣猕猴桃的组织培养中表明，搭配使用生长素类物质与细胞分裂素，可以明显提高"魁绿"的增殖生长，在 6-BA 与 NAA 或 IBA 组合处理中，总体上随着 6-BA 浓度以及 6-BA 与 NAA 或 IBA 浓度比值的提高，"魁绿"组培苗的增殖系数变大、株高也相应增高；IBA 浓度过高(>1.0 mg/L)时，开始抑制其根系的发生和生长。郑小华等的研究表明，细胞分裂素与生长素比例高于 4∶1时，玻璃化苗的产生率明显上升。张远记等的研究表明，玉米素对软枣猕猴桃愈伤组织的芽分化效果最好，芽分化随玉米素浓度增加而增加，最佳浓度为 2.0 mg/L。郭志欣(2014)等的研究表明，软枣猕猴桃试管苗的生根对植物生长调节物质具有选择性，生根所需的植物生长调节物质主要为 6-BA。

四、软枣猕猴桃组培育苗存在的问题

猕猴桃组织培养在近年取得了巨大进展，尤其在挽救杂种胚方面获得了较大成功。但是，也存在以下三方面问题：首先，虽然获得的再生植株品种多，但是缺乏理论研究。已经获得猕猴桃再生植株的品种有"Hayward""秦美""金魁"等，但很多品种的研究仅停留在获得再生植株，而对于愈伤组织、芽、根等器官发生机制，变异产生的诱因以及繁殖体退化的原因等问题都缺乏深入的理论研究。其次，猕猴桃组培成本高，耗费大量的人力、物力、时间，不易投入工厂化生产，不利于组培苗进入市场。最后，猕猴桃组织培养在育种应用中有待进一步深入研究。

目前在对软枣猕猴桃组织培养技术进行系统研究得很少。对软枣猕猴桃再生植株的发生机理和工厂化高效再生体系研究等方面具有极大的研究前景。

问题探究

☆影响软枣猕猴桃组培外植体选择的因素有哪些？
☆软枣猕猴桃茎段组培时，如何避免愈伤化和不分化？
☆软枣猕猴桃组培时，如何正确添加外源激素？

拓展学习

软枣猕猴桃组培育苗技术规程

茎段培养

自我测试

一、填空题

1. 樱桃脱毒苗繁育首先对母株进行(　　　　),再培养(　　　　),通过(　　　　)再生途径培养成苗。

2. 樱桃组培苗移栽时温室保持气温(　　　　)左右、地温(　　　　),成活率一般可达90%以上。

3. 为了加快脱毒苗培育速度和降低成本,可用嫁接技术二级扩繁脱毒樱桃苗,(　　　　)、(　　　　)均可。

4. 蔗糖浓度、pH、6-BA浓度对樱桃组培苗玻璃化的影响程度上的作用强弱依次为(　　)>(　　)>(　　)。

5. 接触性的细菌一般在(　　　　)d表现症状,而内生菌则会超过(　　　　)d。

6. 植物材料中的内生菌也可采用(　　　　)的方法来脱除。

7. 香蕉在组织培养中,培养基的成分如(　　　　)、(　　　　)对香蕉细胞分裂和分化产生一定的影响。

8. 蓝莓组培与快繁以(　　　　)为外植体,通过(　　　　)容易建立离体快繁技术体系。

9. 蓝靛果移栽驯化的时间以(　　　　)月或(　　　　)月驯化成活率较高。

10. 软枣猕猴桃组培快繁以茎段为外植体,通过(　　　　)再生植株,容易建立离体快繁技术体系。

二、判断题

1. 樱桃脱毒苗嫁接的砧木选用未脱毒的2年生砧木。(　　)

2. 脱毒率和成活率是茎尖脱毒效果的重要指标。(　　)

3. 培养基中添加病毒唑也能脱除樱桃病毒。(　　)

4. 樱桃驯化移栽时发现自然光炼苗比不炼苗的移栽成活率低。(　　)

5. 造成樱桃组培污染的原因主要有两方面:一是外植体自身带菌,特别是外生菌;二是组培工艺过程中各环节操作不当或不严格而导致带菌。(　　)

6. 选择香蕉母株基部吸芽时,最好选择暴露在地面的健壮的吸芽。(　　)

7. 香蕉从试管苗培养到驯化移栽,到大田栽培均可发生各种变异。(　　)

8. 蓝莓通常采用试管外生根技术。(　　)

9. 生长素在软枣猕猴桃离体培养中对外植体的分化起主导作用。(　　)

测试要求: 先独立自测后核对答案

温馨提示: 自律彰显素养　诚信成就人生

项目11自我测试题参考答案

自我总结

结合本项目学习与实训,绘制樱桃、香蕉、蓝莓、蓝靛果、软枣猕猴桃等果树组培快繁的思维导图。

项目 12　林木组培与快繁

“绿水青山就是金山银山。”党的十八大以来以习近平同志为核心的党中央，对生态文明建设和生态环境保护提出了新要求，也为承担生态文明建设重要使命的林业建设指明了前进方向和实现路径。而培育整齐度高、一致性好、优质高产的林木种苗是林业生产中的一项重要基础工作。林业传统的种苗繁育以种子园、采穗圃作为种苗繁育的基础，不仅需要占用一定的土地资源，同时需要投入较大的人力、物力资源，而且容易受自然因素影响导致种质流失。组培与快繁技术与传统的繁殖技术相比，不受气候、季节的限制，能有效调控环境条件，用材少、繁殖系数高，便于珍贵树种种质资源保存与繁育。组培快繁技术已成为林木种苗繁育的重要途径之一，也是工厂化生产林木优质种苗的首选林业生物技术。

学习目标

知识目标

1. 了解红叶石楠、桉树和红枫组培快繁的影响因素；
2. 掌握红叶石楠、桉树和红枫的组培与快繁技术。

能力目标

1. 能针对不同林木植物设计组培快繁技术方案并予以有效实施；
2. 具有一定的文献搜集与处理能力、观察能力，沟通能力、分析解决问题能力。

素质目标

1. 树立市场意识、质量意识、责任意识和团队精神；
2. 具有“三农”情怀、家国情怀和较高的职业素养。

思想领航

十年树木，百年树人。——管仲

不经风雨，长不成大树；不受百炼，难以成钢。——雷锋

项目实施

任务12-1 红叶石楠组培与快繁

红叶石楠为蔷薇科石楠属种间杂交种的统称，为常绿灌木至小乔木，因其新梢和嫩叶鲜红而得名。红叶石楠从国外引进，市场上普遍存在和工程常用的红叶石楠有红罗宾、红唇、强健和鲁宾斯4个品种。作为珍贵的常绿彩叶树种，具有生长迅速、耐修剪、株形紧凑、萌芽力强及适应范围广等特点，秋、冬、春三季呈现红色，夏季高温为亮绿色，可作绿篱、绿墙、造型树和孤植树等，观赏性极强。通过组培技术可以建立起红叶石楠的无性快繁体系，开创一条红叶石楠规模化育苗的快繁途径。

任务描述

外植体：茎段。

再生途径：无菌短枝型。

操作程序：茎段采集与处理→诱导无菌短枝→芽段转接→丛生芽增殖→生根转接→生根培养→驯化移栽。

实践成果：建立红叶石楠组培无性系。

任务分析

本任务是以红叶石楠茎段为外植体，通过丛生芽增殖型再生植株，操作简单，技术要求中等，培养相对容易。在操作环节上注意外植体灭菌彻底，做到操作规范、熟练，有效控制培养条件，就能够顺利建立红叶石楠组培无性系。

任务实施

一、外植体采集与处理

于晴天上午，采集当年生半木质化的嫩枝为外植体，除去叶片，用洗涤剂溶液浸泡5 min，并用棉球仔细擦拭，剪成短茎段，流水下冲洗15～20 min后，在超净台上按照75%酒精浸润10 s→0.1%升汞溶液浸泡8 min→无菌水漂洗4～5次的操作程序进行表面灭菌。用无菌滤纸吸干灭过菌的短茎段表面的水分后，两端各去除 0.5 cm 左右，将带腋芽的茎段切成 0.8 cm 左右，垂直(或水平)接种到诱导培养基[1/2 MS+6-BA 2 mg/L+IBA 0.2 mg/L(pH 5.5～5.8)]上。每瓶培养基接种 3～4 个茎段为宜。

二、初代培养

茎段接种后，将培养瓶置于温度 23～27 ℃、光强 1 500～2 000 lx、光照时间 12 h/d 的条件下诱导培养。一般 1 周左右腋芽开始萌动，30～40 d 可伸长到 2 cm 左右。

三、继代培养

经诱导产生的腋芽长至 2 cm 左右时，接入继代增殖培养基[MS+6-BA 1 mg/L+IBA 0.1 mg/L(pH 5.5～5.8)]。培养条件同初代培养。经过 30～40 d 培养达到 2～3 cm 时，即可切割转接扩繁。一般第一次继代时增殖率较低，经 2～3 次继代后增殖系数可达 5 倍左右。

红叶石楠初代接种和继代转接

四、生根培养

当红叶石楠无根芽苗长到高 2～3 cm 时，剪切成 1.5～2 cm 长的茎段，转接到生根培养基(1/2 MS+NAA 0.2～0.3 mg/L)。一般经 1 周左右培养可见红色根生成。30～40 d 后根长 1～3 cm，此时可进行驯化移栽。

五、驯化移栽

在南方江浙一带，红叶石楠试管苗驯化移栽一般在普通单体塑料大棚内进行。在大棚内用红砖砌成宽 1.2 m 左右、深 30 cm 的苗床(长度依大棚实际决定)，床底整平，上铺 15～25 cm 的移栽基质。基质以蛭石∶珍珠岩∶泥炭=1∶1∶1 的复合基质为宜。如在早春和秋、冬季节驯化移栽，可在苗床底部铺设地热加温线。

移栽前，用 1 000 倍敌克松溶液浇透整个苗床基质，再用 0.15%高锰酸钾溶液喷洒苗床表面及四周，24 h 后即可移栽小苗。也可用 800 倍福尔马林喷洒苗床表面，用塑料薄膜密封 24 h 以上，再通风 12 h 后即可使用。移栽时，将红叶石楠试管苗从瓶内轻轻取出，用清水洗净根部残留的培养基后栽入苗床。移栽当天喷施 800～1 000 倍甲基托布津或 1 000 倍多菌灵药液，以后每隔 1 周喷施 1 次，连续喷施 3～4 次。移栽 1 周后喷施 1/4～1/2 MS 的营养液。移栽后在苗床上搭建拱棚，并覆盖塑料薄膜和遮阳网，全封闭管理 1 周，再半封闭管理 1 周左右，保持苗床和拱棚内的空气湿度，根据天气情况在 25 d 左右可逐步通风，除去覆盖物。在春、秋季节移栽时，需遮阳 3 周左右，冬季遮阳 2 周左右。注意控制苗床温度在

红叶石楠组培苗驯化移栽流程

15～30 ℃，超过 35 ℃，则不宜驯化移栽。

一般驯化移栽 50 d 后小苗就可上盆移栽，春季可移入大田。大田移栽的时机应根据小苗生长情况和天气情况确定。一般小苗长至 5 cm 以上移栽，可以保证 95%以上成活率，如在苗高 10 cm 以上移栽则效果更好。大田移栽后期管理可比照常规育苗。

红叶石楠茎段培养组培与快繁任务实施图解如图 12-1-1 所示。

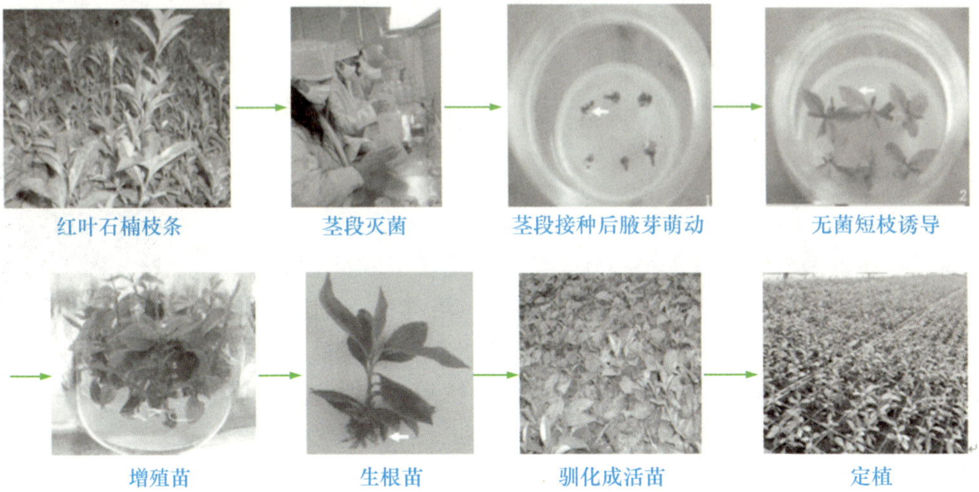

图 12-1-1　红叶石楠茎段组培与快繁任务实施图解

技术提示

1. 茎段培养最好选取当年生半木质化嫩枝条为外植体。

2. 切取茎段进行诱导时最好带 1～2 个茎节。

3. 红叶石楠试管苗可直接移栽到苗床，如果在 20～30 ℃条件下开瓶驯化 3～5 d 后再移栽更利于成活。

4. 控制苗床温度在 15～30 ℃有利于提高组培苗移栽成活率。

知识链接

一、红叶石楠组培概况

国内红叶石楠组培与快繁的研究报道始于 2004 年，多以茎段、茎尖、顶芽、侧芽和叶片为外植体，建立植株快繁体系，增殖倍数可达到 5～7。浙江宁波北伦佳禾园艺有限公司以茎尖和茎段为外植体，在 1/2 MS＋NAA 0.2～0.3 mg/L 生根培养基培养获得组培苗快繁技术。邓小梅(2004)等对红叶石楠/红罗宾的组培高效再生系统的建立进行研究，结果表明添加剂 E 促进红叶石楠快速整齐发根，10 d 内生根率达 98.5%。邱国金(2006)等对红叶石楠组培工厂化快繁技术开展了研究；朱志国(2006)等对红叶石楠茎段增殖培养进行了研究，结果表明：继代培养基配方 BA 1 mg/L＋NAA 0 .5 mg/L 增殖效果最佳；不同琼脂浓度、pH 和蔗糖浓度对增殖都有一定的影响。吴丽君(2008)等通过对红叶石楠两个主要品种红罗宾、鲁宾斯进行外植体诱导、继代增殖及生根培养的研究，结果表明：红叶石楠两个品种继代增殖率及生根率均存在显著差异；鲁宾斯和红罗宾的最佳增殖培养基分别为 B_5＋6-BA 2.0 mg/L＋NAA 0.5 mg/L 和 B_5＋6-BA 2.0 mg/L＋NAA 0.1 mg/L；红罗宾在 1/2 MS＋ABT 1.0 mg/L＋IBA 0.1 mg/L 培养基中生根率达 95%～100%，而鲁宾斯的生根率仅 49%。

在驯化移栽环节，红叶石楠试管苗可不经驯化直接移栽到苗床或育苗钵，但在移栽后管理上要特别注意基质和空间保持湿润。早春和秋、冬季节以移栽到电热温床的驯化移栽效果最佳。在移栽基质的选择上，邓小梅(2004)、李庆伟(2006)和邱国金(2006)分别将试管苗移栽于草炭∶蛭石∶珍珠岩＝1∶1∶1、草炭∶蛭石∶珍珠岩＝2∶2∶1和草炭土∶蛭石∶珍珠岩＝2∶5∶3的复合基质中，温度保持 22～28 ℃、湿度 90%～100%，经 20～25 d 后都可萌发新根，移栽成活率都达到了 90%以上。

目前，红叶石楠组织培养的研究主要集中在快速繁殖上，为工厂化生产红叶石楠组培苗提供有效的技术支撑，但在脱毒苗培育上却鲜有报道。

二、红叶石楠组培与快繁操作流程

红叶石楠组培与快繁流程如图 12-1-2 所示。

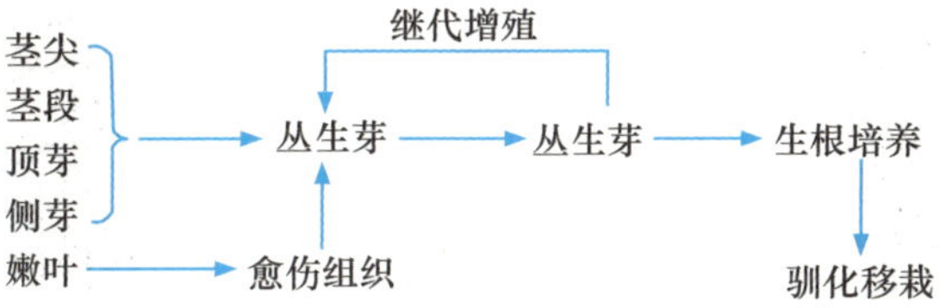

图 12-1-2　红叶石楠组培与快繁流程

三、红叶石楠组培与快繁的常见问题

红叶石楠组培与快繁的常见问题包括以下几方面：

(1)红叶石楠组培时，如果外植体选取时期不合适，如木质化程度较高，则很容易引起褐变；培养基中细胞分裂素的水平过高也会刺激多酚氧化酶的活性，从而使褐化程度加深。

(2)红叶石楠在生根阶段容易出现生根困难、生根慢或根量不足的问题，因此要选用适宜的生长素或增加生长素用量，适当降低无机盐浓度。

(3)红叶石楠组培苗直接移栽到苗床，对环境条件要求较高，如果管理不当，就会染病烂根。要求管理人员加强管理，对苗床彻底消毒，移栽后维持苗床和拱棚的高湿环境，保持试管苗的水分平衡，后期注意通风降湿。必要时可先在温室内开瓶驯化 1 周左右再移栽。

红叶石楠组培可能遇到的问题及解决方法

问题探究

☆如何提高红叶石楠试管苗的增殖率？
☆如何提高红叶石楠试管苗的移栽成活率？
☆确定红叶石楠组培苗培养条件的依据是什么？

拓展学习

红叶石楠树种介绍

非试管快繁技术

任务 12-2　桉树组培与快繁

桉树（*Eucalyptus robusta* Smith.）是桃金娘科桉树属树种的总称，为常绿高大乔木，桉树从国外引进，在我国南方热带、亚热带地区广泛种植。桉树是我国主要的造林育林品种，是造林推广最快和利用价值最高的树种之一，具有药用、经济等多种价值，是目前工业纸浆生产的重要原料。目前，桉树的繁殖一般采取播种、扦插和茎尖组织培养等方法，其中组织培养较为常用。

任务描述

外植体：茎尖、茎段。

再生途径：丛生芽增殖型。

操作程序：顶芽采集与处理→诱导丛生芽→不定芽转接→增殖培养→丛生芽伸长培养→生根转接→生根培养→驯化移栽→成苗。

实践成果：建立桉树组培与快繁无性系。

任务分析

本任务是以桉树茎尖与茎段为外植体，通过丛生芽增殖型再生植株，操作简单，技术要求中等，培养相对容易。在操作环节上注意外植体灭菌彻底，做到操作规范、熟练，有效控制培养条件，就能够顺利建立桉树组培无性系。

任务实施

一、外植体采集与处理

选择无病虫害、性状优良的植株为采集对象，在基部进行环割，促进切口下部的休眠芽萌发。当新萌发的枝条长至 30～40 cm 时，于晴天下午从洁净、无病虫害、生长健壮的新枝条上剪取带顶芽的短枝条作为外植体。先将枝条剪成适宜长度的带芽茎段，用洗洁精清洗 1 min、流水冲洗 40 min 左右，然后移至超净台上进行材料表面灭菌。先用 70%酒精溶液浸泡 30 s，然后用 1%氯化汞溶液浸泡 6～8 min，最后用无菌水漂洗 4～6 次，无菌纸吸干表面水分后，将消过毒的茎段切成 1～2 cm、带 1～2 个节的短茎段，接种到 MS+6-BA 1.0 mg/L+NAA 0.1 mg/L 的初代培养基上，每瓶接种 3～4 个茎段为宜。

二、初代培养

茎段接种后，将培养瓶置于空气湿度 70%左右、室温 26～28 ℃的暗环境中培养 15 d，然后转入光培养室，设定光照强度为 1 000～2 000 lx、日光灯照射 20～50 d 后会有新芽长出（图 12-2-1）。

三、继代培养

经诱导产生的腋芽长至 2 cm 左右时，将无菌芽苗转接到培养基 MS+6-BA 0.6 mg/L+NAA 0.1 mg/L 或 MS+6-BA 0.2 mg/L+IBA 0.1 mg/L 上进行继代增殖培养（图 12-2-2）。培养温度控制在 26～28 ℃，湿度控制在 70%左右，先暗光培养 7 d 左右，当苗长至 1 cm 时移到光照强度 1 000～1 500 lx 的日光灯或 3 000～7 000 lx 的自然光下培养，15～30 d 进行转接一次。

图 12-2-1　桉树茎段初代培养

图 12-2-2　桉树增殖苗

四、生根培养

当继代芽苗增殖到一定数量时，将株高 3～4 cm、叶片舒展、健壮的小芽切成单株后转接到 1/2 MS+IBA 0.1～0.3 mg/L 的生根培养基中。培养温度控制在 25～28 ℃，先 7 d 左右的暗培养，待芽苗基部冒出根尖后，转为光培养，日光灯的光强设定为 1 000～1 500 lx。2 周左右，待根长 2～3 cm、叶片充分展开时，即可在棚室内炼苗(图 12-2-3)。

五、驯化移栽

将组培苗带瓶排放在温室或塑料大棚，进行炼苗(即驯化)，炼苗时间 15～20 d。炼苗阶段利用遮阳网的开闭调节自然光照，并注意观察瓶苗茎叶和根系的变化。当多数瓶苗充分木质化、叶片舒展、叶色浓绿和茎轴、根系伸长时，即可开瓶移栽至育苗袋内。移栽前倒出培养基，小心洗去残留在根上的培养基，并截去过长的根，保留根长 2 cm 左右，然后将组培苗用 0.1%的杀菌剂消毒，其根部用 IBA 等生根激素处理后栽入育苗袋。育苗基质可选择稻谷壳、椰糠和泥炭组成的轻基质。移栽前用 800～1 000 倍的多菌灵溶液进行基质消毒。栽好苗的育苗袋置于育苗架上，在 70%遮光度的荫棚内培育 25～30 d。移植初期要覆盖塑料薄膜保温保湿，待小苗高 3 cm、生长稳定后即可撤膜，苗高 15～20 cm 时可以出圃造林(图 12-2-4)。

图 12-2-3　桉树生根苗

图 12-2-4　驯化成活后的桉树组培苗

知识链接

一、桉树组培概况

桉树研究从首次被列入国家科技攻关计划，至“十三五”国家重点研发计划，经过 40 年持续不断的科技创新，促进了我国桉树人工林及其产业的迅猛发展。

国内桉树组织培养与快繁的研究报道始于 1979 年，大都以嫩茎段、茎尖、侧芽、叶片为外植体，建立植株快繁体系，增殖倍数可达 3～4 倍。上海植物园的庄茂长等(1979)对冈尼桉的离体茎培养诱导出芽，中南林学院资源与环境学院的林雪坚等(2003)对尾叶桉的叶或者幼茎进行离体培养诱导出愈伤组织，并形成完整植株，广西国有博白林场的甘德煜对桉树无性系 BL1 号的组织培养进行了研究，并获得完整植株。目前，桉树的组织培养研究重点一般侧重于外植体的选择、外植体的消毒、基本培养基的大量元素浓度、激素种类及浓度配比等方面。我国在桉树种苗无性繁殖体系方面取得了较好的进展，桉树组织培养已成为优良桉树株系快速繁殖的重要途径。

二、桉树组培与快繁操作流程

桉树组培与快繁流程如图 12-2-5 所示。

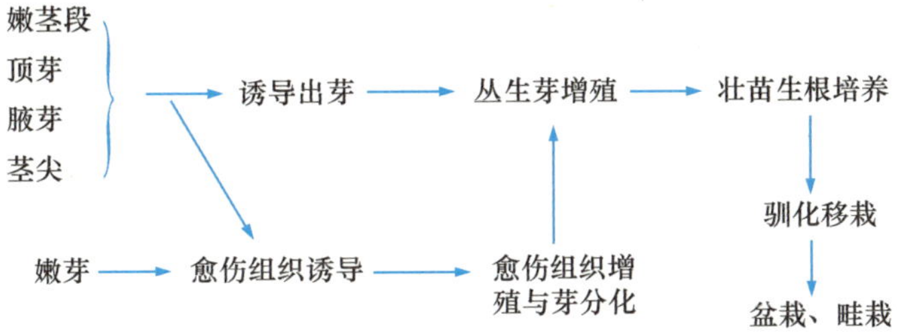

图 12-2-5　桉树组培与快繁流程

三、桉树组培与快繁的影响因素

(一)外植体

桉树组培苗主要以茎尖、茎段、叶片为外植体诱导出芽或先诱导出愈伤组织，再从愈伤组织中诱导出不定芽或不定根。外植体的不同采集时间和生理状态会影响诱导分化效果，以春、夏季节取材灭菌容易且易成活，秋、冬季取材再生能力差、不易成活；雨季或湿热季节取材容易染菌、消毒不易成功(李云，2001)。选取病害少、生理年龄小、再生能力强的芽或茎段作为组培的外植体，利于迅速建立离体快繁体系(熊丽和吴丽芳，2003)。

桉树外植体常用的消毒剂是酒精、升汞和次氯酸盐。为了降低污染，目前桉树组培材料最常用的消毒方法是：自来水冲洗干净后，用75%酒精消毒30 s，然后用0.1%升汞灭菌1～10 min，每次灭菌后均用无菌水冲洗3～5次。材料消毒灭菌方法的差异主要表现在升汞处理浓度和时间的不同。马相奎等(2006)认为桉树组培材料表面灭菌，0.15%升汞比用0.5%升汞成活率更高；而陈家龙等(2009)研究发现，圆叶桉外植体用0.1%的升汞灭菌10 min比灭菌5 min、15 min效果更好。还有试验表明，经升汞灭菌后用1%的氯化钙浸洗处理，能有效控制外植体褐化的发生，从而降低死亡率(管朝旭等，2010)。

(二)培养基

王笑春等(2006)以桉树叶片为材料进行愈伤诱导及植株再生的组培再生体系研究，建立了通过愈伤组织诱导芽器官发生的再生系统。研究结果表明：在1/2 MS+6-BA 0.5 mg/L+IBA 1.0 mg/L或NAA 0.5 mg/L培养基上接种桉树叶片，愈伤组织诱导率可达90%；愈伤组织接种在1/2MS+6-BA 1.0 mg/L+NAA 0.1mg/L分化培养基上，可诱导分化出不定芽。杨春梅等(2009)以本泌桉的茎尖、茎段为外植体，开展本泌桉组织培养与快速繁殖研究，结果表明：MS+6-BA 1.0 mg/L+NAA 0.1 mg/L培养基的诱导效果最佳；在MS+6-BA 0.6 mg/L+NAA 0.1 mg/L培养基上进行增殖培养，增殖倍数为3～4倍，40 d后转接入MS+6-BA 0.2+IBA 0.1培养基上增殖3～4次；在MS+IBA 0.3 mg/L或MS+IBA 0.1 mg/L培养基上生根效果均较好。甘德煜等(2022)在桉树无性系BL1号的组织培养技术研究中发现，在培养基中基添加维生素C 15.0 mg/L能有效控制外植体褐变。

(三)培养条件

桉树是木本植物，含多酚类物质较多，其组培过程中容易发生褐化现象。余洋等(2016)在对桉树组培苗生产技术的研究、陆荣生等(1999)对邓恩桉快繁再生体系建立、褐化现象的消除的研究以及甘德煜等对桉树无性系BL1号的组织培养技术研究结果均表明：桉树外植体接种到初代诱导培养基、继代转接到新的培养基后，暗培养7～15 d后能有效降低组培过程中的褐化率。

问题探究

☆ 影响桉树组织培养过程中褐化的因素有哪些？

☆ 如何提高桉树试管苗的增殖率？

拓展学习

桉树的经济价值

花药与花粉培养

任务 12-3　红枫组培与快繁

红枫是槭树科槭属的乔木或灌木类植物。其叶形优美，品种多样，姿态婀娜，叶色持久，是一种非常美丽的观叶树种，具有较高的观赏价值，广泛用于园林绿地及庭院绿化。红枫通常用无性繁殖方式保持优良性状，但目前嫁接、扦插等无性繁殖方式的繁殖周期较长，繁殖系数较低，无法满足市场生产需求。组织培养方式快速繁殖红枫苗木是近几年的研究热点，可以快速推进红枫苗木的栽培推广。

任务描述

外植体：茎段。

再生途径：从生芽增殖型。

操作程序：茎段→定芽→丛生芽增殖→壮苗→生根培养→驯化移栽。

实践成果：建立红枫组培无性系；移栽成活的组培苗。

任务分析

本任务是以茎段为外植体，通过丛生芽增殖型再生途径建立组培快繁无性系。操作简单，技术要求中等，培养相对容易。在操作环节上注意选取市场受欢迎的改良红枫系列和采集其新生枝条的带芽茎段作为外植体材料。

任务实施

一、外植体的选择与处理

从生长健壮、无病虫害的红枫植株上，选取新抽生的、直径 2～5 mm 粗的嫩梢，并从顶芽起向下剪取 3～10 个带腋芽茎段的嫩梢，置于无菌烧杯中。在组培室先剪去嫩梢上的叶片，留下 0.2 mm 长的叶柄，再将嫩梢剪切成 3～4 cm 长的带芽茎段，然后把带芽茎段置于盛有自来水、频率 20～25 kHz 的超声波清洗机中，温度 30～35 ℃条件下处理，处理 35～45 min，最后流水下冲洗 30 min，备用。

在超净台上将预处理好的茎段，先用 70%～75%的酒精消毒 30 s、无菌水冲洗 2～3 次，然后用 0.1%升汞溶液浸泡灭菌 6～8 min，无菌水冲洗 4～5 次，最后置于无菌接种盘的无菌滤纸上，吸干水分备用。

二、定芽诱导

将灭菌后的茎段两端各剪去 5 mm 左右，按极性接种到 MS＋6-BA 2.0 mg/L＋TDZ 0.05 mg/L＋IBA 0.5 mg/L 的定芽诱导培养基中培养(图 12-3-1)。培养条件：光强 1 800～2 500 lx，光周期 12～14 h/d，温度(25±2) ℃。接种 10 d 后腋芽开始萌动并逐渐长大，30 d 左右长成高 3 cm 以上的无菌芽苗，此时可转接并进行增殖培养。

三、丛生芽增殖

将腋芽萌发出的无菌芽苗，剪切成 1～2 cm 长的带腋芽茎段，接种到 MS＋ZT 1.0 mg/L＋NAA 0.3 mg/L 的丛生芽培养基上进行增殖培养(图 12-3-2)。培养条件同定芽诱导。材料接种 15 d 后，基部形成少量致密、颗粒状、绿中带红的愈伤团块，25 d 后在接种材料基部分化出丛生芽，40 d 左右苗高 2 cm 以上。反复切割增殖可达到扩繁目的。

图 12-3-1　茎段接种后状态

图 12-3-2　美国红枫增殖苗

四、壮苗

当增殖培养的组培苗数量达到生产需求时，将增殖丛生芽分割成单芽接种到 MS＋ZT 0.05 mg/L＋NAA 0.1 mg/L 的壮苗培养基上培养。培养条件同定芽诱导。

五、生根培养

壮苗培养 25 d 左右，苗高 3.5 cm 以上，转入生根培养基中进行生根培养。将壮苗剪切成高 2 cm 以上带腋芽的茎段或新梢接种到 1/2MS＋IBA 0.5 mg/L＋NAA 0.1 mg/L＋AC 0.5 g/L 的生根培养基上培养，7d 左右在材料基部形成根原基，20 d 左右根长 1 cm 以上，此时可以进行驯化移栽(图 12-3-3)。

六、驯化移栽

将红枫生根瓶苗移至温室，炼苗 5 d 后，用镊子取出红枫组培苗，洗去根部培养基，移栽到装有河沙基质的苗床或穴盘，保持温度 20～25 ℃，湿度 85%以上，适当遮阳。30 d 后新叶长出、新根发生代表成活(图 12-3-4)。

图 12-3-3 美国红枫生根培养

图 12-3-4 驯化移栽成活后的美国红枫穴盘苗

技术提示

1. 红枫外植体一定要选择幼态新梢茎段，这样组培出的种苗遗传形状好，诱导率高。
2. 红枫组培与快繁要注意外源激素的使用浓度，添加过多或积累过多会影响红枫栽培后的叶色变化。

知识链接

一、红枫组培概况

国外对红枫组培体系建立的研究比较早，最早是1986年Welsh研究美国红枫品种Red Sunset的组培技术。红枫引入我国的时间不是很长，国内学者对其研究相对也较晚，主要集中在2005年以后，以实生苗的叶片、嫩茎段、带芽茎段和种胚为外植体进行深入研究，主要利用带芽茎段为外植体，通过腋芽萌发的方式建立组培体系。

二、红枫组培与快繁流程

红枫组培与快繁操作流程如图12-3-5所示。

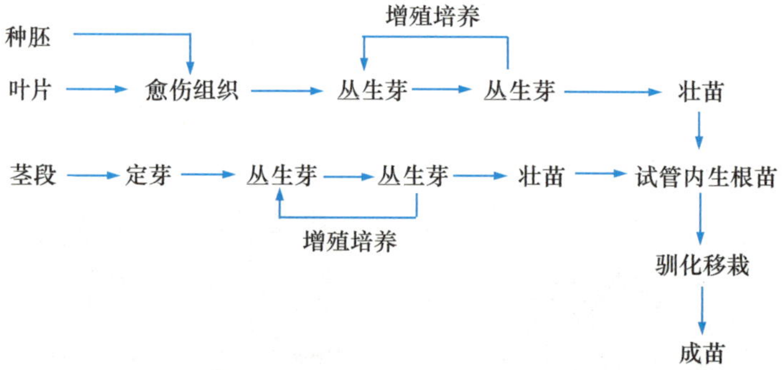

图12-3-5 红枫组培与快繁流程

三、红枫组培与快繁的影响因素

(一)外植体

不同外植体及采集时期对后续无菌体系的建立及愈伤组织诱导影响较大。一般情况下，多选择红枫叶片、带芽茎段、种胚作为外植体，而带芽茎段是红枫组培与快繁常用的外植体。不同时期采集的茎段外植体对后续组培的污染率、死亡率和存活率影响较大。红枫最容易灭菌的外植体为当年生实生苗，但是当年实生苗萌芽时间长、萌芽率较低。综合各种因素考虑，选择3～5个月半木质化茎段作为红枫腋芽萌发的外植体最为合适。

(二)培养基

适合红枫组织培养的基本培养基主要有MS、WPM、DKW等，实际生产证明，MS培养基优于WPM和DKW培养基。尤其是在茎段外植体萌芽阶段，在WPM培养基中培养的芽苗瘦弱、生长势缓慢，可能是与WPM培养基中较低的离子浓度有关。

(三)再生途径

从生芽再生型和器官发生型是目前红枫组培与快繁的两种再生途径。器官发生型再生途径属于器官的间接发生方式，是通过愈伤组织发生进行增殖，能得到较高的增殖倍率，但变异系数也高，适合选育新品种。从生芽再生型属于器官的直接发生方式，变异系数低，能够保持母本遗传性状。因此，从生芽再生型是红枫组培与快繁的主要再生途径。

(四)外源激素

外源激素在红枫增殖培养阶段的影响更为突出，主要集中在不同细胞分裂素和生长素的搭配使用上。TDZ 作为一种新型的高效细胞分裂素，在木本类植物上应用广泛，尤其是在槭树科植物组培应用上。有研究者发现，TDZ 作为细胞分裂素对于红枫苗的组培增殖作用最为关键。单独使用 6-BA 时，较低的浓度会造成愈伤组织大量生长以及植物的玻璃化，而搭配使用低浓度的 TDZ 时，增殖无根小苗长势旺盛，玻璃化概率大为降低。

四、红枫组培快繁的常见问题

(一)外植体褐化

在对红枫茎段进行萌芽培养时发现，外植体普遍容易褐化。外植体褐化程度通常与品种特性以及所用外植体老嫩程度有关，嫩枝的褐化率要低于硬枝茎段。在培养基中添加防褐化物质会显著减轻外植体的褐化程度。研究表明：用 200 mg/L 的维生素 C 与 PVP 处理外植体之后，褐化率明显降低；在培养基中分别加入 1 g/L 活性炭、10 mg/L 硝酸银、1 g/L PVP 的处理，均对褐化有所抑制。如果在外植体培养初期每隔 2 d 转移至新鲜培养基中，2～3 次以后就可彻底去除褐化现象。在实际生产中发现，在培养初期将外植体避光培养 7 d 左右，调低培养室的温度至 20 ℃可以明显降低褐化率。在培养基中添加 0.4～0.5 g/L 的活性炭，可降低褐化程度，但对抑制细菌污染没有效果。实际中需要注意的是由于活性炭对培养基中的激素有一定的吸附作用，在添加活性炭的同时要适当调高培养基中的激素浓度。

(二)移栽成活率低

红枫组培苗移栽成活与否关系着繁殖出的红枫组培苗能否大量应用于生产，是事关整个红枫植物组织培养成败的关键一步，而试管内组培苗的生根质量直接影响红枫组培苗移栽成活率。红枫移栽成活率低的主要原因是组培苗的根与输导系统不连通，无根毛或根毛很少。红枫组培苗的部分根是通过愈伤组织形成的，因此其输导系统与茎的输导系统不连通，这样的根运输水分和养分的能力不仅低，而且易从愈伤组织的连接处折断，严重影响水分和养分的运输，进而影响组培苗的移栽成活。有些红枫组培苗的根无根毛或有很少根毛，所以根系的吸水能力很弱，造成移栽后的红枫组培苗的根系吸收的水分不能满足叶片蒸腾作用消耗，因缺水而逐渐萎蔫死亡，从而影响移栽成活率。因此，要提高红枫组培苗的移栽成活率，就要通过综合调控提高组培苗的生根质量。

问题探究

☆在红枫丛生芽再生型和器官发生型两种再生途径中，哪种再生途径更易保持遗传稳定性？

☆红枫驯化移栽时要控制好哪些因素才能提高试管苗的成活率？

拓展学习

离体叶的培养

自我测试

一、填空题

1. 一般红叶石楠过渡驯化移栽(　　　　)后小苗就可上盆移栽。

2. 红叶石楠以茎段为外植体进行组织培养最好选取(　　　　)为外植体。

3. 红叶石楠在生根阶段容易出现(　　　　)、(　　　　)或(　　　　)的问题，因此要选用适宜的生长素或增加生长素用量，适当降低无机盐浓度。

4. 红叶石楠组培时如果外植体选取时期不合适，如(　　　　)就很容易引起褐变，而且培养基中(　　　　)的水平过高也会刺激多酚氧化酶的活性，从而使褐化程度加深。

5. 国内桉树组织培养与快繁大都以(　　　　)、(　　　　)、(　　　　)、(　　　　)为外植体，建立植株快繁体系。

6. 桉树组培与快繁的影响因素有(　　　　)、(　　　　)、(　　　　)等。

7. 红枫最容易灭菌的外植体为(　　　　)，可作为红枫腋芽萌发的外植体。

8. 离体叶培养再生成植株的方式有两种：一种是(　　　　)，另一种是(　　　　)。

9. 影响叶培养的因素有(　　　　)、(　　　　)、(　　　　)、(　　　　)和损伤程度等。

植物种类、品种间在叶组织培养的特性上也存在着一定的差异。

10. 离体叶培养的外植体一般要求带(　　　　)，因为多数植物常从(　　　　)和(　　　　)的切口处形成愈伤组织和分化成苗。

二、判断题

1. 红叶石楠组培苗直接移栽到苗床，对环境条件要求不高。(　　)

2. 国内红叶石楠大多以茎段、茎尖、顶芽、侧芽和叶片为外植体，建立植株快繁体系。(　　)

3. 桉树生根培养阶段和继代培养阶段都不进行暗培养。(　　)

4. 桉树组培增殖倍数一般在 5～6 倍。(　　)

5. 组织培养中的不定芽主要通过以下两种方式发生：一是从茎尖或茎段上直接诱导出芽；二是从外植体上诱导出愈伤组织，再从愈伤组织中诱导出不定芽或不定根。(　　)

6. 桉树是木本植物，含多酚类物质较多，组织培养过程中不致褐化。(　　)

7. 红枫外植体褐化程度通常与品种特性以及所用外植体老嫩程度有关，嫩枝的褐化率要低于硬枝茎段。(　　)

8. TDZ 作为一种新型的高效细胞分裂素，在木本类植物上应用较广，尤其在槭树科植物组培应用上非常广泛。(　　)

9. 叶片组培时，多以植物成熟叶片为外植体，经冲洗干净后，进行表面灭菌。(　　)

10. 离体叶的培养较胚、茎尖、茎段培养难度大，常常需要多种激素的配合使用，并且不同培养阶段需要更换不同的激素组合。(　　)

测试要求：先独立自测后核对答案

温馨提示：自律彰显素养　诚信成就人生

项目 12 自我测试题参考答案

自我总结

结合本项目学习与实训，绘制红叶石楠、桉树、红枫等林木组培与快繁的思维导图。

项目 13　药用植物组培与快繁

近年来国际上逐步认可和重视传统医药，我国中药的国际市场需求增长迅速，市场潜力巨大。从国内市场看，随着我国 GDP 的增长、医疗卫生支出的增加、人均收入水平的提高及社会保障体系的建立与完善，我国医药制造业将持续保持较高水平的快速增长能力，中药市场的发展空间将进一步扩大。由于野生药用植物资源几近枯竭，为解决供需矛盾，目前市场上的中药材多以栽培品种为主。人工栽培的药用植物的繁殖方法以传统的种子繁殖或分株繁殖为主，尤其是名贵中药材如贝母类等，由于用种量大、繁殖系数低，导致发展速度慢；地黄、百合等中药材因病毒危害而导致产量低、品质差。应用组培技术生产药用植物种苗，可以避免地域限制和减轻自然环境对药用植物的影响，实现快速繁殖药用植物种苗，这不仅能有效维持药用植物种质资源，也有利于加速如西红花、人参等贵细类中药材的产业发展。

学习目标

知识目标

掌握铁皮石斛、白及、山银花、金线莲组培与快繁技术。

能力目标

1. 能针对不同药用植物选择适宜的外植体进行组培与快繁；
2. 具有一定的文献搜集与处理能力、观察能力、分析解决问题能力和药用植物组培与快繁技术的应用能力。

素质目标

1. 树立岗位意识、市场意识、团队意识、环境保护意识和责任意识；
2. 培养“三农”情怀，提升学习内生动力，增强守正创新意识。

思想领航

大约心细则眼明，而理名则心细，多读书辨证则理明识广。

——魏荔彤《金匮要略方论本义卷》

——知常达变，能神能明，如是者谓之智圆。

——李中梓《医宗必读·行方智圆心小胆大论》

项目实施

任务13-1 铁皮石斛组培与快繁

铁皮石斛(*Dendrobium officinale.*),俗称铁皮枫斗、黑节草,为兰科石斛属多年生附生性草本植物,也是常用的名贵中药。铁皮石斛生长周期长,自然条件下繁殖率低,野生资源非常有限,加之人们对野生铁皮石斛长期、过度地开采,导致铁皮石斛自然资源日益枯竭。为了保护这一珍稀中药品种,更好地开发利用铁皮石斛资源,变野生为家种,应大力发展规模化人工栽培,切实保障铁皮石斛资源的可持续利用。铁皮石斛种子极小,在自然状态下发芽率极低(小于5%),而分株、扦插等常规繁殖率又较低,并且长期无性繁殖还容易造成病毒继代感染,导致品种退化。因此,利用组培技术快繁种苗,是实现铁皮石斛集约化人工栽培的最佳选择。

任务描述

外植体:种子;茎段。

再生途径器:原球茎发生型;从生芽增殖型。

操作程序:①种子培养:无菌播种→培育原球茎→原球茎增殖→原球茎分化芽苗→生根培养→驯化移栽。

②茎段培养:茎段采集与处理→不定芽诱导→丛生芽诱导和增殖培养→生根转接→驯化移栽。

实践成果:建立铁皮石斛组培无性系。

任务分析

原球茎发生型和丛生芽增殖型是组培快繁的两种植株再生类型。本任务是以种子和茎段为外植体,分别通过原球茎发生型和丛生芽增殖型完成铁皮石斛植株再生过程。以种子为外植体的原球茎发生型再生方式,繁殖效率高,但后代容易发生变异,其技术关键是铁皮石斛果实的选择与采集时间,以及原球茎切分转接操作要领;以茎段为外植体的丛生芽增殖再生方式,在操作上可参照其他作物的茎段培养。铁皮石斛组培与快繁持续时间较长,操作环节较多,要求操作人员有全局意识,做到操作认真、及时观察记录,科学分析和有效解决实际问题,以保证按时、保质完成生产(或实训)任务。

任务实施

子任务1 种子培养

一、果实采集与灭菌

每年10—11月份是铁皮石斛蒴果的成熟期。选取生长良好、蒴果外表呈褐色、发育成熟但未开裂的果实，并从果柄处剪下，然后用湿润的纸巾包好，放入密封容器内。在超净台上用75%酒精棉球仔细擦洗果实表面，尤其是果壳表面沟纹，做到不留死角，然后无菌水冲洗3次，再用0.1%升汞灭菌3 min，最后用无菌水漂洗3次。

二、播种

在无菌滤纸上将处理过的果实切开小口，轻轻抖动果荚，将黄色粉状种子均匀撒播于MS+6-BA 0.2～0.5 mg/L+NAA 0.05～0.5 mg/L或1/2 MS的种子萌发培养基上。注意来不及播种的铁皮石斛果实应临时存放于4 ℃的冰箱中保存，但不宜超过1个月，否则容易发霉腐烂或降低发芽率。

三、原球茎诱导

播种后，先暗培养3 d，再转入光下培养。培养条件要求温度25～28 ℃、光照8 h/d、光强约1 500 lx。1周后种子变得鲜绿，15 d后球形胚几乎充满整个种子，30～40 d后部分种子发育成原球茎，此时原球茎体积大、色绿、饱满、适宜增殖。

四、原球茎增殖

将原球茎均匀、密集地转接到增殖培养基上。培养基配方为MS+6-BA 0.5～1.0 mg/L+NAA 0.1～0.5 mg/L+10%马铃薯汁。培养条件要求温度(25±1) ℃、光照12 h/d、光强1 500～2 000 lx。转接后1个月左右形成新的原球茎。如此反复切割增殖，在短时间内就会获得大量原球茎。每35～50 d增殖1代。切分原球茎时采用掰开法，即将大丛的原球茎用解剖刀顺势分成小丛(>0.6 cm)，尽量不用解剖刀直接切割，这样造成的损伤最小，原球茎恢复生长快、增殖快、增殖倍率更高。

铁皮石斛组织培养与快速繁殖

五、原球茎分化

将原球茎转移到MS+NAA 0.1～0.5 mg/L+马铃薯汁10%的分化培养基上，20 d后原球茎开始分化出绿色芽点，随后逐渐长成带少许细根的芽苗。培养40 d后芽苗高2～2.5 cm，叶色淡绿，此时应及时转接到生根培养基。培养条件同原球茎增殖培养。

六、壮苗与生根

将芽苗转接到 MS＋NAA 0.2～0.5 mg/L＋AC 0.1%＋香蕉泥 10%的生根培养基上。培养条件要求温度 23～25 ℃，其他培养条件同原球茎增殖。接种后芽苗迅速分化出浅绿色根，培养 60 d 后形成的丛生苗高 45 cm，根长 3～5 cm，具 4～5 片叶，叶片增大变厚，叶色由浅绿变为深绿。

铁皮石斛种子培养任务实施图解见图 13-1-1。

图 13-1-1　铁皮石斛种子培养任务实施图解

技术提示

1. 当铁皮石斛蒴果的外表转为褐色，但果实并未开裂时采集果实。如采集时间过早，种子胚发育不完全，影响发芽率；采集时间太迟，蒴果破裂，种子不易消毒，组培难以成功。

2. 铁皮石斛的果实随采随灭菌、播种，否则会影响发芽率。

3. 解剖铁皮石斛果荚时要小心细致，刀片和镊子不要触碰种子。

4. 无菌播种时，种子不能埋入培养基内，以免引起窒息死亡。播种密度以每瓶的种子大致都能接触到培养基为度，太密会影响发芽率及发芽后的正常生长。

5. 原球茎增殖转接时，最好不用解剖刀直接切割原球茎；分离的原球茎丛块较小(＜0.3 cm)且每瓶接种小丛块数少时，原球茎生长缓慢，甚至死亡。

6. 当原球茎分化的芽苗高度达 2～2.5 cm、叶色淡绿时，应及时转接到生根培养基上，否则，芽苗老化后不易分化。操作过程中，要剔除老苗、变异苗、黄化苗等。

子任务2 茎段培养

一、外植体处理

选择温室盆栽、生长旺盛、茎节粗壮的铁皮石斛的一年生幼嫩茎段，流水冲洗 0.5 h，去除叶片及膜质叶鞘，用少量加酶洗衣粉水溶液浸泡 30 min，并用软毛刷轻轻刷洗表面，之后用清水冲洗。在超净台上用75%酒精浸润 30 s，再用 5%～10%次氯酸钠浸泡 8～10 min，最后用无菌水漂洗 3～5 次。外植体灭菌期间要经常摇动材料杯，使外植体充分灭菌。取出灭菌后的短茎段置于无菌滤纸上吸干表面水分。

二、腋芽萌发

将铁皮石斛的短茎段切成长 1～1.5 cm、带 1～2 个腋芽的小茎段，每一切段至少保留1个节，然后接种于 MS＋6-BA 2～5 mg/L＋NAA 0～0.8 mg/L 的诱导培养基(pH 5.4～5.8)上。培养条件要求温度(25±2) ℃、光照 12 h/d、光照强度 1 500～2 000 lx、室内湿度 70%。培养 30～50 d 后可在节上长出 1～2 个新芽(图 13-1-2)。

三、丛生芽诱导与增殖

将新芽切下，转至 MS＋BA 0.5～2.0 mg/L＋NAA 0.1～0.5 mg/L 的丛生芽增殖培养基中。培养 15 d 后，带有一个芽的茎段开始有明显的变化，茎节部的腋芽开始突出，并逐渐长大。以后逐渐有新的小芽长出和膨大。约 30 d 时出现黄绿色斑点，随后黄绿色斑点逐渐变绿。再生长 1 个月后形成丛生芽。反复切割芽丛接种到增殖培养基中培养，可获得大量丛生芽(图 13-1-3)。培养条件同上。

四、壮苗与生根

将丛生芽切分成单个芽苗后转接到 MS 壮苗培养基。培养 40 d 后可发育成高 3 cm 以上、具 2～3 片叶的健壮无根苗。将壮苗培养后的无根芽苗转接到 MS＋NAA 0.2～0.5 mg/L＋AC 0.1%的生根培养基中，培养条件同上。培养 40～60 d 后在苗基部便可长出多条肉质、绿色气生根，形成完整植株(图 13-1-4、图 13-1-5)。

图 13-1-2　茎段诱导不定芽
(引自张红梅，2010)

图 13-1-3　增殖后的丛生芽
(引自张红梅，2010)

图 13-1-4　增殖后的丛生芽
(引自张红梅，2010)

图 13-1-5　铁皮石斛增殖苗

子任务 3　试管苗驯化移栽

铁皮石斛喜温暖、多雾、微风、清洁、散射光环境，忌阳光直射和曝晒。在移栽过程中要创造条件，为铁皮石斛提供最佳的生长环境。最好选择在大棚内移栽，而且要移栽在高架床上，这样容易调控铁皮石斛生长的环境条件，使铁皮石斛在最优环境下生长。

一、驯化移栽前准备

(一)设施条件要求

要求棚宽 6 m、长 30 m、棚肩高 1.7 m 以上、脊高 2.8 m 以上，棚顶覆盖塑料无滴薄膜和遮光度 75%的固定遮阳网；在棚内距苗床 1 m 左右高的空中搭盖遮光度 75%的活动遮阳网，在大棚四周和入口处张挂 32 目的防虫网。床架上悬挂干湿温度计。若有条件，棚内安装自动或手动控制的喷雾系统。这样的设施条件可以防晒、防雨、防虫、保温、保湿、透气，还能大大减少劳动量。

(二)搭建高架苗床

棚内搭建高架苗床(图 13-1-6)。可用角钢、砖头、木条或方条等材料作为框架，然后铺设孔径为 0.3～0.5 cm 的塑料垫作为栽培基质的支撑面；床宽 1～1.5 m，畦的长度自定，床下架空高度 30～50 cm。搭建高架床的目的是利于控制基质的水分和透气性，从而为铁皮石斛组培苗生长提供最佳水分条件，保证通风透气。

图 13-1-6　铁皮石斛试管苗驯化移栽用苗床

(三)准备基质

铁皮石斛试管苗的移栽基质要求疏松透气、排水良好、不易发霉、无病菌害虫,预先消毒。目前用作铁皮石斛栽培基质的有水苔、珍珠岩、花生壳、椰糠、甘蔗渣、砖碎、树皮、刨花、木糠、木炭、泥炭、锯末、菌渣等十多种。苗床上铺 5~10 cm 厚的基质,下层先铺 1/3 的颗粒较大的基质(ϕ1~3 cm),顶层再铺 1/3 颗粒较细的基质(ϕ1 cm 以内),然后摊平,基质上细下粗的目的是给根系创造一个疏松、透气且不易板结的小环境,有利于提高组培苗的移栽成活率。移栽前用 0.3%高锰酸钾或 1 000 倍多菌灵药液对基质进行表面喷洒消毒。

二、驯化移栽

(一)炼苗

当铁皮石斛组培苗高 3~4 cm 时,将瓶苗置于大棚内炼苗 2~3 周,让瓶苗逐渐适应自然环境。通过炼苗,达到炼苗标准:生长健壮,肉质茎有 3~4 个节间,长有 4~5 片叶,叶色正常;有 4~5 条根,根长 3 cm 以上,根皮色白中带绿,无黑色根,无畸形,无变异。

(二)移栽

移栽季节要求当日均气温在 15~30 ℃时即可移栽。开瓶取苗,将污染苗、裸根苗或少根苗分别放置,分别洗净培养基。裸根或少根的组培苗在移栽前需将根部置于 100 mg/L 的 ABT 生根粉溶液中浸泡 15 min,诱导生根;污染苗在清洗后用 1 000 倍多菌灵溶液浸泡 10 min。洗净的试管苗在通风荫凉的大棚内晾干,待根表面发白后移栽。移栽密度一般为 500 株/m^2,株行距为 4 cm×5 cm。注意铁皮石斛组培苗移栽时不要弄断石斛的肉质根,忌阳光直射和曝晒。朱艳等研究认为,铁皮石斛试管苗最适的移栽时机为温度较高、湿度较大的月份,但要避开高温干燥和骤雨的季节。

铁皮石斛试管苗驯化移栽

(三)移栽后管理

1.温湿度管理

移栽铁皮石斛组培苗应满足冬暖夏凉的条件要求。注意铁皮石斛组培苗移栽时要保证其生长的适宜温度(20~30 ℃)。夏季温度高时,大棚内需通风散热,并通过经常喷雾来降温保湿,每天喷雾 3~5 次,每次喷雾 2~5 min;冬季气温低时,大棚四周要密封好,以防冻伤试管苗。

刚移栽的组培苗对水分很敏感,缺水则生长缓慢、干枯、成活率低,而喷水过多则渍水烂根,温度高、湿度大时还容易引发软腐病的大规模发生。移栽后 1 周内,每天定时喷雾 4~5 次,保持空气湿度 90%左右,移栽 1 周后组培苗开始发新根,空气湿度保持 70%~80%。移栽床干湿交替有利于诱发气生根的生长,达到先生根后萌芽的目的,成活率为 80%左右。

2.养分管理

组培苗大棚移栽期间的施肥以叶面肥为主。由于石斛为气生根,因此要喷施适宜的叶面肥作为营养液,以供给组培苗充足的养分,促进早发根长芽。叶面肥可以选择硝酸钾、磷酸二氢钾、腐植酸等，以及进口三元复合肥和稀释的 MS 液体培养基等。移栽 1 周后，新根陆续发生，这时应喷施 1‰的硝酸钾或磷酸二氢钾，以后每隔 7～10 d 喷 1 次，连喷 3 次。长出新芽后每隔 10～15 d 喷施 3‰的三元复合肥等。一般施肥后 2 d 停止浇水。若空气对流太大，则视基质干湿度适当喷雾补水。方勇(2018)研究认为，氨基酸液肥可增加铁皮石斛的株高、茎粗、生物量，增多叶片数还可以显著提高铁皮石斛多糖等成分的含量，而以叶面施用 500 倍氨基酸液肥效果最佳。

铁皮石斛试管苗移栽后 4 个月、7 个月的生长状态分别见图 13-1-7、图 13-1-8。

图 13-1-7 铁皮石斛试管苗移栽后 4 个月的生长状态

图 13-1-8 铁皮石斛试管苗移栽后 7 个月的生长状态

技术提示

1. 一年生幼嫩枝条的中部茎段适宜作铁皮石斛的外植体。

2. 铁皮石斛的中部茎段一般粗细变化不明显，因此在切段接种时，要注意极性，即形态学上端朝上，形态学下端朝下。

知识链接

一、铁皮石斛组培概况

从 20 世纪 70 年代起，国外有关机构便开始了铁皮石斛的研发工作，尤其在铁皮石斛的组织培养与快速繁殖技术方面进行了大量研究。我国石斛组织培养研究起步较晚，直到 1984 年徐云鹃等才首次报道获得霍山石斛试管苗，之后对于石斛组织培养再生植株及相关影响因素的报道较多。目前，已建立比较完善的铁皮石斛试管种苗生产技术体系，繁殖效率高，生产成本低，大大提高种苗的繁殖速度，并且不易发生退化，保证了种苗质量。

二、铁皮石斛组培与快繁操作流程

铁皮石斛植株再生途径包括原球茎发生型、丛生芽增殖型、器官发生型和胚状体发生型等途径（图 13-1-9），工厂化育苗主要采取前两条途径。以种子作为外植体，与茎尖、茎段相比，其繁殖效率高，但后代容易发生变异，因此要注意原球茎增殖不宜超过 10 代。

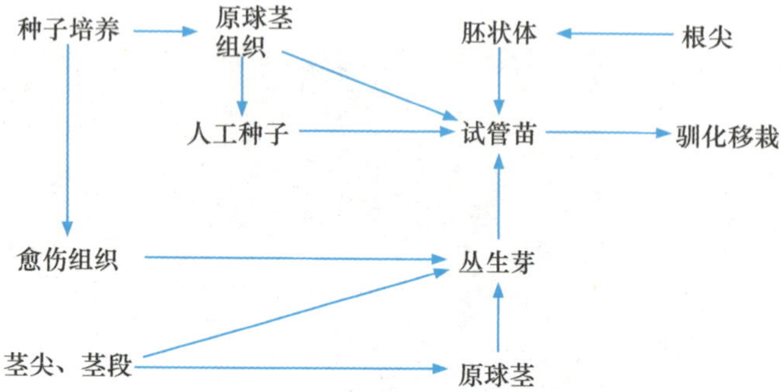

图 13-1-9　铁皮石斛组培与快繁操作流程

铁皮石斛种子培养与快繁流程

三、影响铁皮石斛组培与快繁的因素

影响铁皮石斛组培与快繁的主要因素包括外植体、取材部位、培养基、胚龄、植物激素、有机附加物、碳源、温度等。

1. 外植体与取材部位

铁皮石斛组织培养可采用的外植体有种子、种胚、茎尖、茎段、腋芽、叶片、根尖等，都能成功培育出试管苗。实践证明，由种子诱导的愈伤组织分化能力较强，由种胚培养的原球茎的质量也较高。因此，铁皮石斛生产上多以种子为外植体，经愈伤组织或原球茎途径快速繁殖优质试管苗。

如果从一年生铁皮石斛的健康枝条上分基部、中部、上部切取茎段组培，以中部茎段再生芽数最多，芽的平均长度最长，芽生长状况佳，而上部次之，基部最差，这可能与铁皮石斛一年生嫩茎中部较粗壮、腋芽饱满、营养积累充足有关，同时说明取材部位也会影响铁皮石斛的培养效果。

2. 培养基

铁皮石斛种子在 MS、N_6、1/2 MS 、1/2 N_6、SH、KS、VW、Kundson、White 等培养基上均可萌发，生产上主要采用 MS。原球茎增殖和分化培养基可以采用 MS、1/2 MS、N_6。1/2 MS、B_5 诱导丛生芽效果较好，而生根与壮苗培养基宜采用 1/2 MS、VW、B_5、N_6 培养基。硝酸盐对原球茎的生长和增殖的影响观点不一，莫昭展等认为过高的硝酸钾、硝酸铵含量不利于原球茎增殖，而宋经元等则认为硝态氮、铵态氮能促进原球茎增殖，硝态氮和铵态氮的影响不存在互作关系。这可能是因为铁皮石斛的基因型不同，所要求硝酸盐的浓度有差异。培养基中卡拉胶的浓度会影响原球茎的分化。浓度太低，培养基偏软，增殖的原球茎因自身重量增加沉入培养基内，颜色由原来的浅黄或浅绿色慢慢退化成白色或无色透明状，失去增殖、分化的能力，而浓度太高，培养基会太硬，会影响原球茎的生长速度。

曾宋君等(1998)在改良 N_6 + NAA 0.2 mg/L 培养基上，发现以白糖、片糖为碳源时，胚萌发和成苗的效果比蔗糖好，这可能是白糖、片糖中含有适合胚萌发和成苗的矿质元素。张治国等的研究结果表明，蔗糖 2%时原球茎分化率为 100%，增殖率达最高，而当蔗糖为 3%时，原球茎不再分化，且增殖率随蔗糖浓度的增高而下降。这可能是因为培养基的渗透压过高，抑制了原球茎的分化和生长。在培养基中适当添加活性炭，可以防止组织褐变，促进胚胎发生、原球茎增殖与生根。

3. 有机添加物

在培养基中添加适量的马铃薯提取物对铁皮石斛原球茎的萌发、分化和增殖有促进作用；椰子汁对铁皮石斛芽的增殖促进效果优于香蕉泥和马铃薯泥，增殖率高，而且苗粗壮，生长整齐，叶色浓绿；香蕉泥可以促进铁皮石斛幼苗的生长、分化，使根系生长粗壮。培养基添加马铃薯泥和香蕉泥，在培养中后期铁皮石斛的芽会出现黄化现象，需要及时转瓶。此外，加入白萝卜提取液、水解酪蛋白(CH)和椰乳(CM)，对铁皮石斛组培苗有明显的壮苗效果。也有人认为培养基中添加香蕉泥对原球茎的分化与增殖有一定抑制作用。

4. 植物激素

在种子萌发阶段，培养基中添加一定浓度的 NAA 可促进种子的萌发，浓度以 0.2～0.5 mg/L 最适合胚的萌发和生长，浓度过高则起抑制作用；2,4-D 对胚的萌发起抑制作用；6-BA 对胚萌发后的生长起抑制作用；KT、IAA 对胚萌发和成苗的影响不大，当浓度超过 1 mg/L 时，对胚萌发和成苗起抑制作用。

在原球茎增殖阶段，适宜的 NAA、KT、6-BA 浓度对原球茎的增殖起促进作用。唐桂香等(2005)以 1/2 MS 为基本培养基，发现 BA 1.0 mg/L 和 NAA 0.1 mg/L 有利于原球茎诱导增殖；蒋林等(2003)研究表明，1/2 MS+NAA 1.0 mg/L+KT 0.2 mg/L 比较适合原球茎的增殖；张铭等(2000)发现 ABA 能显著提高铁皮石斛原球茎的质量，浓度以 0.5 mg/L 为最佳。

在原球茎分化阶段，培养基中添加 BA 和 NAA 后可加快原球茎分化。张治国等的试验研究表明，在原球茎分化前期(40 d)，高浓度的 BA 和低浓度 NAA 组合能够加快原球茎分化，2 mg/L BA 和 0.2 mg/L NAA 组合最佳；在分化后期(60 d 后)，高浓度 NAA 与低浓度 BA 的组合有利于分化苗整齐化生长，以 0.2 mg/L BA 和 2 mg/L NAA 组合最佳。蒋波等报道以1/2 MS+BA 2.0 mg/L+NAA 0.2 mg/L 或 BA 3.0 mg/L+NAA 0.2 mg/L 培养基有利于原球茎的分化；唐桂香等研究发现，BA 对原球茎诱导芽影响大，而 NAA 对原球茎诱导芽影响小。

诱导不定芽时，NAA 和 6-BA 适宜的浓度范围分别是 0.1～0.5 mg/L、0.5～2.0 mg/L。在生根与壮苗阶段，NAA、IAA、IBA 等激素有助于试管苗生根壮苗，浓度范围在 0.5～2.0 mg/L。

5. 胚龄

不同胚龄的种子萌发率各不相同。曾宋君(2015)等的试验结果表明，胚龄在 60 d 以下时，萌发率极低，并且萌发时间长，而随着胚龄的增长，其萌发期逐渐缩短，萌发率逐渐升高，成苗率也逐渐升高，但到达一定的胚龄后，差异并不明显。2 个月、3 个月、4～6 个月胚龄的种子接入改良 N_6 培养基，萌发率分别为 6%、2 周萌发率 87%、1 周萌发率 95%。因此，一定要注意种子的采收时间。无菌播种的铁皮石斛蒴果以成熟未开裂前采收最好，种子易采收和消毒，并且发芽率高。若等到果实成熟开裂时采收，不仅种子难以收集与消毒，而且会降低种子发芽率。

6.温度

培养温度影响着铁皮石斛原球茎的增殖、分化和生长。原球茎增殖阶段，温度较高或较低，都不利于原球茎的增殖。温度过高，原球茎增殖缓慢，原球茎的生长不适应，部分原球茎死亡，较低的温度同样表现为原球茎的增殖速度降低。此外，苗分化率与温度密切相关，温度越高（≥25 ℃），分生苗的数量也越多。生根苗在较低温度下（≤25 ℃）生长健壮。

问题探究

☆组培无菌播种与传统播种有何不同？
☆如何提高铁皮石斛试管苗的移栽成活率？
☆铁皮石斛工厂化育苗时可否用半透性膜袋代替传统培养容器？

拓展学习

铁皮石斛的药用价值

铁皮石斛活树附生栽培及管理

铁皮石斛授粉技术

铁皮石斛种子培养

任务 13-2　白及组培与快繁

白及(*Bletilla striata*),又名连及草、朱兰等,是兰科白及属的多年生药用草本植物,株高18～60 cm。白及的干燥假鳞茎可以入药,据《神农本草经》《全国中草药汇编》记载,白及具有敛血脱阴、消肿生肌、止血补肺等功效,药用价值极高。因其种子在自然条件下萌发率极低,白及已被列为重点保护的野生药用植物之一。白及主要靠分株繁殖,但分株繁殖周期长,繁殖效率低,很难满足规模化栽培的需要。植物组织培养技术能够快速繁殖大量种苗,因而白及组织快繁技术发展迅速,成为白及大规模繁殖的重要手段。

白及简介

任务描述

外植体:种子。

再生途径:器官发生型。

操作程序:种子消毒→无菌播种→继代增殖分化培养→壮苗生根培养→驯化移栽。

任务要求:建立白及无性快繁体系。

任务分析

本任务是采用组培无菌播种技术实现白及有效的快速扩繁和种苗的规模化生产。白及的蒴果含有大量的种子,同时蒴果的消毒较为简单快捷,因此不易被污染。以白及成熟蒴果为外植体,种子萌发率高,种苗生长迅速。白及蒴果无菌播种技术已基本成熟,但驯化栽培成活率较低,目前白及组培苗驯化移栽技术瓶颈已有较大突破。

任务实施

一、外植体处理

挑选成熟饱满、未开裂的白及蒴果,用 0.1%洗洁精洗净后置于超净台上,用 75%酒精消毒 30 s,然后用无菌水漂洗 3 次,再在 5%次氯酸钠溶液消毒 5 min、无菌水清洗 6 次,最后放在无菌培养皿上风干表面水分。

二、无菌播种

在超净台上用酒精灯烘烤白及蒴果的外果皮,纵向剖开取出种子,均匀播撒于诱导培养基上。培养基配方:1/2 MS+6-BA 0.2 mg/L+NAA 0.2 mg/L+香蕉 10 g/L+蔗糖 15 g/L+琼脂 8 g/L(pH5.8 ~ 6.0)。培养条件:温度(25 ± 2) ℃,光强 1 800~2 000 lx,光照时间 8~10 h/d。无菌播种 10~15 d 后,种子慢慢吸水膨大,由黄褐色变成绿色,30 d 后诱导大量原球茎,50 d 后原球茎发出绿色芽尖。

三、继代增殖

(一)原球茎诱导

将种子萌发形成的原球茎接种于 MS+6-BA 1.0 mg/L+NAA 0.1 mg/L+10%马铃薯汁的继代增殖培养基上培养。采用掰开法分割原球茎,将继代增殖分化培养瓶苗置于搭建好的塑料大棚内梯形多层培养架上进行自然光培养,用白色塑料薄膜遮盖培养瓶,荫蔽度为 70%~80%,培养温度 22~30 ℃,培养 60 d。

(二)丛生芽诱导

将种子萌发的幼苗接种于 1/2 MB + 6-BA 0.4 mg/L+NAA 0.1 mg/L+马铃薯泥 50 g/L+香蕉泥 20 g/L+蔗糖 25 g/L+艾蒿叶干粉 2 g/L 的培养基上进行丛生芽诱导,约 12 d 后从幼苗假鳞茎基部长出小芽,小芽不断分蘖、长出丛生芽(图 13-2-1)。将丛生芽切分为单芽反复继代增殖培养,当芽苗株高达到 3 cm 以上时,转入生根培养。

图 13-2-1　白及丛生芽

四、壮苗生根

将符合标准的无根芽苗接种到生根培养基上,进行不定根诱导。生根培养基为 1/2MB+NAA 0.5 mg/L+艾蒿叶干粉 4 g/L+香蕉泥 80 g/L(pH 5.8)。瓶苗置于塑料大棚内的苗床上，自然光下培养，荫蔽度为 60%～70%，温度控制在 30 ℃以下，培养 30 d 左右。当生根苗高 5～7 cm 时可进行驯化移栽。

五、驯化移栽

（一）驯化移栽

白及壮苗生根培养 30 d，打开瓶盖，炼苗 6 d，温度控制在 15～28 ℃。取出生根苗，用清水洗干净根部残留的培养基，置于 0.1%高锰酸钾或 1 000 倍多菌灵溶液中浸泡 5～10 min，捞出晾干至根发白，再移栽于育苗床。栽植密度为株行距 5 cm × 5 cm。育苗床的复合基质配方为：腐熟艾蒿、腐熟锯木渣、腐质土、火烧土的体积比为 1∶2∶4∶3。

（二）栽后管理

白及组培苗移栽后，育苗床保持荫蔽度 70%～80%、环境湿度 60%～70%，环境温度控制在 30 ℃以下。移栽后 10～15 d 结合浇水施沼液肥。生根苗在自然环境条件下培养 30 d，随着光照时间的延长，白及幼苗假鳞茎随着增大。其移栽成活率高，主要是因为白及生根苗在自然光充足的环境下培养。温湿度是影响白及生长的关键因素，如果温湿度过大则幼苗易黄化，甚至腐烂；当温度超过 30 ℃ 时，需要加盖遮阳网，大棚注意通风和喷水降温。雨季要搭建拱棚防雨，减少污染。

白及组织培养

白及种子培养任务实施图解见图 13-2-2。

图 13-2-2　白及种子培养任务实施图解

技术提示

1. 因种子为较难灭菌的材料，所以采用 75% 的酒精、0.1% 的升汞溶液（或 5% 次氯酸钠溶液）两者相结合的方式对白及蒴果进行灭菌。

2. 白及通过无菌播种获得原球茎后，应及时将其转移到增殖培养基上，否则原球茎将直接发育成完整植株，影响分化率。

3. 白及炼苗期要控制环境温度在 15～28 ℃，该温度范围为白及最佳的炼苗温度。

知识链接

一、白及组培概况

白及为兰科白及属植物，种子非常细小，种皮为单层细胞组成，细胞器及原生质均已消失，是一层半透明的死细胞，在自然状态下若缺少必要的共生真菌等先天萌发条件难以成苗。正因为如此，以白及种子为外植体进行白及快速繁苗的方法更为普遍。近年来，有许多研究者进行白及种子无菌播种均获得了成功。例如，无菌播种在 MS＋BA 1.0～3.0 mg/L＋NAA 1.0 mg/L＋碳粉 3 g/L 的培养基上，最高萌发率可达 99.7%；采用 1/2 MS＋6-BA 1.0 mg/L 的液体培养基，较固体培养基的种子萌发速度要快 4～6 d，萌发效果也更好。

为更好地应用白及组培技术，许多研究者选择白及茎尖、侧芽、叶片、幼根、花器官、地下块茎等外植体进行了组培试验和快繁体系研究。余朝秀等(2005)用云南野生白及茎尖及侧芽成功繁殖出白及无菌苗，移栽成活率达到 90% 以上。雷湘等(2014)对白及幼根进行组培试验的结果表明：接种在不同配比的培养基中的幼根段均能分化出芽，只是出芽率差异较大。利用花茎和地下块茎进行离体培养再生组培苗，具有简单可行的优点。与根、叶相比，假鳞茎更适合诱导愈伤组织，诱导率达 83.8%。虽然叶片作为外植体，数量多、取材方便、对植株本身伤害小，但迄今为止未见白及叶片培养成功的报道，这也成为白及组培快繁的技术瓶颈。

二、白及组培与快繁操作流程

白及组培与快繁操作流程如图 13-2-3 所示。

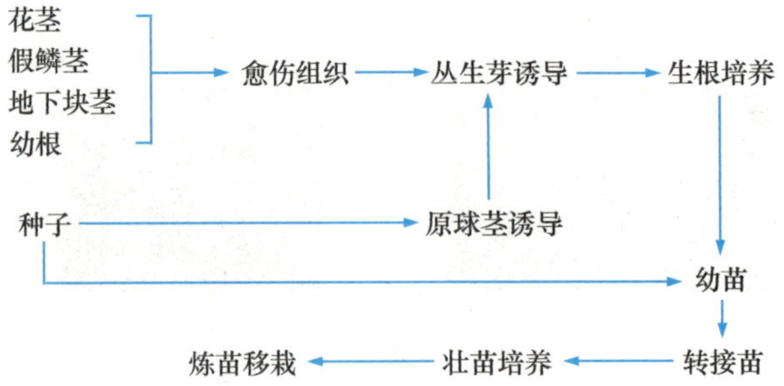

图 13-2-3 白及组培与快繁操作流程

三、白及组培与快繁的影响因素

(一)培养基和植物激素的选择

用于白及组培的基本培养基种类较多,目前最常用的有 MS、1/2 MS。应用时可根据不同的培养阶段选用不同配方的培养基。培养基中添加的植物激素主要有 NAA、6-BA、BA,其他还有 2,4-D、GA 等。试验表明,在培养基中添加低浓度的 6-BA 与 NAA 配比组合会对白及种子的萌发产生抑制作用,萌发率低,原球茎小,得出的小苗也比较细弱。仅添加 1.0 mg/L NAA 对白及种子的萌发率、萌发速度影响很小。6-BA 浓度低于 2.0 mg/L 时,随 6-BA 浓度的提高,白及种子的萌发率随之上升,但高浓度的 6-BA 对白及种子萌发有抑制作用。NAA 的浓度稍高于 BA,能够促进种子萌发、有利于白及生根,同时芽苗生长健壮。

(二)有机添加物的选择

在培养基中适当加入一定数量比例的有机复加物,如椰乳、香蕉泥、番茄汁、马铃薯汁、魔芋粉、马铃薯泥等,能够有效促进植物的生长发育,对植物器官分化、细胞增殖等方面有明显的促进作用。例如,培养基中加入香蕉泥,能明显促进白及幼苗根的分化,而蛋白胨则对白及幼苗生根具有抑制作用。研究发现,添加 10%的椰乳汁能有效提高种子的萌发率、促进原球茎的生长;一定量的碳粉也有利于种子萌发,同时可降低萌发的污染率;增殖培养基中加入适量魔芋粉能有效促进继代增殖、芽苗生长健壮;生根培养基中加入香蕉泥,有利于白及苗生根,并且提高白及组培苗移栽的成活率。

(三)炼苗与移栽

炼苗与移栽环境的好坏决定着白及组培苗的存活率。袁宁等(2020)将高约 4 cm 的白及组培苗栽入蛭石、泥炭土、珍珠岩配比为 1∶2∶1的混合基质中生长较好。余朝秀等(2005)按比例用蒸汽消毒处理后的 60%腐叶土、30%珍珠岩、10%素红土混配为复合基质,作为白及组培苗移栽用的基质,培养一个月后再叶面喷施 0.1%尿素或磷酸二氢钾,移栽成活率达 90%以上。张燕等(2009)进行白及组培苗的落地移栽试验,选用的栽培基质为腐殖土与蛭石等比例混配,移栽存活率达 90%以上,小苗长势健壮。

问题探究

☆为什么优先采用种子作为白及快繁外植体?

☆白及叶片培养不易成功的影响因素有哪些?

拓展学习

白及组培快繁技术优化方案

花药与花粉培养

任务 13-3　山银花组培与快繁

山银花（*Lonicerae Flos.*）为忍冬科植物灰毡毛忍冬、红腺忍冬、华南忍冬或黄褐毛忍冬的干燥花蕾或带初开的花，其叶、藤、花蕾均可入药，尤以花蕾最佳，有清热、解毒、抗菌等功效，是传统的名贵中药材。山银花的有效成分绿原酸、异绿原酸具有抗病毒的特殊疗效。随着山银花野生资源日益减少，山银花药材的供需缺口很大，急需快速发展人工种植以满足市场需求，但山银花种子萌发率不高，实生苗种植 3 年以上才开花；枝条扦插成活率也较低。植物组织培养作为一种现代生物技术，在山银花种质保存和优良品种快速繁育方面具有重要的应用价值。

任务描述

- **外植体：**茎段。
- **再生途径：**丛生芽增殖型。
- **操作程序：**茎段采集及消毒→丛生芽诱导→丛生芽增殖→壮苗生根→驯化移栽。
- **任务要求：**建立山银花无性快繁体系。

任务分析

本任务是选取山银花半木质化的带芽茎段进行不定芽诱导培养，再通过丛生芽增殖型再生途径建立无性系。以茎段为外植体的丛生芽再生方式，在操作上可参照其他木本植物的茎段培养。要求操作规范、认真。科学分析和有效解决实际问题，确保按时、保质完成生产（或实训）任务。

任务实施

一、外植体处理

于 7—11 月的晴天，采集当年生长健壮、无病虫害的带腋芽嫩枝，去叶后用干净的纱布在加有洗洁精的水中小心清洗，清水漂清后流动水冲泡 1～2 h。冲洗干净后，用消毒干净的剪刀把嫩枝条剪为长 1～2 cm 带腋芽的茎段，置于超净台上，按照 0.1%的升汞溶液振荡消毒 10 min→无菌水清洗 4 次→无菌培养皿上风干表面水分的程序完成接种前的外植体处理工作。

二、初代培养

将无菌嫩茎段接种于诱导培养基(MS＋6-BA 2.0 mg/L＋IBA 0.01～0.05 mg/L＋琼脂 0.7%＋蔗糖 2%)上。培养条件设定为培养温度为(25±1) ℃、光照时间 12 h/d、光强 1 500 lx。

三、继代增殖

当初代培养诱导的丛生芽大多长至 2～3 cm 时，在超净台上把丛生芽切割下来，将长的茎段切成带节的小段，接入继代培养基(MS＋BA 1.0 mg/L＋IBA 0.01～0.05 mg/L＋琼脂 0.7%＋蔗糖 2%)中培养。培养条件同初代培养。

四、生根培养

挑选出长势良好、生长健壮的继代增殖芽苗(长短为 3～6 cm 的不定芽)，接种到生根培养基(1/2 MS＋IBA 2.0 mg/L＋NAA 0.5 mg/L＋琼脂 0.7%＋蔗糖 2%)中培养。培养条件同初代培养。

五、驯化移栽

经诱导生根培养的试管苗高 3～4 cm、根长 3～5 cm 时，就可以驯化移栽。打开瓶盖，置于散射光下照射 2～3 d，让植株慢慢适应外界环境，然后取出组培苗，洗净根部，再移植到土质松软或盛有细沙的花盆中。移植后，先置于阴凉处 3～5 d，其间特别要注意保湿。然后再让其在自然环境下生长，偶尔浇水即可。

山银花茎段培养与种苗快繁任务实施图解见图 13-3-1。

图 13-3-1　山银花茎段培养与种苗快繁任务实施图解

技术提示

1. 优先选用嫩枝作为外植体,现采现做效果最好。注意阴雨天气采集外植体会影响消毒效果。

2. 山银花枝条表面密被绒毛,在进行灭菌的时候应加入几滴吐温,以达到更好的灭菌效果。

3. 山银花组织培养,选用半木质化的嫩枝诱导效果较好,顶芽的组培苗增殖效果好;在弱光下培养比在强光下培养生长得更快更好。

知识链接

一、山银花组培概况

忍冬科忍冬属植物组织培养研究开始于 20 世纪 80 年代末,但直到近几年有关研究才逐渐增多。山银花的组织培养能够很好地保留母体的优良性状并且繁殖系数高,生长不受季节的限制,目前山银花的组织培养技术成熟,可以实现大规模良种山银花的育苗。

(一)外植体的选择

山银花的外植体通常选择顶芽、腋芽、带腋芽的短枝、叶片等(蒋娜等,2008;周婧等,2011;潘超美等,2011;农艳丰等,2013),植株再生途径多为丛生芽型和器官发生型。蒋娜等(2008)以山银花茎段和叶片为外植体进行离体培养,结果表明:茎段的存活率比叶片略高,愈伤组织的诱导率远远低于叶片的诱导率,认为叶片更适合诱导愈伤组织。周婧等(2011)的研究结果表明：春、秋两季选取未木质化、直径大小为 0.80 cm 左右的茎段作为外植体，其丛生芽的诱导效果较好。

（二）外植体的消毒

山银花较常用的消毒剂是酒精和升汞，75%酒精和 0.1%升汞灭菌效果较好，灭菌时间分别为 20～45 s 和 6～15 min，而对于酒精和升汞的最佳灭菌时间，不同的研究者有不同的看法。周婧等以红腺忍冬带腋芽茎段为外植体，按不同时间灭菌后进行腋芽诱导，结果显示，0.1% 升汞加吐温灭菌 14 min 可获得较理想的不定芽诱导效果。李翔等以华南忍冬带腋芽的茎段为外植体，先用 75%酒精处理 25 s，再用 0.1%升汞溶液（加吐温－80）处理 9 min，污染率最低，仅为 6.7%。李魁鹏等（2017）研究不同灭菌方法处理红腺忍冬带腋芽的茎段，结果发现较适宜的外植体灭菌处理为 75%酒精浸泡 25 s＋0.1%升汞溶液浸泡（加吐温-80）6 min，腋芽的萌芽率为 53.3%。王晓明等（2005）认为，灰毡毛忍冬外植体的消毒灭菌处理则以 75%酒精浸泡 10 s＋0.1%升汞溶液（加 2～3 滴吐温-80）中浸泡 5 min 为最佳。

（三）培养基的选择

1. 初代培养

叶立涛等（2013）用 MS、1/2 MS、N_6、White 4 种基本培养基培养灰毡毛忍冬新生的嫩茎，结果表明：在 1/2 MS 和 N_6 培养基中诱导分化率较高，为 93%。但多数山银花的初代培养常以 MS 为基本培养基，并添加不同的植物激素。山银花的培养基中添加 6-BA、IBA、NAA 较常见，添加 6-BA 的浓度在 0.1～3 mg/L，而添加 IBA 和 NAA 的浓度为 0.1～1.0 mg/L。付传明等（2008）研究结果表明：山银花嫩茎段在 MS＋6-BA0.5 mg/L＋IBA0.1 mg/L 的培养基上培养，其诱导率高达 90%。李永兴等（2010）研究表明：初级培养阶段选用 MS＋BA 0.1 mg/L＋IBA 0.1 mg/L 的培养基，外植体的分化率达 92.5%。

2. 增殖培养

山银花的增殖培养一般以 MS、N_6 为基本培养基，常用的植物激素是 6-BA 和 NAA，其浓度分别为 0.1～2.0 mg/L、0.01～0.5 mg/L。叶立涛等认为最佳增殖培养基为 N_6、最佳 6-BA 浓度为 1.5 mg/L、最佳 NAA 浓度为 0.5 mg/L。王慧俐等（2013）选用灰毡毛忍冬茎段为外植体，探讨不同浓度激素配比对丛生芽诱导的影响，结果显示：最佳的不定芽增殖培养基为 MS＋6-BA 1.0 mg/L＋NAA0.1 mg/L。而付传明等（2008）通过试验认为，MS、1/2 MS、1/3 MS 培养基上试管苗生长差别不明显，而 White 培养基的应用表现最差，芽苗落叶明显大量死亡。另有试验发现，适当添加 1.0 mg/L 浓度的生物素 D 比较适合灰毡毛忍冬丛生芽的增殖培养，蔗糖浓度对丛生芽的增殖影响不显著，但以 30 g/L 为宜。

3. 生根培养

生根培养基常以 1/2 MS 为基本培养基，常用的植物激素有6-BA 和 NAA 并添加活性炭。有研究发现，生根培养最适宜的生长素为 IBA；适当低温有利于灰毡毛忍冬组培苗生根，适宜温度为 20 ℃；添加适量（200～300 mg/L）的活性炭，能明显促进组培苗的生根。白美发采用 1/2 MS＋IBA 1.5 mg/L 培养基，试管苗生根率达 100%。李永兴等以 1/2 MS＋NAA 1.5 mg/L 作为生根培养基，其生根率也达到了 100%。

(四)培养条件

山银花组培效果除受到培养基种类、pH、含糖量、琼脂含量影响之外,还会受到光照强度、光照时间以及培养周期等培养条件的影响。一般要求光照强度 1 500～2 500 lx,每天光照时间 12～14 h,培养温度 23～27 ℃,相对湿度 60%～70%;培养基 pH 一般为 5.8～7.0。

综上所述,前人对外植体的消毒灭菌、培养条件、培养基的选择等山银花组织培养的关键环节都进行了相关研究,但山银花品种繁多,不同的品种对消毒剂的抵抗力不同,对培养条件的要求及培养基的选择不同,有待进一步研究。

二、山银花组培与快繁操作流程

山银花组培与快繁操作流程如图 13-3-2 所示。

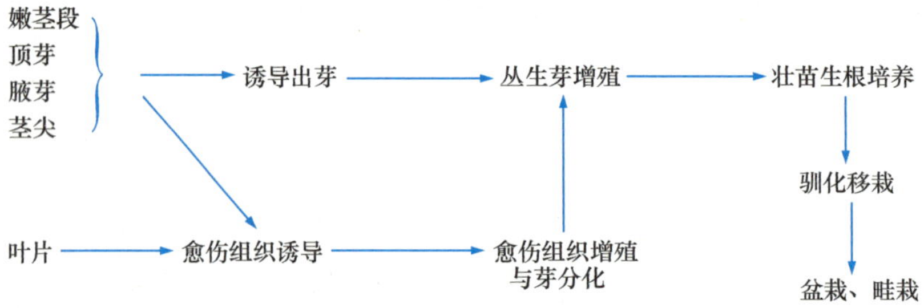

图 13-3-2　山银花组培与快繁操作流程

三、山银花组培与快繁的影响因素

(一)外植体

山银花的大多数植株表面有腺毛和内生菌,灭菌比较困难,接种后容易感染细菌。使用消毒剂处理时间太短,则灭菌不彻底,难以杀死细菌和真菌,而消毒时间过长,又容易使外植体受伤,甚至死亡。因此,外植体的消毒灭菌时间要控制适当,否则会降低愈伤组织诱导率,增加污染风险。虽然已有学者对山银花外植体灭菌进行研究,但山银花品种繁多,不同的品种对消毒剂的抵抗力也不同,对消毒剂及处理时间的选择也不同。

(二)移栽基质

由于出瓶后试管苗生长的环境与组培室内环境相差较大,在再生苗移栽的初级阶段一定要做好养护管理工作。黄守印等(2004)比较四种基质对北京忍冬组培苗移栽成活率的影响,发现不同基质对试管苗的成活影响较大,疏松又保水的基质成活率高。有人将灰毡毛忍冬无菌苗移植于装有 60%阔叶林下腐殖质土与 40%珍珠岩混配的混合基质中,置于通风良好、光强 30 000 lx、温度 20～32 ℃的温室中培养。前 15 d 叶面喷雾,之后正常浇灌,以保持基质湿润为度;50～60 d 后,试管苗生长健壮,根系发育良好,苗高 20～25 cm,移栽成活率达 98%以上。

有文献表明,对灰毡毛忍冬新品种银翠蕾组培苗采用独创的"塑料杯单株一步移栽法",无需炼苗,揭开封口膜、瓶苗消毒后移入大田,成活率达 95%以上,大大提高了生产效率。

问题探究

☆优先选用哪种外植体进行组织培养，有利于保持山银花品种的优良遗传特性和产品的一致性？

☆哪些因素会影响山银花外植体的灭菌效果？

拓展学习

药用植物组培苗品质评价方法

任务 13-4　金线莲组培与快繁

金线莲，又名金线兰、金丝草、树草莲、乌人参、金线虎头蕉、金线入骨消等，为兰科开唇兰属多年生草本植物，是多年生珍稀中草药，在民间已被广泛用作药食同源植物，在我国云南、四川、广西、福建、台湾等地均有分布，但十分稀少，一般生长于密林下或溪边潮湿的草丛中。金线莲富含多糖、氨基酸和多种微量元素，具有抗炎、抗肿瘤、保肝、抗氧化、抗 HBV 等生物活性，主要应用于治疗Ⅱ型糖尿病、老年高尿酸血症、急慢性肝炎、化脓性骨髓炎、口疮、膀胱炎、风湿性及类风湿性关节炎等症，应用安全，无毒副作用。金线莲的叶片上分布着清晰可见的金黄色或银白色网纹，花为白色或浅红色，具有极高的观赏价值。随着金线莲的药用价值日益被人们所认同，无节制、掠夺式采收野生金线莲的现象比较普遍，并且金线莲生长迟缓、开花结果不易，金线莲种子微小、结构不完整，在自然条件下萌芽需与菌根真菌共生才能得以萌发，而且萌发率极低，更加导致资源匮乏。传统的分根或扦插繁殖耗时长、繁殖系数低。因此，利用组培技术，不但可以保存金线莲种源，而且可以实现金线莲种苗工业化、商品化生产。

任务描述

外植体：茎段。

再生途径器：丛生芽增殖型。

操作程序：茎段采集与处理→不定芽诱导→丛生芽增殖→生根培养→驯化移栽。

实践成果：建立金线莲组培无性系。

任务分析

本任务以金线莲健壮植株的带芽茎段作为外植体，经不定芽诱导、丛生芽增殖、壮苗生根，培育出组培苗。野外或田间取材的金线莲外植体通常都附着各种微生物和灰尘，因此对外植体彻底灭菌是金线莲组培成功的关键，但氯化汞消毒时长会引起褐变，操作中注意选择合适的消毒剂。操作要求可参照其他植物的茎段培养。

任务实施

一、外植体选择与消毒

在金线莲生长期选择长势旺盛、根系发达、无病虫害的健壮植株，剪取中上部的茎段作为外植体。流水冲洗 1 h，洗洁精溶液浸泡约 10 min，然后用软毛刷刷洗茎段表面、洗去节处绒毛，再用自来水清洗干净。超净台上用 75%酒精浸泡 30～60 s，再转入 6%～10%次氯酸钠溶液中浸泡 8～10 min，注意边浸泡边搅拌以彻底灭菌，最后用无菌水漂洗 5 次。

二、初代培养

金线莲初代培养

将灭过菌的金线莲茎段切分为顶芽、带 1 个节的中部茎段和带 1 个节的基部茎段，分别接种于 1/2MS＋6-BA 1.0～2.0 mg/L＋NAA 0.1～0.5 mg/L＋蔗糖 30 g/L＋琼脂 0.7%的诱导培养基上(pH 5.8)，直接诱导腋芽发育(图 13-4-1)，以保证无性系的遗传稳定性。培养条件：温度(25±2) ℃，光强 1 500～3 000 lx，光照时间 8～10 h/d。经过 20 d 左右的培养，外植体可诱导出丛生芽。

三、继代增殖

切取无菌芽苗茎段或成簇的基部芽段接种于 MS＋6-BA 1.0～2.0 mg/L＋NAA 0.1～0.5 mg/L＋马铃薯泥 10%＋蔗糖 30 g/L＋琼脂 0.7%的增殖培养基上，培养条件同初代培养。培养 30～50 d 后，在茎节处萌发出 1～2 个芽，新叶伴随长出；培养 60～80 d，长成具有 3～4 个节的芽苗（图 13-4-2），基部的 1～2 节处分布许多白色毛状根并形成根系。

图 13-4-1 金线莲茎段诱导培养

图 13-4-2 金线莲增殖培养

四、壮苗生根

金线莲生根诱导比较容易，培养基中添加香蕉泥和活性炭，对生根有明显的促进作用。切取继代增殖的芽苗，转接到 1/2 MS＋NAA 0.5 mg/L＋AC 0.2%＋香蕉泥 10%＋蔗糖 30 g/L＋琼脂 0.7%的生根培养基上。随着茎节不断伸长，根系也逐渐变长，部分根系扎入培养基。培养 40～50 d 可获得健壮的生根组培苗（图 13-4-3）。

图 13-4-3 金线莲生根苗

五、炼苗移栽

（一）炼苗

将金线莲瓶苗置于培养室与室外通风处，室内温度控制在 15～25 ℃，采取 3 步炼苗法进行为期 15 d 的炼苗处理（不开盖 3 d，拧松瓶盖 5 d、打开瓶盖 7 d），使其逐步适应外界环境，待其叶片舒展、生长健壮时即可出瓶移栽。也可直接将瓶苗移至棚室内遮光、低温条件下炼苗（图 13-4-4）。

（二）移栽

用清水洗净附着于根部的培养基（图 13-4-5），再用 0.5‰高锰酸钾溶液全株消毒 2 min 左右。金线莲组培苗消毒后用清水洗净残留的消毒液，再用 0.1% 的植物氨基酸溶液处理约 2 min。按照组培苗的健壮度、大小分级，合理密植于提前混配好的复合基质中。移栽基质可按草炭∶珍珠岩＝3∶1混配而成或采用泥炭土∶树皮∶蛭石＝14∶5∶1的复合基质。组培苗移栽的株行距为 2 cm×5 cm，每个种植托盘(25 cm×45 cm)移栽 145 株。

图 13-4-4　棚室内炼苗

图 13-4-5　冲洗组培苗根部附着的培养基

(三)驯化移栽的管理

组培瓶苗的驯化炼苗利用遮光率 70% 遮阳网双层遮阳，温度保持 20～28 ℃。设施栽培以 3—4 月、9—10 月移栽为宜。高温和低温季节，应进行人工升温、降温调节。

组培瓶苗移栽后通过调节遮阳网控制光强 5 000～8 000 lx、温度保持 25 ℃左右。夏天通过遮阳网、喷雾、通风、抽风机等方法降温，避免温度过高而危害植株；冬天采取拉盖棚室的双层内拱膜、添置加温设备等措施保温，防止温度过低而抑制金线莲生长。瓶苗移栽 30 d 内，空气相对湿度宜保持在 85%左右，30 d 后可适当调低为 80%左右；基质含水量保持在 50%为宜，天气干旱时可早晚喷雾，雨水充沛时要及时排水，水分管理做到基质不能干，但也不能浇水过多，以湿润为宜。移栽约 15 d 后叶面喷施氨基酸液体肥料 1 000 倍液 1 次，30 d 后每隔 15 d 喷 1 次花宝或磷酸二氢钾 1 000 倍液，采收前 20 d 停止施肥。针对金线莲大棚栽培的主要病害——猝倒病和软腐病，可以通过选择抗病品种、控制棚内环境、做好土壤消毒和及时施药防治等加以防控。驯化成活并经一段时间养护后的金线莲组培苗生长状态见图 13-4-6。

技术提示

1. 金线莲叶片、茎节处被有绒毛，外植体预处理时要认真刷洗。

2. 金线莲喜阴湿、弱光的环境条件，离体培养时要避免强光照射。光照过强容易发生褐变。

图 13-4-6　驯化成活后的金线莲组培苗

知识链接

一、金线莲组培概况

金线莲组培快繁可选用种子、茎段、顶芽或叶片为外植体，再生成苗主要有原球茎、不定芽、丛生芽、愈伤组织四条途径，以原球茎和带节茎段出芽两种方式进行增殖，凭借耗时短、技术简便的优势成为金线莲大规模快繁的主流。如张铁等用种子诱导原球茎，刘芳等用中部茎段诱导丛生芽，阚世超等用茎尖诱导丛生芽，吴坤林等(1991)用中段茎段诱导不定芽，杨柏云等(2008)用茎段诱导原球茎，苏菲等用叶片诱导愈伤组织。此外，王建勤等(1995)以金线莲的根状茎为外植体，在 MS＋6-BA 0.5 mg/L＋NAA 1.0 mg/L 培养基的诱导率达 74.2%。陈惠云等(1998)以无菌种子为外植体进行台湾金线莲离体快繁试验，种子萌发、壮苗培养基均为 MS，带叶茎段诱导和增殖培养基为 MS＋6-BA 3.0 mg/L＋NAA 0.5 mg/L，生根培养基为 MS＋6-BA 0.5 mg/L＋NAA 0.5 mg/L，生根率达 100%，移栽后成活率达 95%以上。

将金线莲嫩枝条剪成带 1 个茎节、长 1～2 cm 的茎段，接种于培养基，培养 120～150 d 即可获得健壮苗。针对组培过程中产生的细弱芽苗，可在添加 10%马铃薯的壮苗培养基上予以有效扶壮。因此，健壮芽苗、中部茎段、成簇的基部茎段等，都可用作继代增殖培养，这对于提高金线莲的组培繁殖系数具有重要意义。许多研究表明，向培养基中添加香蕉泥、椰乳、蔗糖等有机物可以促进金线莲离体培养物的增殖与分化，但要注意适当加入、并明确加入的时间和目的。

二、金线莲组培与快繁流程

金线莲组培与快繁流程如图 13-4-7 所示。

图 13-4-7 金线莲组培与快繁的操作流程

三、金线莲组培与快繁的影响因素

(一)外植体与基本培养基的选择

外植体的选择是影响组培成功与否的重要因素,因为不同植物、不同外植体建立组培快繁体系的难易度不同。与茎片、顶芽作为外植体相比,以金线莲带节茎段为外植体诱导丛生芽的效果最佳,并且诱导产生的丛生芽的增殖能力明显优于顶芽产生的丛生芽。以茎片为外植体的愈伤组织诱导和分化效果明显,而叶片难以诱导出愈伤组织,并不适合大规模应用。试验中发现,用顶芽、中部茎段和基部茎段进行增殖培养,诱导茎段伸长或产生了不定芽、丛生芽。顶芽的增殖以茎段伸长为主,芽苗健壮,较少产生不定芽,丛生芽多则易黄化;中部茎段诱导容易产生不定芽;基部茎段诱导产生的不定芽苗较为细弱。究其原因,顶芽因具有顶端优势而生长旺盛;中部茎段具有腋芽,在去除顶端优势后容易萌发;基部茎段由于组织相对老化,产生的不定芽量少或生长势较弱,芽苗细弱。

在相同的培养条件下,不同产地的金线莲之间诱导原球茎的结果差异较为明显,诱导难易程度以广西金线莲最易、台湾金线莲最难。以茎段作为外植体诱导原球茎,诱导率只有 66%,而以成熟种子作为外植体诱导原球茎效果最佳,诱导率达 90%以上。虽然以种子作为外植体诱导原球茎最易、产量较多,但以它诱导的原球茎的成苗率只有 51%。此外,在对金线莲外植体进行消毒灭菌处理方法的研究中用到的消毒剂有 75%~78%酒精、2.0% 次氯酸钠、0.1% 升汞溶液等,处理时间的长短也有差异。黄德贵等用 0.1%升汞浸泡 3 min,再用 12%漂白粉液消毒 10 min,双重消毒金线莲外植体,材料的污染率为零,芽萌动率达 85%。

基本培养基是植物生长发育的主要能量来源,筛选合适的基本培养基是植物组培成功的基础。目前金线莲组培快繁使用的基本培养基有 MS、1/2 MS、N_6、B_5、VW 等。其中,MS 培养基对于金线莲愈伤组织生长的促进作用优于其他培养基,这可能是由于 MS 培养基相较于 B_5 培养基含有更全面的营养成分。目前除了较为通用的 MS 基本培养基外,还有营养成分全部减半的 1/2 MS 基本培养基和大量元素减少、微量元素增加的改进配方。有研究者发现,B_5 对原球茎增殖培养效果最优;添加一定量的天然有机物也有利于增殖,如加入椰汁培养 45 d 后原球茎重量平均增加 6 倍以上;MS 更适合原球茎的分化培养。

(二)外源激素和有机添加物

研究发现,在带节茎段诱导丛生芽时,培养基中附加低浓度的玉米素能明显促进腋芽的发生与丛生芽的增殖;6-BA/NAA 在 6~10 倍范围内与有机物配合使用能有效促进腋芽的诱导与增殖。6-BA 在金线莲愈伤组织诱导过程中起关键性作用。对以茎段为外植体诱导愈伤组织的影响强弱顺序为 6-BA>2,4-D>NAA>KT。

研究表明，一定浓度的 6-BA 和 NAA 能促进愈伤组织诱导成芽，并且当 6-BA 与 NAA 浓度比例大于 1 时效果最为明显。在 6-BA 与 NAA 浓度比例大于 1 的基础上，添加适量的 KT 能够更好地促进芽的诱导，进而产生丛生芽或原球茎。加入一定量的生长抑制剂能提高增殖率。添加 6-BA 对生根时间、生根率及根长有较大的促进作用，添加 3 mg/L 的 NAA 有利于生根，二者对于金线莲生根数均影响不大或无显著影响。

添加适量的天然有机物，能够促进金线莲芽苗生长，但需要注意加入天然有机物的时间，不同阶段加入有机物的效果也有差异。如继代增殖培养基中加入香蕉泥，则接入的茎段很容易烂掉，但会提高金线莲增殖倍数；在生根培养基中附加适量的香蕉泥，长出的生根苗则叶子较绿、茎部较粗壮、长势也较好。在培养基中加入适量的香蕉泥、椰子汁和蛋白胨，有利于金线莲组培苗的茎和根系的生长，而添加适量的马铃薯泥则有利于金线莲组培苗高度和茎直径的增长。此外，添加活性炭有助于根的生长，1 g/L 活性炭的促进作用效果最佳，可以获得较高的生根率并能提高根的质量，有利于组培苗驯化移栽。此外，TDZ 对于金线莲原球茎的诱导作用大于 NAA。

(三)培养条件

金线莲属阴生植物，适合在荫蔽的环境生长，因此光照条件是控制其生长发育、组织培养及人工栽培成功与否的关键环境因素。在较高或较低的光照强度下，植株的株高、节间长度、叶面积及干鲜重等均会受到影响；光照强度高时不利于组培苗生长发育。光质对于金线莲组培苗生长发育有重要影响。红光在一定范围内与愈伤组织生长呈正比，与原球茎发生呈反比，这可能与光诱导植物形态建成有关；蓝光处理下金线莲组培苗生长情况优于红光和黄光两种光处理。

问题探究

☆如何有效防控金线莲组培褐变与黄化问题？

☆如何多措并举，进一步提高金线莲组培苗的质量和移栽存活率？

拓展学习

武平：攻克组培技术，让金线莲产业可持续

植物胚胎培养

原生质体培养

自我测试

一、填空题

1. 不少学者利用金线莲的种子、叶片和茎作为外植体进行研究。经过试验，采取生长正常、叶色浓绿、株高 5～6 cm 的植株(　　　　)作为外植体。

2. 金线莲外植体的消毒方法：取生长正常、叶色浓绿、株高 5～6 cm 的植株茎段，除去根叶，流水冲洗 1 h，洗洁精溶液浸泡约 10 min，用软毛刷刷洗茎段表面洗去节处(　　　　)，用自来水清洗干净。转移至超净工作台上，用 75%酒精灭菌 30～60 s，转入 6%(　　　　)中灭菌 8～10 min，边浸泡边搅拌以彻底灭菌，然后用(　　　　)冲洗 3～5 次。

3. 白及组培快繁过程中，采集白及蒴果时，应挑选成熟饱满(　　　　)的蒴果。

4. 在大量生产中，为节约繁殖成本和节省培养时间，可将白及种子萌发(　　　　)的诱导阶段与芽的分化即(　　　　)同时进行。

5. 白及的最佳炼苗温度为(　　　　)。

6. 在山银花组培快繁过程中：生长素/细胞分裂素的高低决定着外植体的发育方向，其比值高有利于(　　　　)的形成和愈伤组织的形成；比值低则有利于(　　　　)的形成。

7. 在配制培养基时，可以在培养基中添加(　　　　)，利用其吸附能力，减少褐变的发生。

8. 山银花表面密被绒毛，在进行灭菌的时候应加入几滴(　　　　)，以达到更好的灭菌效果。

二、单选题

1. 白及组培快速繁殖的操作程序是(　　)。

①外植体处理　②无菌播种　③继代增殖　④壮苗生根　⑤驯化移栽

A. ①②③④⑤　　B. ③②①④⑤　　C. ②④①③⑤　　D. ①②④③⑤

2. 白及组培快繁中优先采用的外植体是(　　)。

A. 种子　　B. 叶片　　C. 块茎　　D. 幼根

3. 目前，在白及组培快繁中尚未获得成功的有(　　)。

A. 茎尖　　B. 侧芽　　C. 叶片　　D. 块茎

4. 植物离体保存的主要步骤是(　　)。

①离体培养物的保存 ②离体培养与祛除病原物 ③种质离体收集 ④遗传稳定性鉴定

A. ①②③④　　B. ③②①④　　C. ②④①③　　D. ①②④③

5. 因为种子为较难灭菌，所以可以采用 75%的乙醇和(　　)溶液两者相结合的方式进行灭菌。

A. 2%次氯酸钠　　B. 吐温-80　　C. 70%酒精　　D. 0.1%升汞

6. 以下不属于外植体消毒过程中使用到的溶液是(　　)。

A 75%乙醇　　B. 次氯酸钠　　C. 氯化汞溶液　　D 洁尔灭溶液

7. 外植体褐变的原因是(　　)。

A. 外植体中的多酚氧化酶被激活，使细胞的代谢发生变化。

B. 外植体中的琥珀酸脱氢酶被激活，使细胞的代谢发生变化。

C. 外植体中的磷酸化酶被激活，使细胞的代谢发生变化。

D. 外植体中的三磷酸腺苷酶被激活，使细胞的代谢发生变化。

8. 在适宜的培养条件下，还可使愈伤组织长期传代生存下去，这种培养称为(　　)。

A. 再分化培养　　B. 继代培养　　C. 胚状体培养　　D. 驯化

9. 愈伤组织不分化、生长过压、疏松，其原因有(　　)。

A. 糖的浓度过高　　B. 培养基的渗透下过低

C. 生长素和细胞分裂素浓度过高　　D. 生长素和细胞分裂素过低

10. 外植体表面灭菌可选择的表面灭菌剂的种类较多，但灭菌效果最好的是(　　)。

A. 2%次氯酸钠　　B. 0.1%氯化汞　　C. 70%酒精　　D. 吐温-80

三、判断题

1. 铁皮石斛种子在自然状态下发芽率极低，利用组培的方法主要是促进种胚发育。(　　)

2. 铁皮石斛喜阳光直射和曝晒。(　　)

3. 铁皮石斛种子培养时选择开裂的蒴果为外植体。(　　)

4. 铁皮石斛人工栽培时，种植畦干湿交替有利于诱发气生根的生长。(　　)

5. 铁皮石斛分割原球茎时，可以用解剖刀直接切割。(　　)

6. 正常铁皮石斛组培苗先在自来水中洗净培养基，特别要洗掉琼脂，以免琼脂发霉引起烂根，再换自来水清洗一次。(　　)

7. 马铃薯提取物对铁皮石斛原球茎的萌发、分化和增殖有促进作用。(　　)

8. 金线莲组培时，诱导、增殖、壮苗、生根等不同阶段所采用的培养基配方是一样的。(　　)

9. 金线莲喜阴湿、弱光的环境条件，组培过程中要避免强光照射。光照过强易发生褐变。(　　)

10. 白及培养基灭菌一般在 100 kPa 的压力下。(　　)

11. 山银花组培快繁外植体最好选择半木质化嫩枝。(　　)

测试要求：先独立自测后核对答案

温馨提示：自律彰显素养　诚信成就人生

项目 13 自我测试题参考答案

自我总结

结合本项目学习与实践，绘制铁皮石斛、白及、山银花、金线莲等药用植物组培快繁的思维导图。

模块5

学会管理——组培企业经营管理

管理的五大基本职能是计划、组织、指挥、协调和控制，可以说管理就是沟通、决策和整合资源，管理人就是管理人的情绪。通过科学管理实现人尽其才、物尽其用，促进效率和质量提升。企业经营管理水平直接关系到企业的生存与发展。

本模块从组培企业经营管理岗位工作需要出发，设计了组培苗木工厂化生产管理和组培苗木销售2个项目，介绍了组培苗木生产管理与营销等岗位相关的知识与技能，包括组培空间设计机构设置、经营管理理念与策略、组培苗木生产工艺流程与技术环节、生产计划的制定与实施、成本核算与效益分析、生产管理和组培苗营销、技术交流与推广等内容，并通过制定生产计划、核算组培成本、检测组培苗木质量、组培技术培训和组培苗木市场调研等实践任务以及模拟销售实践活动的实施，旨在培养学生具备组培苗木生产与营销方面的基本素质与能力。

名人名言

成功的秘诀，在于将自己的脚放入他人的鞋里，进而用他人的角度来考虑事物，服务就是这样的精神，站在客人的立场去看整个世界。

——美国汽车大王　亨利·福特

项目 14　组培苗木工厂化生产管理

组培苗木工厂化生产，是在相对密闭和无菌环境下应用植物组培技术、基于技术标准和生产流程进行有计划、批量生产种苗，要求计划生产、规模化生产、前后环节有序衔接、保证种苗质量，从而确保经济效益和可持续发展。如果生产资源调配不合理、生产管理混乱，将会给组培企业带来不可挽回的损失。因此，加强组培苗木工厂化生产的科学管理，是组培企业必须高度重视和持续强化的重要工作。

学习目标

知识目标

1. 熟悉组培苗木工厂化生产的工艺流程、技术环节和技术要求；
2. 掌握组培苗木工厂化生产的成本核算、管理方法和提高经济效益的措施。

能力目标

1. 会检测组培苗质量，会核算组培成本；
2. 能够科学制定生产计划；
3. 具有一定的计划、组织、执行、协调和控制能力。

素质目标

1. 树立市场意识、流程意识、成本意识、质量意识、系统思维；
2. 具有现代企业经营思想和管理理念；
3. 具有创新精神、团队精神和担当精神。

思想领航

管理就是做好无数小的细节工作。

——国际战略管理顾问林正大

企业未来的竞争，就是细节的竞争。

——“商业教皇”布鲁诺·蒂茨

项目实施

任务 14-1 生产计划的制定与实施

任务描述

本任务是学生按照任务工单的要求，以组为单位制定一份××组培苗木生产计划和工艺流程，要求格式正确，内容全面，设计科学合理，技术要求明晰，可操作性强。

任务分析

制定生产计划是组培苗木工厂化商业化生产的首要任务、关键环节和重要依据，因盲目生产造成生产量不足或生产量过剩都会给企业带来直接的经济损失。制定生产计划时应根据市场需求、供苗量和供苗（上市）时间，结合自身生产条件与技术水平，确定全年种苗的生产目标，然后综合考虑组培苗木生产过程中各个环节的损耗，最终制定出相应的生产计划。依据生产计划，并针对具体的技术环节制定出生产工艺流程、明确各生产技术环节的操作程序与具体要求。初学者可在学习相关理论知识的基础上，先确定年度或订单规定的生产量（交货量），再分解成月生产量，最后细化人力、物力需求；生产工艺流程则按照操作程序，分阶段、分技术环节确定技术要求与操作程序。

任务实施

一、实训准备

教师下发任务工单，介绍生产计划制定的体例、内容与注意事项；学生自学相关内容，以组为单位做好人员分工和必要的用品准备。

二、分组编制生产计划和生产工艺流程

各小组通过查阅文献或就近走访企业，获得相关信息，在此基础上设计生产计划表，然后完成生产计划书，并制定出生产工艺流程。

三、组间交流与评议

各小组制作 PPT，选派代表介绍本组生产计划书；组间相互评议生产计划的科学性和可行性。教师现场点评，提出修改意见和建议。

四、完善生产计划和工艺流程

各小组在评议的基础上，修改生产计划和生产工艺流程，最终提交完整的生产计划书和生产工艺流程图。

知识链接

一、生产计划制定依据

我国组培苗木生产的市场经营方式大致分为订单型、产品加工型和产品推广应用型。无论哪种经营方式，都需要制定生产计划，并按计划组织生产。制定生产计划是组培苗木商业化生产的首要任务、关键环节和重要依据，生产量不足或生产量过剩都会给企业造成直接的经济损失。要做到科学制定生产计划，必须依据以下几个方面综合确定。

制定生产计划的依据和方法

（一）市场调研结论

市场调研结论是在市场调查的基础上，通过科学的统计分析与预测得出的，它是市场经济条件下企业制定生产计划、实施科学有效管理的重要决策依据。因此，组培苗木商业化生产同样也需要认真做好市场调研工作。某些组培企业之所以造成组培苗销路不畅而大量积压，带来很大的经济损失和资源浪费，就是因为没有搞好市场调研、脱离市场行情和需求而盲目生产。

通过组培苗木的市场调查、分析与预测，进而得出科学、相对客观的结论，并以此结论指导组培苗木生产计划的制定。只有这样，才能使组培苗木的生产做到有的放矢、科学有序，避免生产的盲目性。对于订单培养和来料加工型的市场经营方式，只需按客户要求的数量、时间来制定生产计划和组织生产。

（二）生产工艺流程与技术环节控制

1. 生产工艺流程与技术环节

组培苗木工厂化生产只有按照生产计划的要求制定并严格执行生产工艺流程，严格管理，规范生产行为，保证前后生产的技术环节衔接顺畅，才能适时、定量生产出优质组培苗木，以满足市场和客户的需求。组培苗木生产工艺流程见图14-1-1。组培苗木工厂化生产的五大技术环节包括种源选择、离体快繁、组培苗驯化移栽、组培苗木质量检测、组培苗木包装与运输。

（1）种源选择　种源是组培苗木工厂化生产的必要条件和首要考虑的问题。选择的植物品种既要适应市场的需求，又要适应当地的环境条件，以便简化生产条件、降低生产成本。种源的获得主要有两条途径可供选择：一是通过外购、技术转让或种苗交换等方式获得无菌原种苗。外购的原种苗一定要确认种苗提供单位的商业信誉、规模实力和种苗的名实相符；种苗交换则以较强的技术实力作后盾，对于有技术力量的组培单位，还是以技术转让为宜。这条途径

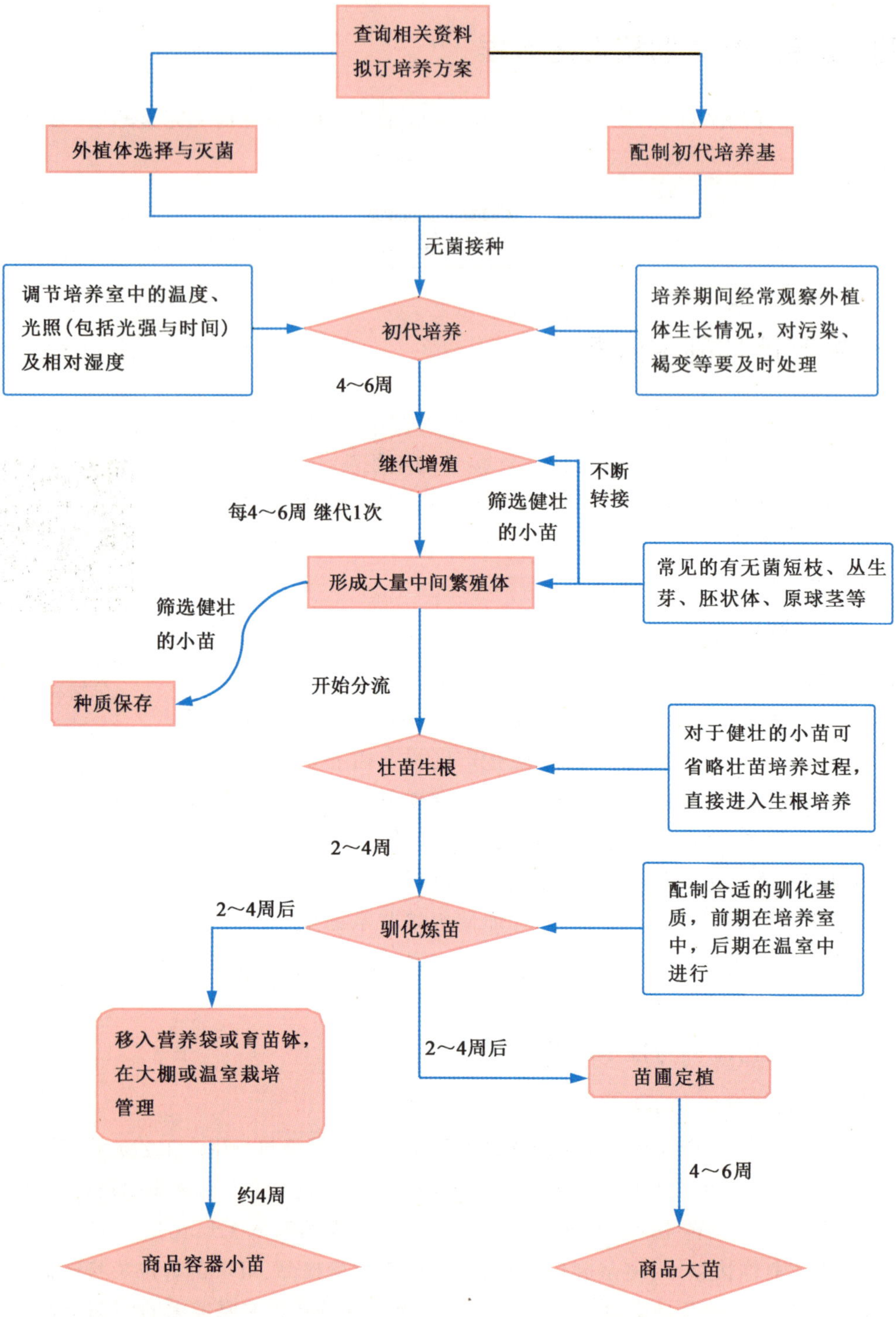

图 14-1-1 组培苗木生产工艺流程(引自王振龙等,2007)

方便、快捷、省时、缩短快繁进程，并在市场需求大、需要短时间内形成生产规模的情况下宜采用此法。二是自主研发，从初代培养外植体开始建立组培快繁技术体系，获得无菌原种苗。根据培养目的、培养对象和拟定的植株再生途径来选择外植体(一般选择顶芽和腋芽)，并做好外植体灭菌工作是获得无菌瓶苗的两个首要技术环节(见项目 4 内容),而建立种质资源圃,加强品种选育和母株培育,则是确保种源纯正、方便采集接种材料、及时更新组培无性繁殖系所采取的必要措施。

(2)离体快繁　经初代诱导、继代增殖、壮苗生根等技术环节和工序,建立组培无性繁殖系,并获得健壮生根苗。此技术环节又涉及培养基制备、接种与培养等技术环节。参阅教材相关项目内容。

(3)组培苗驯化移栽　组培苗木驯化移栽主要是应用无土栽培技术进行组培苗木定植前的培育,以提高组培苗木对自然环境的适应性和成活率,这是决定组培成败和能否及时满足种苗市场需求的关键技术环节。组培苗木驯化移栽操作流程见图 14-1-2。

- 驯化移栽前的准备
  - ①选择育苗容器。一般选择穴盘
  - ②选配基质。一般有机基质与无机基质混配
  - ③确定营养液配方,外购消毒剂、杀菌剂、杀虫剂和配制营养液所需的肥料等
  - ④工具、穴盘、基质消毒,基质装盘
  - ⑤配制营养液,检查供液系统是否正常
- ↓ 组培苗的驯化移栽
  - ①组培瓶苗室温下自然适应一段时间
  - ②起苗、洗苗和分级
  - ③组培苗移栽至穴盘
- ↓ 幼苗驯化管理
  - ①穴盘苗送入驯化室。驯化室一般为防虫温室或塑料大棚
  - ②弱光、高湿、适当低温、低剂量营养液供给
  - ③加强病虫害防治
- ↓ 幼苗“绿化”炼苗
  - ①穴盘苗在温室或塑料大棚内见光“绿化”
  - ②延长光照时间,光强由弱至强,循序渐进
  - ③营养液正常供应,加强通风
  - ④加强病虫害防治
- ↓ 无性扩繁组培苗
  - ①选择适宜的无性繁殖方法
  - ②加强环境调控和病虫害防治
- ↓ 成苗管理
  - ①营养液供应充分
  - ②温湿度管理要适宜,光照充足
  - ③加强病虫害防治
  - ④组培苗生长正常

图 14-1-2　组培苗驯化移栽操作流程

(4)组培苗木质量检测　见任务 14-2。

(5)组培苗木包装与运输　见任务 15-2。

2. 生产工艺流程与技术环节控制

不同植物的组培快繁类型不同,所采用的生产工艺流程和技术手段也是不同的。选择采取何种快繁类型与生产工艺,首先要根据组培种苗的定植时间和用苗量,其次是从组培无性系启动到炼苗需要的时间和在此时间段内能繁殖的苗量,最后再根据组培快繁类型的特点来综合确定。一般选择快繁时间短、快繁苗量多和种苗健壮、变异率低、成本低的快繁类型和相应

的生产工艺最合适。如马铃薯最适宜的快繁形式就是在瓶内进行短枝扦插，繁殖速度快，苗量多、健壮和移栽成活率高。

为保证按期顺利供苗，企业对技术环节的控制能力是非常重要的，应在种苗正式生产前要有充分的预估和实际生产过程的严格控制。因为技术环节环环相扣，任何一个环节出现问题，都会影响整体生产进程，给生产带来损失，最终导致不能如期完成生产计划。例如，外植体诱导中间繁殖体的时间过长，减少了继代增殖次数，就不能如期完成计划供苗量；外植体诱导中间繁殖体没有达到预期目标，影响了繁殖体继代增殖的数量，也不能完成计划供苗任务；生产过程中出现大面积污染、严重褐化、玻璃化现象或移栽成活率低，都能影响种苗的质量和供苗期。有经验的组培企业专门成立技术研发部，通过试验性研究和小规模生产，摸索并总结出某种植物组培与快繁全套的技术标准与实施要求，包括外植体诱导技术、中间繁殖体增殖技术、壮苗生根技术、炼苗技术等，作为技术储备，用于指导规模化批量生产。

（三）供苗数量与供苗时间

供苗数量是指订单中明确的订苗量或根据市场自行确定的生产量。供苗时间一般是指种苗的定植时间或与需方商定的交苗时间。定植时间一般根据种植种类及品种（即组培对象）的栽培周期、栽培形式、当地的地理环境、气候条件和丰产、采收时间来综合确定。如蝴蝶兰瓶苗适合每年 3—5 月份出瓶，经 18 个月栽培管理，在第二年春节前开花上市，会给企业带来较好的收益。如果出瓶时间过晚，则开花时间推迟到春节后，既造成生产成本的增加，也会影响经济效益。

订单签好后，就应按照订苗量组织生产、保证按期交苗。如果供苗时间较长，从秋季到春季分期分批出苗，则可以在继代增殖 4～5 代后开始边增殖边诱导生根出苗，因为一般组培苗在第 4～10 次继代时增殖最正常、效果最好；如果供苗时间集中，但又有足够长的时间可供继代增殖，则可以连续增殖，待存苗达到一定数量后一次性壮苗生根、集中出苗；如果接到订单较晚，距离供苗时间很短，这时往往需要增加种苗基数，在前期加大增殖系数（可调节激素用量与配比，尤其是提高细胞分裂素比例，并创造最适宜的温度光照条件等）。如果是企业自行生产，在无大量定购苗之前，一定要限制增殖的瓶苗数，并有意识地控制瓶内幼苗的增殖和生长的速度。通常可通过适当降温、降低激素水平、在培养基中添加生长抑制剂等方法适当调控，或将原种材料进行低温或超低温保存。一旦根据市场预测确定组培苗木的生产数量后，尤其是直接销售组培瓶苗或驯化后的组培幼苗，必须明确上市时间。由于受大田育苗的季节性限制，一般供苗时间主要集中在秋、春两季。尽量避免高温与寒冷季节大批量供苗，这样可以降低育苗成本。如果企业以前没有组培过订单中的标的对象，一定要给前期研发留有充分时间之后再最终确定供苗时间。

（四）准确估算生产量

准确估算组培苗木的增殖率是制定生产计划的核心问题。组培苗木的增殖率是指植物快速繁殖中间繁殖体的繁殖率。如果增殖率估算预测准确率能达 90%，顺利完成生产任务就有基本保障，否则估算数量与实际出入过大，会直接影响生产计划的完成。估算时要全面、综合考虑，可细化到要采集多少外植体、能产生多少中间繁殖体、中间繁殖体的增殖率多少等，估算的增殖数量尽量较供苗量略有富余，从而有种苗择优和数量上缓冲的余地。

估算组培苗的繁殖量，以苗、芽或未生根嫩茎为单位，一般以苗或瓶为计算单位。年生产量(Y)决定于每瓶苗数(m)、每周期增殖倍数(X)和年增殖周期数(n),可通过 $Y=mX^n$ 的公式计算得知。

例如,如果每年增殖 8 次($n=8$),每次增殖 4 倍($x=4$),每瓶 8 株苗($m=8$),则全年可繁殖的苗木是:$Y=8\times4^8=52$(万株)。此计算为理论数字,实际生产还会受到污染、培养条件发生异常等其他因素的影响,造成一些损失;还可能受到设备和人力的规模与操作空间容量的限制,如培养瓶、接种和制备培养基的员工不可能呈几何级数增加。因此,实际生产的数量应比估算的数字低。

二、编制生产计划

根据市场需求、供苗量和供苗(上市)时间,并结合自身生产条件与技术水平,确定全年种苗的生产与销售目标,然后综合考虑组培苗木生产过程中各个环节的损耗,编制出相应的生产计划。

虽然各种植物都有一定的市场需求量,但是用苗的时间和用苗量却不统一,外植体来源季节也不同。所以,为了保证全年生产、周年供应,全年销售总目标和年生产计划必然要分解成各月的销售计划和相应的月生产计划。在全年生产计划分解时,要充分考虑全年组培苗木生产的淡旺季,实行不均衡分解,并且要优先安排有订单的生产计划。同时要注意品种的合理搭配,以用户为中心,以市场为导向,编制生产计划。在确定生产规模后,按照增殖率计算培养周期及相应的时间合理安排具体的生产工艺流程。生产日期应参照销售计划和销售时期拟订。原则上组培苗木的出瓶日期应根据生产品种的不同,较销售日期提前 40～60 d;生产数量应考虑污染损耗、变异畸形苗淘汰、移栽成活率等因素,一般应比计划销售量加大 20%～30%。组培苗木年(月)生产量与销售量的计算公式如下:

年(月)生产量=全年出瓶苗数×炼苗成活率

年(月)计划销售量=年(月)生产量×[1-损耗(一般为 5%～10%)]

例如:某种植物组培平均 30 d 为一个增殖周期,一个超净台每人每天转苗量 1 200 株,增殖与生根的苗量比例 3:7,各种损耗 5%,移栽成活率 85%,每月 25 个工作日,就此计算出每月平均生产量和全年的生产量。

月平均生产量=1 200 株/d×70%×25 d×85%=17 850(株)

月计划销售量=17 850 株×(1-5%)=16 957(株)

年生产量=17 850 株/月×12 月=214 200(株)

年计划销售量=214 200 株×(1-5%)=203 490(株)

下面以满天星组培苗为例,说明全年销售计划量及生产计划量的编制方法(表 14-1-1 和表 14-1-2)。从表中可以清楚看出满天星全年中生产的旺季和淡季,便于生产安排。但生产计划是根据市场需求情况制定的,虽然有一定的预见性,但不一定完全正确,在生产过程中还应根据市场需求的变化及时进行适度调整,更好地促进组培苗木的适时生产和有效销售。

表 14-1-1　不同品种满天星组培苗的全年销售计划量(引自熊丽等,2003)

单位:万株

品种	月份												总计
	1	2	3	4	5	6	7	8	9	10	11	12	
总量	2	2	3	3	10	16	40	15	3	2	2	2	100
品种 G1	1.3	1.3	1.5	1	1	2	2	5	1.5	1.3	1.3	1.3	20.5
品种 G2	0.5	0.5	1	0.7	3	5	13	5	1	0.5	0.5	0.5	31.2
品种 G3	0.2	0.2	0.5	1.3	6	9	25	5	0.5	0.2	0.2	0.2	49.3

表 14-1-2　不同品种满天星组培苗的全年生产计划量(引自熊丽等,2003)

单位:万株

品种	月份												总计
	1	2	3	4	5	6	7	8	9	10	11	12	
总量	2.4	2.4	3.6	3.6	12	19.2	48	18	3.6	2.4	2.4	2.4	120
品种 G1	1.5	1.5	1.8	1.2	1.2	2.4	2.4	6	1.8	1.5	1.5	1.5	24.3
品种 G2	0.6	0.6	1.2	0.8	3.6	6	15.6	6	1.2	0.6	0.6	0.6	37.4
品种 G3	0.3	0.3	0.6	1.6	7.2	10.8	30	6	0.6	0.3	0.3	0.3	58.3

三、生产计划的实施

(一)建立无性繁殖系

实施生产计划的第一步是准备繁殖材料并使其达到需要的增殖基数。首先,要确保接种材料是优良单株或群体,要求品种来源清楚,无病虫害,无肉眼可见病毒症状,具有典型的品种特征。如取材有误,将给生产造成难以挽回的损失。其次,经初代诱导培养形成多个无菌培养物后,必须及时进行相关品种的脱病毒鉴定并淘汰带病毒的材料。特殊的稀有珍贵品种经脱除病毒后才能继续作为繁殖材料使用。最后,通过各个培养阶段的试验研究建立无性繁殖系。可以说繁殖材料和组培技术两大方面为商品组培苗木的生产奠定基础。

(二)控制存架增殖总瓶数

当合格的离体培养材料经过增殖达到所需的基数后,存架增殖总瓶数的控制就成为关键。其数量不应过多或过少,如盲目增殖,一定时间后就会因人力或设备不足,处理不了后续工作,造成增殖材料积压、部分培养苗老化、超过最佳转接继代时间,使用于生根的小苗长势不良、瘦弱细长、严重降低出瓶苗质量和过渡苗成活率,也使留用的繁殖苗生长势减弱、增殖倍率下降等,既增加生产成本,又严重影响种苗质量;反之,存架增殖瓶数准备不足,又会造成繁殖母株不够,导致不能按时完成生产计划,延误产苗时期,造成较大的经济损失。存架增殖总瓶数的计算可综合考虑生产计划的数量、每个生产品种的生根比例及操作人员的工作效率等因素。这些因素之间存在以下关系:

存架增殖总瓶数=月计划生产苗数/每个增殖瓶月可产苗数

月计划生产苗数=每个操作员工每天可出苗数×月工作日×员工数

每个增殖瓶月可产苗数，即在 1 个月内可生根的苗数与植株的组培生长周期、增殖率等因素有关。生长周期长的，在 1 个月内转接的次数少，可用于生根的苗数即产苗数便少；反之，则与之相反。增殖倍率高，生根比率大，每个工作日需用的母株瓶数较少，产苗数较多；反之，增殖倍率低，因维持原增殖瓶数，需要占有最好的材料用于繁殖，以致不可能有较多的小苗用于生根，产苗数就少。由此可见，在组培生产中，根据具体生产品种的实际增殖情况，及时调整培养基中植物激素的种类及用量、适当调控培养条件、有效提高增殖倍率是极为重要的，因为这些因素关系到组培苗木的生产效率。

按照上述公式所列关系计算的数据控制组培苗木生产过程中的增殖总瓶数，可以使处于增殖阶段的繁殖苗在一个周期内全部更新一次培养基，使种苗处于不同生长阶段的最佳状态，有利于提高种苗的质量。根据增殖总瓶数及操作员工的工作效率可以计算出生产过程中需要的人力投入，在生产初期便可安排好合适数量的员工，以保证组培生产的顺利进行。例如，在一个进行规模化组培生产的单位，根据市场的需求，在一年中要生产好几个种类的组培种苗，其中满天星在 3 月份需要生产 12 万株。根据满天星组培苗的增殖能力，每瓶增殖苗一次继代可生根成品苗 20 株并保持 1 瓶增殖苗；满天星组培苗的增殖周期为 15～20 d，在 1 个月内可继代 1.5 次，那么就可计算出在 3 月份需准备好 4 000 瓶增殖苗以供生产之需。满天星的接种操作相对简单，1 名操作工人 1 d 可处理 60 瓶左右的增殖苗，1 个增殖周期内可处理 1 000 瓶增殖苗。因此，4 名员工便可以完成满天星组培苗的生产。

因为植物组培与快繁的产品是具有生命力的种苗，在生产过程中可能会发生增殖苗长势不好、玻璃化、褐化、污染等组培常见的问题，而且各月的生产计划也不同。所以，按公式计算的数据只是一个供参考的数据，实际生产时应根据具体情况对增殖苗瓶数进行适时适当调整，并进行操作人员数量的科学调动。

问题探究

☆生产计划与生产工艺流程之间有何联系？
☆全年生产计划分解为各月生产计划时是否考虑季节和农时等因素？
☆如何合理控制存架增殖瓶数？

任务 14-2 组培苗木质量检测

任务描述

本任务是基于种苗质量检测标准检测瓶苗和出圃组培苗，从而鉴定组培苗木质量。要求标准选用适宜，数据调查准确，鉴定结论科学、准确。

任务分析

组培苗木质量检测是组培苗木生产的重要技术环节。现场抽样调查相关技术指标，并参照相关种苗质量检测标准鉴定，技术难度不大，容易掌握。检测人员只要按规定抽样、现场认真观察与测量，以及同组学生相互协作，一般能够在有限时间内完成检测任务。

任务实施

一、实训前准备

教师下发任务工单，学生自学相关内容，并以组为单位做好人员分工和必要的用品准备。

二、分组检测

各小组根据检测任务，选择种苗质量检测标准和数据调查方法，设计抽样调查表，然后小组成员配合完成现场数据调查，最后参照种苗质量检测标准综合评定后形成鉴定结论。

三、组间交流与评议

各小组选派代表介绍本组检测过程与结论，师生评议调查方法和检测标准选择的合理性、数据调查的真实性与准确性，以及鉴定结论的可靠性。教师现场点评。

技术提示

1. 抽样检测一定要明确是同种同一批次的种苗，且保证抽样比例。
2. 参照的种苗检测标准是国家或地方标准。
3. 现场数据调查要准确，综合比较分析后方可下结论。

知识链接

一、组培苗木质量检测的内容

苗木质量检测是保证苗木质量和保护供需双方利益的重要环节，也是确定苗木价格的重要依据。随着组培技术的推广应用，越来越多的组培苗木进入商业化生产和市场流通。由于其生产方式的创新性和产品的先进性，质量检验尤其严格。我国组培苗木的质量检测标准尚不完善，而美国新兴了不少专门检测组培苗木质量的公司和机构。组培苗木质量检测的项目内容主要包括以下几个方面：

(1)商品性状　苗龄相对较大，早熟性较好，质量较高，鉴定级别高，依次排列；叶片、生长、株高、茎粗、植株展幅、根系状况等农艺性状要根据不同作物要求定级。

(2)健康状况　是否携带流行病菌——真菌、细菌；是否携带病毒。

(3)遗传稳定性　是否具备品种的典型性状；是否整齐一致；采用 RAPD 或 AFLP 法对快繁材料进行“指纹”鉴定；以确定其遗传稳定性。

二、组培苗木的质量标准

作为原种组培苗的质量标准是不携带病毒和病原物，保持品种纯正。对于生产性组培瓶苗的质量标准要根据根系状况、整体感、出瓶苗高和叶片数四项指标进行判定，各项指标的重要程度依次是：根系状况＞整体感、出瓶苗高＞叶片数。对于无根、长势不好、色黑的苗一票否决，定为质量不合格。只有在根系状况达到要求后，才能进行其他指标的综合评定。几种常见花卉组培苗木的出瓶质量标准见表 14-2-1。

表 14-2-1　几种常见花卉组培苗的出瓶质量标准（引自熊丽等，2003）

名称	等级	根系状况	整体感	出瓶苗高/cm	叶片数/片
满天星	1 级 2 级	有根 有根原基或无根	苗粗壮硬直，叶色深绿	2～3 1.5 或 3	4～8 4～8
非洲菊	1 级 2 级	有根 有根	苗直立单生，叶色绿，有心 苗较 1 级苗小，部分苗叶形不周正，有心	2～4 1～3	3 片以上 3 片以上
勿忘我	1 级 2 级	有根 有根	苗单生，叶色绿，有心	2～3 2～4	3 片以上 3 片以上
情人草	有根	苗单生，叶色正常	2～4	3 片以上	
草原龙胆	1 级 2 级	有根 有根	苗单生，叶色绿，无莲座化	3～4 1.5～3	6 片以上 4～6 片
菊花	1 级 2 级	有根 有根	苗粗壮硬直，叶色灰绿	2～4 1～2	4 片以上
孔雀草	1 级 2 级	有根 有根	苗粗壮挺直，叶色绿	3～4 1～3	5 片以上 3 片以上

组培苗驯化成活后要出圃种植。出圃种苗的质量影响种植后的成活率、长势、产量和病虫害防治。出圃种苗的质量标准主要根据茎秆粗度、苗高、根系状况、叶片数、整体感、整齐度和病虫害损伤等指标来判定。出圃种苗的公共质量标准见表14-2-2，几种常见切花的出圃规格标准见表14-2-3。

表14-2-2 出圃种苗的公共质量标准(引自熊丽等，2003)

评价项目	等级		
	1级	2级	3级
根系状况	根系生长均匀、完整，无缺损	根系生长较均匀、完整，无或稍有缺损	根系完整，生长一般，稍有缺损
整体感	生长旺盛，形态完整、均匀和新鲜；粗壮，挺拔，匀称；叶色油绿，有光泽	生长正常，形态完整、均匀和新鲜；较粗壮，挺拔，匀称；叶色油绿，光泽稍差	生长一般，形态完整、均匀，新鲜程度稍差，秆一般或稍有徒长现象；叶色绿，光泽稍差
整齐度	同一级别中90%以上的地径、苗高分别在批次种苗平均地径、平均苗高的±10%范围内	同一级别中85%以上的地径、苗高分别在批次种苗平均地径、平均苗高的±10%范围内	同一级别中80%以上的地径、苗高分别在批次种苗平均地径、平均苗高的±10%范围内
病虫害损伤	无检疫性病虫害，无病虫害为害斑点	无检疫性病虫害，无病虫害为害斑点	无检疫性病虫害，无病虫害为害斑点

表14-2-3 几种常见切花的出圃规格标准(引自熊丽等，2003)

序号	种类名称	1级			2级			3级		
		地径/cm	苗高/cm	叶片数/片	地径/cm	苗高/cm	叶片数/片	地径/cm	苗高/cm	叶片数/片
1	满天星	≥0.6	6～8	≥14	0.4～0.6	5～6	11～12	0.2～0.4	4～5	10～11
2	非洲菊	≥0.5	10～12	≥10	0.4～0.5	8～10	4～7	0.3～0.4	6～8	3～4
3	补血草	≥0.5	12～14	≥14	0.3～0.5	10～12	8～10	0.2～0.3	8～10	6～8
4	情人草	≥0.5	11～13	≥12	0.3～0.5	9～11	6～12	0.2～0.3	6～9	4～6
5	草原龙胆	≥0.4	6～8	≥10	0.3～0.4	4～6	6～8	0.2～0.3	3～4	4～6
6	菊花	≥0.6	8～12	≥12	0.5～0.6	6～8	10～12	0.4～0.5	3～4	8～10
7	孔雀草	≥0.5	8～12	≥14	0.4～0.5	5～6	10～14	0.2～0.4	3～5	6～10

问题探究

☆组培苗木质量检测标准与实生苗质量检测标准是否通用？

☆组培苗木质量对后续栽培产量与质量有何影响？

拓展学习

蝴蝶兰种苗质量标准

任务 14-3　组培苗木工厂化生产管理

任务描述

本任务包括机构设置、人员管理与培训、生产过程控制、组培室管理、产品管理和成本核算等多个方面。根据不同形式的学习效果与实践表现，判定任务完成情况。

任务分析

组培苗木生产管理涉及多个方面，有些管理效果需要较长时间的实践检验。学生通过参与组培室和组培项目生产的管理、模拟培训活动和提交作业等多种形式的学习与实践活动，分项完成各个子任务。有些子任务持续时间较长、难度较大，需要充分发挥教师的指导与考核的导向作用。

任务实施

子任务 1　组培室日常管理

以月为单位，各小组轮流参与组培室的日常管理，协助实验员做好实训课准备、试管苗转接与种苗保存、设备保养、器械用品使用管理，以及组培室的保洁工作，并在协助管理结束后提交工作总结。实验员负责日常考勤与绩效考核，成绩纳入课程平时、生产项目进展跟进与问题处置等成绩。

子任务 2 项目生产管理

学生以组为单位分别承担一个组培生产性实训项目，以学期或学年为单位完成项目从初代培养到驯化移栽全过程的操作与管理，并针对项目制定一项管理制度。项目完成后，进行成本核算，制作 PPT 汇报实践成果。教师全程动态跟踪各组项目进展与学生表现，综合评定各组及学生个体任务完成情况。

子任务 3 技术培训与推广

开展技术培训与推广为主题的模拟培训活动。要求各组根据任务工单要求，制定技术培训与推广方案，针对新员工、专业户和咨询人员，编排“情景剧”，集中汇演，组间、师生评议。

知识链接

一、经营管理理念与策略

企业经营管理是企业根据市场需求及其变化，协调企业内外部活动，确定与实现企业经营的目标，以求得企业生存与发展的思想，它贯穿企业经营的全过程。在经营管理思想指导下形成经营管理理念，用于指导生产经营实践，不断促进企业的生产力发展。组培苗木工厂化生产是实行培育、生产、销售一条龙，采取农工贸一体化经营、企业化管理的一种产业。在市场经济大环境下，组培苗木商业化生产企业应该树立市场观念，以市场需求为导向，科学预测，以销定产，产销结合，同时树立品牌意识、质量意识，加强技术创新与新产品、新技术、新工艺的研发，不断提高组培苗木质量，形成品牌，从而提高产品的市场占有率和竞争力，不断开拓和扩大组培苗木销售市场；坚持客户至上，注重信誉与服务质量，科学管理客户群，构建良性的供需关系；坚持以人为本，注重内涵建设，实行规模化、标准化生产和科学规范的管理，有效控制成本，追求效益最大化。

二、组培企业的机构设置

组培工厂下设部门及职责

组培苗木工厂化生产要求制定科学的生产计划，并有效组织实施，同时需要发挥人才和技术优势，不断提高生产效率，而这些都受到机构设置、管理体制和管理制度的直接影响。因此，组培企业要合理设置组织机构，健全管理体制，明确各部门岗位职责，做到分工不分家、上下一盘棋。一般组培规模企业（组培育苗工厂）的组织机构与管理体系见图 14-3-1。有的组培企业还设立物流配送部。

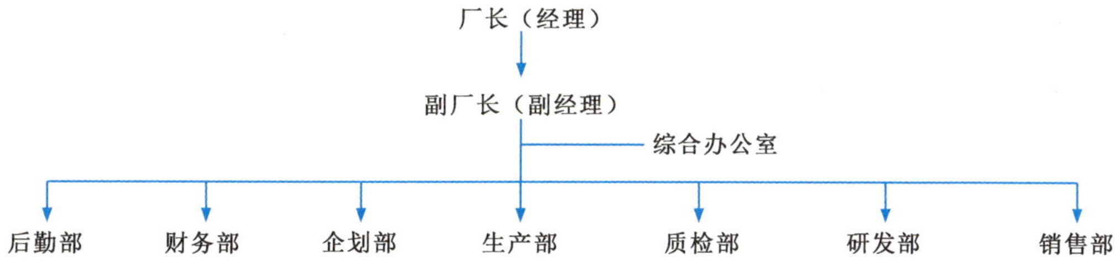

图 14-3-1　组培企业(育苗工厂)的机构设置

三、生产管理

(一)人员管理

人员管理是组培苗木工厂化生产管理中的重要一环。人员管理好，生产效率、产品质量就有了保障，经济效益也会随之提高。管理理念应以人为本、各尽所能；员工管理应注重员工职业发展路径规划，以事业、情感和待遇三方面留人留心，让员工有归属感和心情愉悦地工作；合理配置员工数量，一般年产 100 万株组培苗需要洗瓶 1 人、消毒 1 人、接种 4 人、杂工 1 人、配药及管理 1 人和技术负责 1 人；加强员工岗位培训(培训计划书模板见图 14-3-2)，使员工岗位意识、业务水平和心理素质不断提升；实行生产责任制和绩效管理，生产分段承包，责任到人，定额管理，奖优罚劣，这样既提高劳动生产效率，保证工作质量，又能够提高员工生产、创新的积极性，有效控制成本。要求管理人员应有较强的责任心、管理能力和较高的素质，用 ISO 9000 标准来衡量其质量管理的成效。

培训计划书

一、培训的目的、意义
二、培训时间、地点
三、培训对象
四、培训方式
五、培训内容及课时
六、培训准备
七、任务分工
八、效果评估

×××企业人力资源部
年　月　日

图 14-3-2　培训计划书的模板

这里特别强调员工培训。员工是生产力要素中最活跃、最积极和最具潜能的要素，其素质高低直接决定了组培工作的效率与质量。各组培企业都非常重视员工培训。员工培训采取的主要方式有岗前培训、顶岗实训、以老带新、技能比赛、以考促训等；培训内容包括职业道德、无菌观念、团队精神、组培知识、操作规范、管理制度等。通过培训，培养员工具有无菌观念和良好的职业习惯、合作意识与团队精神，提高员工的技术与技能水平，为科学、有效管理组培空间，保证组培生产的高效进行奠定基础。

(二)生产过程控制

1. 制度约束

组培苗木工厂化生产工艺流程比较复杂，涉及许多生产和技术环节，通过制定合理的规章制度，实施科学化、规范化、标准化的管理，才能使生产按计划有条不紊地进行，保证产品质量，并能避免因人为失误造成人身及财产的损失。组培企业应制定的主要规章制度有：设备与药品使用登记制度、仪器设备操作规程、培养基配制操作规程、接种操作规范、组培苗驯化移栽管理制度；采种扩繁登记制度，母本及商品种苗检验检疫制度；用工管理制度，生产定额管理制度，岗位责任制与奖惩制度，组培室日常管理规定，以及员工培训制度等。此外，各部门需建立“作业指导书”，工作人员严格按照“作业指导书”的要求完成工作任务；不同技术职能部门之间的交接设立“产品放行准则”，把不符合要求的成品或半成品均不予放行至下一生产环节，确保放行的产品符合规定的标准。有条件的话，生产的全过程可实行数字化、标准化和可视化管理，实现大数据辅助分析决策。

2. 科学管理

(1)加强项目生产的日常管理　具体要求如下：

①员工注意个人卫生，规范操作，监督互查，相互配合，协同一致，诚实守信。

②培养室(车间)分区、分类摆放瓶苗，标识清晰。

③每天做好材料接种操作与培养记录，观察材料生长情况，及时清除污染和变异株，并根据长势进行择优去劣、调整配方、及时转接材料。

④合理优化生产要素，确保生产进度和培养质量。

(2)注重组培室(或生产车间)的日常管理　组培室(或生产车间)应保持整洁和无菌，为种苗生产创造有利条件。在组培室(或生产车间)的日常管理上，要突出重点，注重细节，明确责任，科学管理，追求实效。主要管理措施有：

①实行岗位责任制，明确岗位职责。

②加强员工的安全卫生教育，严格控制人员出入。

③药品、器械等分类存放，严格药品使用登记制度。

④设施设备维护与保养专人负责，安全使用，定期检修，发现安全隐患及时排除，确保设备始终处于正常工作状态。如每天对高压灭菌锅的安全性和灭菌的可靠性进行检查；每半年对超净工作台进行清洁保养，并检查洁净度技术指标(培养基测定法)等。

⑤定期对组培室(或生产车间)进行空间消毒灭菌，保持组培空间的干净卫生。如每天打扫和用消毒药水清洁无菌室地面 1 次；每两周消毒接种室、培养室 1 次(高温高湿季节每周 1 次)；每天工作结束后打开紫外灯或臭氧发生器 0.5～2 h，对接种室和接种工作服进行日常性消毒灭菌。

⑥坚持每天对水、电开关的安全检查，消除安全隐患，防止浪费和事故发生。

⑦文件资料分类保管，认真执行技术保密制度和物品借阅登记制度。

⑧管理记录填写认真、规范，以备查验。

(三)产品管理

每种组培苗的产品都要建立完整的档案，由生产部门和销售部门协同负责完成。其内容包括母株性状和种植(采样)地点、接种日期、继代代数、生产数量、销售地点、种植地点、生长状况等。同一产品用一个编号，便于查询和生产过程中的辨别，以确保产品质量和售后跟踪服务。

四、组培成本核算

一个组培工厂的成本指标，是反映其经营管理水平和工作质量的综合指标，也是了解生产中各种消耗、改进工艺流程、改善薄弱环节的依据，还是提高效益、节约投资的必要措施。组培育苗的成本核算比较复杂，既有工业生产的特点，可周年在室内生产，也有农业生产的特点，需要在温室或田间种植，受气候和季节的不确定性影响，需要较长时间的管理，才能出圃成为商品。加之不同种类、不同品种之间的繁殖系数、生长速度均有较大差异，很难逐项精确核算。组培苗木工厂化生产成本划分见表 14-3-1。年产 100 万株试管苗的组培室内成本见表 14-3-2。

组培生产成本与利润的核算

表 14-3-1　组培苗商业化生产的成本划分

名称		具体项目	备注
销售成本	直接成本	培养基制备费、水电费、员工工资等	直接用于组培苗生产的费用
	间接成本	仪器设备的折旧与维护费、生产物资费用等	可按比例计入组培苗生产成本
间接费用		管理费、销售费、财务费等	组织管理生产经营而产生的费用，不能计入组培苗生产成本

表 14-3-2　年产 100 万株试管苗的组培室内成本核算表(引自沈海龙，2005)　　元

生产流程	基建费	设备折旧费	试剂费	水费	电费(取暖费)	员工工资	合计
洗涤	7 150	16 700		2 000	200	4 500	
培养基配制			2 306		10 607.6	6 918	
接种					1 844.6	28 825	
培养					31 737.6		
总计	7 150	16 700	2 306	2 000	44 390	40 243	112 789
占总开支/%	6.34	14.8	2.01	1.77	39.36	35.68	

组培成本核算的一般做法是认真记录年产一定数量组培苗的各项支出，也可以通过公式计算试管苗成本。以下是采用公式计算的方法。

设培养基成本 p (元/L)，培养基利用率为 μ(株/L)，培养基耗水比 b(kg/L)，水价为 s(元/t)，光源能量为 r (W/盏)，光照时间 H(h/d)，光源利用率为 g(株/盏)，电价为 d [元/(kW·h)]，培养基的耗电比为 c (kW·h/L)，另设培养周期为 T (d)，继代次数为 n，繁殖系数为 K($K>1$)，试管苗基数为 a (株)，在 T 时间内，单株消耗培养基、水、电的成本分别为 m_0、w_0、e_0(株/元)，第 n 代试管苗成本为 A_n(元/株)。

计算步骤如下：

(1)分别计算出培养 1 代单株消耗的培养基、水、电的成本

单株消耗的培养基费用(m_0)$=p/\mu$　　(1)

单株消耗的水费(w_0)$=bs\times10^{-3}/\mu$　　(2)

单株消耗的电费(e_0)$=rHTd\times10^{-3}/g+cd/\mu$　　(3)

(2)计算起始培养成本

$A_0=m_0+w_0+e_0$(A_0 为起始培养成本)　　(4)

(3)计算第 n 代试管苗成本

$A_n= A_0\times(K^n-1)/ K^n(K-1)$　　($K>1$)　　(5)

【例 14-1】计算无籽西瓜试管苗成本。计算参数见表 14-3-3。

表 14-3-3　无籽西瓜试管苗培养成本的基本数据

名称及代号	数值	单位	名称及代号	数值	单位
培养周期(T)	30.00	d	光源能量(r)	40.0	W/盏
繁殖系数(K)	8.00	—	光照时间(H)	12.0	h/d
培养基成本(p)	1.50	元/L	电价(d)	0.3	元/(kW·h)
培养基利用率(μ)	60.00	株/L	培养基耗电比(c)	1.0	kW·h/L
培养基耗水比(b)	10.00	kg/L	光源利用率(g)	80.0	株/盏
水价(s)	0.75	元/t	继代次数(n)	6.0	次

计算过程如下：

m_0(元)$=p/\mu=1.5/60=0.025$

w_0(元)$=bs\times10^{-3}/\mu=10\times0.75\times10^{-3}/60=0.0001$

e_0(元)$=rHTd\times10^{-3}/g+cd/\mu=(40\times12\times30\times0.3\times10^{-3}/80)+(1\times0.3)/60=0.059$

A_0(元)$=m_0+w_0+e_0=0.025+0.0001+0.059=0.084$

A_n(元)$=A_0\times(K^n-1)/K^n(K-1)=0.084\times(8^6-1)/8^6(8-1)\approx0.012$(元/株)

五、提高组培经济效益的措施

组培苗木工厂化生产能否获得良好的经济效益，主要受市场因素和自身经营管理水平两大因素限制。根据市场需求，以销定产，应时生产出名、特、新、优组培种苗，并批量投放市场，可减少成本投入，有效提高经济效益。另外，加强自身经营管理水平，降低生产成本或使组培苗增值，则是提高组培苗经济效益的重要措施。

(一)降低生产成本

组培苗木生产成本受许多因素的影响，但主要取决于设备条件、管理水平及操作工人的熟练程度。在实际生产中，应根据自身条件最大限度地降低成本。降低生产成本可从以下几方面入手：

(1)降低污染率，适当提高繁殖系数和继代次数，提高生根率和移栽成活率。根据推算香蕉组培苗室内生产直接成本约为 0.1 元，当污染达到 30%时，成本就增加至 106.5%；当繁殖系数由 2 增至 3 或 4 时，室内直接生产成本将分别下降 14.86%和 19.3%。生产上一般要求污染率控制在 10%以下，繁殖系数一般控制在 4～6 倍。

(2)提高接种工的操作水平和生产效率，减少劳务开支；延长设备使用寿命，减少维修费支出。

(3)最大限度地降低能耗，充分利用培养室空间。

(4)实施简化组培，适度规模生产。

(5)加强横向联合，使组培种类多样化。

扩大组培企业利润的方法

(二)组培苗增值

在控制组培成本的同时，努力提高组培苗的经济附加值，有利于提升组培生产效益。主要措施有：

①培养珍稀、名特新优植物和脱毒种苗，抢占市场。
②培养有自主产权的组培苗，采取品牌经营策略。
③销售筛盘苗或营养钵苗。
④利用驯化成活后的组培苗分株、扦插增殖苗木。
⑤种苗销售与药用成分提取并举。

六、技术交流与推广

通过组织安排技术人员参加各种学术会议和进修提高，与高校、科研单位及企业同行开展横向联合或举办联谊会活动等措施，以此加强技术学习与交流，及时吸纳先进技术经验，使技术及时更新、升级迭代。另外，企业凭借自身在人才和技术上的优势，对外积极开展技术培训和技术推广，一方面扩大企业的社会知名度和影响力；另一方面在获得一定经济效益的同时，为今后开展项目和技术合作创造条件，同时也利于产品的销售。经营者要做好技术交流与推广计划的制定与实施工作，做到有目的、有组织、有效果、有总结。

问题探究

☆如果你是企业高管，如何让刚毕业的大学生安心从事组培技术员工作？
☆刚毕业的大学生怎样才能具备组培管理人员的素质与能力？

自我测试

一、填空题

1. 对于生产性组培瓶苗的质量标准要根据(　　　　)、(　　　　)、(　　　　)和(　　　　)四项指标进行判定。各项指标的重要程度依次是：(　　　　)>(　　　　)>(　　　　)>(　　　　)。

2. 组培苗木质量检测的项目内容主要包括(　　　　)、(　　　　)和(　　　　)。

3. 出圃种苗的质量标准主要根据茎秆粗度、(　　　　)、根系状况、叶片数、(　　　　)、(　　　　)和病虫害损伤等指标来判定。

4. 组培苗木生产管理包括人员管理、产品管理和(　　　　)。

二、选择题

1. 组培苗木工厂化生产的五大技术环节包括(　　)。

A. 种源选择　　B. 组培苗驯化移栽

C. 组培苗木包装与运输　　D. 苗木质量检测

E. 离体快繁　　F. 培养基制备

G. 无菌操作

2. 组培种源的选择途径包括(　　)。

A. 外购　　B. 种苗交换

C. 技术转让　　D. 自主研发

3. 生产计划制定的参考依据是(　　)。

A. 供苗数量与供苗时间　　B. 准确估算生产量

C. 生产工艺流程与技术环节控制　　D. 市场调研结论

4. 组培苗年生产量决定于(　　)。

A. 每周期增殖倍数　　B. 每瓶苗数

C. 年增殖周期数　　D. 超净台数

5. 生产计划实施的两大技术关键环节是(　　)。

A. 建立无性繁殖系　　B. 建立种苗生产制度

C. 控制存架增殖瓶数　　D. 控制组培苗质量

三、判断题

1. 组培瓶苗的质量标准要根据根系状况、整体感、出瓶苗高和叶片着生位置四项指标进行判定。(　　)

2. 作为原种组培苗的质量标准是不携带病毒和病原物,保持品种纯正。(　　)

3. 对于无根、长势不好、色黑的生产用瓶苗,一票否决,定为质量不合格。(　　)

4. 检测组培苗健康状况的评价指标是否携带病毒和流行性真菌、细菌。(　　)

5. 组培苗存架增殖总瓶数的计算方法是用月计划生产苗数除以每个增殖瓶月可产苗数。(　　)

6. 组培苗的增殖率是指中间繁殖体的繁殖率,其计算公式是 $Y=nX^m$。(　　)

7. 年生产计划量是平均分配到各月的。(　　)

8. 组培苗木生产一般选择快繁时间短、快繁苗量多,种苗健壮、变异率低、移栽成活率高、成本低的快繁类型。(　　)

9. 如果距离供苗时间很短,往往需要降低种苗基数,在前期加大增殖系数。(　　)

10. 组培苗木工厂化生产成本分为销售成本和间接费用。(　　)

四、案例分析题

2019 年 1 月,天地公司与日本签订 50 万株青背天葵组培苗的销售合同,规定在 2020 年 3 月前交货。已知天地公司现有青背天葵种苗 100 瓶,每瓶 6 株,青背天葵组培苗增殖周期 30 天,增殖倍数 5,污染率控制在 5%,移栽成活率 80%,包装运输损耗 5%;接种工人 20 人,每人每天能够转接 1 200 株,每月 25 个工作日。请你协助组培室主管制订 1 份生产计划表。

测试要求：先独立自测后核对答案

温馨提示：自律彰显素养　诚信成就人生

项目 14 自我测试题参考答案

自我总结

结合本项目学习与实践，绘制组培苗木工厂化生产管理的思维导图。

项目 15　组培苗木销售

组培苗木销售是企业经营管理的重要环节。只有保证生产的组培苗木能够及时、批量地销售出去，才能维系企业自身正常生产和快速发展的需要。通过组培市场调研，合理制定销售计划，做到以销定产，产销结合；制定有效的销售策略，合理确定销售对象与范围；注重组培产品管理、质量控制和售后服务；加强销售人员的队伍建设等多种措施，才能确保组培苗木的销售工作正常、有序和高效开展。因此，学习和掌握组培苗木销售策略、方法手段与技巧，对从事组培苗木销售工作是非常必要的。

学习目标

知识目标

1. 了解组培苗木市场调查方法与技巧；
2. 熟悉组培苗木包装方法与运输管理原则；
3. 掌握组培苗木的销售管理方法。

能力目标

1. 会制定市场调查计划，会撰写组培市场调查报告；
2. 会选择合适的销售方式与策略；
3. 会起草组培苗木购销合同（协议）；
4. 具有较强的观察能力、沟通能力、协作能力和分析判断能力。

素质目标

1. 树立市场意识、责任意识和客户至上、诚信经营理念；
2. 具有同理心、随喜心、创新精神、团队精神和不怕吃苦的劳动精神。

思想领航

假如你要获得别人的喜欢，请给人以真诚的微笑吧。

——戴尔·卡耐基

我们会成为什么样的人，全看我们重复做什么样的事。

——亚里士多德

项目实施

任务 15-1　组培苗木市场调查

任务描述

本任务是学生利用课余时间、寒暑假或结合顶岗实习进行生源地、学校所在地、校外实训基地所在地区的组培苗木市场调查，并撰写一份调查报告。

任务分析

组培苗木市场调查及其结论是科学制定生产与销售计划的重要依据。完成该任务所需人力、物力，甚至财力较多，耗时也较长，操作难度较大，而且要保证调查质量和做出科学、准确的分析与结论。这就要求调查人员学习和掌握市场调查方法，具有高度的责任心、使命感、人力资源意识和协作精神，以及较强的观察、分析、判断与总结的能力，才能胜任组培市场调查工作并顺利完成调查任务。

任务实施

一、师生研讨

教师重点介绍组培市场调查方法与注意事项，师生讨论调查计划的科学性、针对性和可行性。

二、组织实施

学生个人或自由组合成调查小组，自主选择调查方式与范围，根据修改后的调查计划发放调查问卷或实地调查。

三、撰写调查报告

学生个人或调查小组汇总调查数据，统筹分析，然后参照调查报告的撰写体例，完成组培市场调查报告。

四、组间分享交流与评议

教师集中组织“组培市场调查汇报会”，学生或小组介绍调查过程与成果、分享调查心得与体会，学生互评、教师点评。学生本人或小组修改、完善调查报告。

知识链接

一、市场调查步骤

营销人员进行市场实地调查，一般可分为3个阶段6个步骤：

1.预备调查阶段

市场调查首先要确定问题之所在及其调查范围。

市场调查方法

(1)初步情况分析　调查人员可收集单位内外部有关信息与情报资料，包括各种报表、记录、统计资料、用户来函、财务决算、综合报告，并查阅有关专业刊物资料和政府公布的统计数据等，以便掌握足够的背景资料，使正式调查范围缩小。经过初步分析，初步掌握和发现各因素之间的相互关系，探索问题所在。

(2)非正式调查　也称试探性调查。调查人员根据调研问题和初步情况，在小范围内做一些试探性调研，如访问专家、中间商和推销员，征求用户和销售经理的意见等。例如，某花木公司今年蝴蝶兰销售量下降的原因是价格太贵，而且本地区生产经营蝴蝶兰的单位增加，多家经营竞争造成的。但是这种认识是否正确?调查人员可以进行非正式调查，如向本单位内部有关人员(销售经理、推销员)、向精通本问题的专家和有关人员(批发商、零售商等)以及个别有代表性的用户咨询，听取他们对这个问题的看法和意见。通过预备阶段，假如可以找出问题和产生问题的原因，提出改进方案，那么就可以省去以后的几个步骤。

2.正式调查阶段

(1)制定调查方案　调查方案中包括调查主题、决定搜集资料的来源和方法、准备所需的调查表格和抽样设计。其中，决定搜集资料的来源和方法包括调查内容、调查方法、调查地点、调查对象、调查时间、调查次数等；抽样设计包括决定抽样的对象、抽样方法、选择被调查者以及确定样本的大小等。

(2)现场实地调查　现场实地调查就是调查人员按确定的调查对象、调查方法进行实地调查，收集第一手资料。实地调查工作质量如何，直接影响调查结果的准确性。为了搞好实地调查，必须做好培训工作。

3.结果处理阶段

(1)调查数据分析整理　这个环节是将调查收集到的零散的、杂乱的资料和数据编辑整理的过程。主要内容包括：剔除抽样设计有误、被调查者的回答错误等资料，保证资料的系统、完整和真实可靠；将整理后的资料分类编号，便于归档查找和利用；对调查的资料进行统计计算，绘制统计图、表，并进行系统的分析，在此基础上，找出原因，得出调查结论，提出改进建议或措施。

(2)撰写调查报告　编写调研报告时，应注意报告内容要紧扣调研主题，突出重点，力求客观扼要；文字要简练，观点要明确，分析要透彻，尽可能使用图表说明，以便经营决策者在最短时间内能对整个报告有概括性的了解。

二、组培市场调查的主要内容

组培苗木市场调查的内容主要包括市场需求的调查、市场占有率的调查及其科学的分析与预测。一般根据区域种植结构、自然气候、种植的植物种类及市场发展趋势等预测市场需求。如马铃薯在东北地区、华北地区、华东地区北部种植面积大，种苗市场需求量大；草本花卉种苗在昆明、上海、山东等地鲜切花生产基地的需求市场大；南方草本花卉、观赏树木种苗繁育优势明显，北方球根球茎类花卉种苗繁育在国内市场份额越来越大。所谓市场占有率是指一家企业的某种产品的销售量或销售额与市场上同类产品的全部销售量或销售额之间的比率。通过对某种组培植物的品种、种苗质量、种苗价格、种苗的生产量、销售渠道、包装、保鲜程度、运输方式和广告宣传等多方面调查来分析预测这种植物组培苗的市场占有率。一般来说，企业生产的种苗在质量、价格、供应时间、包装等方面处于优势地位，则销售量大，市场占有率就高，反之则低。

三、组培市场调查报告的格式

调研报告的格式一般包括标题、目录、摘要、概述、正文结论与建议和附录等部分。

1. 标题

标题一般有两种写法：一种是规范化的标题格式，即“发文主题”加“文种”，基本格式为“××关于××××的调查报告”“关于××××的调查报告”“××××调查”等。另一种是自由式标题，包括陈述式、提问式和正副题结合式3种形式。陈述式如“非洲菊组培苗销售情况调查”；提问式如“为什么蓝莓组培苗销售市场不断扩大”；正副标题结合式要求正题陈述调查报告的主要结论或提出中心问题，副题标明调查的对象、范围、问题，这实际上类似于“发文主题”加“文种”的规范格式，如“组培育苗工厂重在设计——××××企业组培育苗工厂设计思考”等。作为公文，最好用规范化的标题格式或自由式中正副题结合式标题。

2. 目录

为了方便阅读，应当使用目录或索引形式列出报告所分的主要章节和附录，并注明标题、有关章节号码及页码。一般目录篇幅不超过1页。

3. 摘要

摘要是对调查活动所取得的主要成果做概括性说明。一般用清晰、简洁概括的手法，扼要地说明调查的主要结果，详细的论证资料在正文中阐述。

4. 概述

概述主要阐述课题的基本情况，它是按照市场调查课题的顺序将问题展开，并阐述对调查的原始资料进行选择、评价、作出结论、提出建议的原则等。主要包括3个方面内容：①简要说明调查目的；②简要介绍调查对象和调查内容，包括调查时间、地点、对象、范围、调查要点及所要解答的问题；③简要介绍调查研究的方法及选择该方法的原因。调查方法是选择抽样调查法或典型调查法，还是实地调查法或文案调查法，以及观察法、询问法或实验法等；分析方法可选择指数平滑分析、回归分析或聚类分析等。

5. 正文

正文是市场调查分析报告的主体部分。这部分必须准确阐明全部有关论据，包括问题的提出、引出的结论、论证的全部过程、分析研究问题的方法，还应当有可供市场活动的决策者进行独立思考的全部调查结果和必要的市场信息，以及对这些情况和内容的分析评论。

6. 结论与建议

结论与建议是撰写综合分析报告的主要目的。这部分包括对引言和正文部分所提出的主要内容的总结，提出如何利用已证明为有效的措施和解决某一具体问题可供选择的方案与建议。结论和建议与正文部分的论述要紧密对应，不可以提出无证据的结论，也不要没有结论性意见的论证。

7. 附件

附件是指调查报告正文包含不了或没有提及，但与正文有关必须附加说明的部分。它是对正文报告的补充或更详尽的说明，包括数据汇总表及原始资料、背景材料、公式、致谢、参考文献目录和必要的工作技术报告，例如为调查选定样本的有关细节资料及调查期间所使用的文件副本等。

问题探究

☆组培种苗市场调查与作物栽培市场调查有何异同？

☆市场调查的实验法与生物实验方法有何异同？

☆组培苗木市场调查应注意哪些问题？

任务 15-2　组培苗木销售

任务描述

本任务是学生根据任务工单，以小组为单位起草组培苗木购销合同，模拟组培产品销售编排、汇演情景短剧。

任务分析

组培苗木销售，涉及销售合同制订、销售计划与策略、销售方法与技巧、售后服务与管理等诸多内容。本任务将起草销售合同和提升销售素质作为重要的实践内容。其中，后者安排学生自编自导自演销售情景短剧，寓教于乐，在轻松愉悦的学习氛围中培养和提升学生的销售素养与能力。要求围绕不同的组培产品类型和销售对象编排情景剧，主题突出，情节连贯，体现销售策略、方法与技巧的综合运用和不同角色的有效配合。

任务实施

子任务 1　起草组培苗木购销合同

学生根据任务工单要求，以组为单位起草一份组培苗木购销合同，要求格式正确，内容全面，文字表述清晰、简练，符合常规，不违背合同法等相关法律。

任务实施

子任务 2　编排情景短剧

学生根据任务工单要求，分组编写组培产品销售情景剧的脚本，经教师审核通过后，利用课余时间编排，集中汇演，师生现场评议。

知识链接

一、组培苗木的销售管理

组培苗木的销售是组培企业经营管理的重要环节，涉及销售合同制订、销售计划与策略、销售方法与技巧、售后服务与管理等诸多内容。在销售管理上主要应做到以下几点：

①做好市场调研与分析预测，准确把握组培产业发展态势和国家政策导向，加大市场开发力度，并结合自身实际，科学制定销售计划和产品宣传、开发与促销策略。

②根据企业自身条件、产品类型、数量、市场供求状况和价格等因素，确定合理的销售范围，选择合适的销售渠道与销售方式（表 15-2-1）。互联网时代，网络和新媒体营销价值日益凸显。

表 15-2-1　组培苗销售方式的选择依据

主要销售方式	选择依据
人员推销	1. 种苗市场集中 2. 企业规模小，产量少，资金不足 3. 本地产品种苗供应集中，运输距离短，销售时效性强
广告宣传	1. 种苗市场分散 2. 企业规模大，产量多，资金实力雄厚 3. 珍稀品种，种苗用量少 4. 组培苗试销期内 5. 展览会现场

③树立一体化营销理念，建立目标责任制和绩效考核机制，重视营销人员的业务培训，不断优化营销队伍结构，以此加强营销队伍建设。

④注重信誉和产品质量，按期保质交苗，及时收回货款，最大程度降低销售风险。

⑤做好销售统计分析和合同文本等文件的归档管理。

⑥本着用户至上原则，树立客户思维，科学进行用户分析，准确客户画像，做好客户管理和售后服务工作。

二、组培苗木购销合同

组培苗木购销合同是在种苗销售与购买双方平等协商的基础上签署的销售合同文本，具有法律效力。具体条款包括种苗品种、规格、数量、价格、销售方式、交货方式、验货地点与方法、结算方式、违约责任和纠纷裁决约定等。以下是组培苗木购销合同样本，供参考。

树莓组培苗购销合同

甲方：×××××××职业技术学院

乙方：×××××××公司

经甲乙双方协商，在平等协商的基础上签订本合同。

一、种苗品种及销售方式

1. 种苗的品种、规格、数量与价格

品种	规格	数量	价格
黑莓中林 59 号			
红太阳			
红宝玉			
合计款　　　　￥：　　　　元，大写：			

2. 交货方式

甲方自乙方交付定金后组织生产，自____年____月始至____年____月止，每月交付乙方 3 个树莓品种组培瓶苗各____万株，直到全部交付完毕。

3.验货方法

按照本合同甲乙双方约定的品种规格与数量要求在乙方单位抽箱验苗，如发现瓶少，全部按少瓶数的箱计算结账；不符合质量要求的瓶苗，经甲乙双方确认后，由乙方汇总装箱返回，由此产生的相关费用由甲方承担。

4.包装要求及运费

甲方负责从学校用硬纸版箱包装运至____，运费由____支付。

5.结算方式

乙方按总价款的____%预付定金____元，以后按交货的月份算起，每月结算一次，直到全部组培苗交付完毕。定金自最后一次结算的货款中扣除。

二、法律责任

1.甲方必须保证乙方所购种苗的纯正，如发现有杂苗，甲方按杂苗总额的双倍赔偿。

2.购买甲方树莓种苗，甲方提供相关信息，并指导乙方驯化移栽种苗，保证种苗90%的移栽成活率。

3.乙方按合同规定支付甲方购苗款，甲方不按合同供应乙方种苗，影响乙方正常种植的，由甲方承担给乙方造成的全部经济损失，自然灾害除外。

4.乙方不按合同规定日期支付甲方购苗款的，甲方有权拒供种苗，定金归甲方所有，乙方按甲方实际生产的苗量和市场价双倍赔偿。

5.自本合同签订之日起，乙方交付定金，甲方向乙方出具收款凭证，本合同方可生效。

三、其他

1.本合同一式两份，甲乙双方各执一份，签字后生效，未尽事宜，双方协商解决。

2.签订合同时，乙方应向甲方提供法人身份证明或法人委托书、单位营业执照、种苗生产、经营许可证复印件一份。

3.本合同未尽事宜由甲乙双方共同协商解决。如出现纠纷，由××××市(县)人民法院按照《合同法》有关规定进行裁决。

4.本合同自双方签字之日起生效。

甲方：×××××××职业技术学院(盖章)	乙方(盖章)：
地址：	地址：
法定代表人：	法定代表人：
委托代理人：	委托代理人：
电话：	电话：
传真：	传真：
开户银行：中国农业银行	开户银行：
银行账号：	银行账号：
签字日期：　　年　　月　　日	签字日期：　　年　　月　　日

三、组培苗木的包装与运输

(一)包装

1.包装材料

组培苗木包装材料的选择主要根据销售的组培苗商品形式来确定。如果是以瓶苗出售，多以硬纸板的包装箱或木条箱；如果是以穴盘苗出售，可选用铁制的多层周转筐或穴盘专用包装集运箱；如果是经养护一段时间达到定植苗龄的组培苗木，可选用草包、蒲包、聚乙烯袋、涂沥青不透水的麻袋和纸袋等。附属的包装材料有青苔、苔藓、水苔类的保水材料(或用卫生纸、锯末、细土稀泥代替)、塑料布、塑料包装袋、包装绳等。

此外，选用哪种包装材料，还要考虑运输方式和运输距离。近距离运输，可用简易的纸箱或木条箱，以降低包装成本；远距离运输，要多层摆放，充分利用空间，应考虑所选包装材料的容量、强度，以便能够经受压力和长时间的颠簸。目前，有些公司为了降低成本和保持组培苗的长久生命力，开发出适合远距离运输的小包装半透性塑料袋，应用效果很好。

2.便于运输的育苗方法

为便于运输，组培苗木驯化移栽成活后一般采用水培和基质培育苗，但起苗后根系全部裸露，根系需采取保湿等措施，否则经长途运输后成活率会受到影响。相对而言，采用岩棉、草炭作为栽培基质，能够保湿、护根、重量轻，效果较好；穴盘育苗所用基质量少，护根效果好，便于装箱运输。从苗龄来看，苗龄小的植株具有苗小、叶片少、运输过程中不易受损、单株运输成本低等优点，更适合远距离运输，特别是带基质坨的小苗。但是，在早期产量显著影响产值的情况下，为保护地及春季露地早熟栽培培育的秧苗需达到足够大的苗龄才可以起运，否则不能满足用户的要求。

3.包装与标识

包装可选用包装机或人工包装。一般要求分类、分级包装，以方便装卸和分类保存与使用。瓶苗可以直接装箱，而穴盘苗和一般的水培苗或基质培苗在包装前需要对根系做保护性处理，以减少运输的损伤和保证定植后的成活率，以及缓苗速度。一般的水培苗或基质培苗，取苗后基本不带基质，可由数十株至百株(据苗大小而定)扎成一捆，用水苔或其他保湿包装材料将根部裹好再装箱；穴盘苗的运输带基质，应先振动秧苗使穴内苗根系与穴盘分离，然后将苗取出带基质摆放于箱内；也可将苗基部蘸上用营养液拌和的泥浆护根，再用塑料膜覆盖保湿。如果以连苗带盘一起运输，可在装运前预先浇少量水或营养液。注意在包装的缝隙或边角处可用青苔、水苔等湿润物填充，可以起到保湿作用。至于达到正常出圃规格要求的大苗，可参照常规做法包装。

包装后一定要注意在包装材料外表附上标签，注明组培苗木的名称、苗龄、数量、等级、苗圃或单位名称、联系方式与地址等。另外，在包装材料的醒目位置标出防震、防压、防倒置的标识。

(二)运输

1.运输工具与运输方式

一般根据运输距离的远近选择运输工具。中短途运输可选择公路运输，运输灵活、方便、快捷。一般是在普通货车上加上一个类似于集装箱的保温箱或制冷保温箱；而冷藏保鲜车是在普通保温箱内加装制冷设备，能够自动调节箱体内的温湿度。远距离运输可用铁路保温车厢。国际间种苗运输首选空运方式，以瓶苗或塑料袋小包装（内带少量基质）包装后运输。目前，在经济发达国家已建立起以低温冷藏为中心的冷链保藏运输系统。未来组培苗木的流通、贮运也可以采用这种冷链保藏运输系统。这是未来活体植物运输的主要发展方向。至于选择哪种运输方式与运输工具，要以最大限度地减少苗木损伤和经济适用为原则。

2. 运输环境条件的要求

良好的运输效果除要求苗木本身具有较好的耐贮运性外，同时还要求有良好的运输环境条件。这些环境条件包括温度、湿度、气体成分、包装、振动要求、堆码与装卸等。

温度是运输过程中的重要环境条件之一。一般组培苗木运输需要低温条件（9～18 ℃）。果菜苗的运输适温为 10～21 ℃，低于 4 ℃或高于 25 ℃均不适宜；结球甘蓝等耐寒叶菜苗为 5～6 ℃。有些喜温的花卉如蝴蝶兰等组培苗要求运输温度略高些。

湿度对组培苗木短途、短时间运输的影响相对较小，但是，长距离运输或是运输时间较长时，必须考虑湿度因素。采用防水纸箱或包装内衬塑料薄膜，可有效防止失水，同时也可防止纸箱吸潮。如用带有温湿度调节的保温车运苗，应注意调节温湿度，防止过高、过低的温湿度影响组培苗木的存活和质量。

国外采用气调集装箱运输，但是成本很高。对于较耐二氧化碳的苗木，可采用塑料薄膜袋包装运输，也能达到较好的效果。但是，对二氧化碳敏感的，应注意包装材料的通风。

温馨提示

在贮运中产生的乙烯也会诱导花苞、叶的脱落，增加花的畸形率。乙烯的危害大小取决于其浓度、暴露期及温度。

3. 运输管理

组培苗木运输的管理目标是要达到合理运输，即要按照商品运输的合理流向，以最短的里程、最快的速度、最省的费用，把商品安全完好地送达目的地。原则要求是及时、准确、安全、经济。所谓“及时”，是指运送及时，即要求按照产、供、销的具体情况，及时地将组培苗木由产地运到销地。及时运送，既能减少商品运输的损耗，又有利于把握销售机会；所谓“准确”是指运送准确，即要求切实防止和避免运输过程中可能发生的错发、错收等各种差错；所谓“安全”是指运送安全，即要求在运输过程中不发生损坏、丢失和霉烂等损耗，或把这种损耗控制在最低限度；所谓“经济”要求选择合理的运输路线和运输工具，降低运输费用。

组培苗木远距离运输时，在确定起运日期后，应及时通知客户，中途不宜过长时间停留和多次装卸，运到目的地应尽早交给客户，及时定植。国际运输时，应在运输前做好一切通关准备，特别是检验检疫报告要由国内权威机构出具，并与客户一起积极配合目的地国家海关人员的抽检，以便尽快通关，减少不必要的损失。

冬、春季节应做好组培苗的防寒防冻准备，并在起运前几天应逐渐降温，适当少浇或不浇营养液，以增强秧苗抗逆性。另外，运输前的包装工作应快速进行，尽量缩短时间，减少苗木搬运次数，尽量减

蝴蝶兰运输技巧

少苗木损伤。

组培苗起运后要做好相关文件材料的归档工作，以便日后查验和有利于供需双方沟通。

四、组培苗木售后管理

组培苗木销售后，重点做好以下售后管理工作：

①建立组培产品、合同文本和客户的档案。

②热情接待客户的到访和来电来函咨询，及时、准确答复客户提出的问题，妥善处理客户的投诉。

③实行客户专人负责制，定期回访客户和举办联谊活动，捕捉市场信息，积极挖掘和拓展新客户。

④做好市场预测与销售统计分析，及时调整销售策略。

问题探究

☆ 组培苗木与实生苗木在包装运输上有何不同？

☆ 如何做好组培苗木市场开发？

拓展学习

消费心理类型

花卉出口的主要程序和手续

自我测试

一、填空题

1. 组培苗木市场调查的内容主要包括(　　　　)和(　　　　)。

2. 市场调查一般分为(　　　　)、(　　　　)和(　　　　)三个阶段和(　　　　)、(　　　　)、(　　　　)、(　　　　)、(　　　　)、(　　　　)6 个步骤。

3. 一般组培苗木运输要求(　　　　)的温度条件。

4. 组培苗木一般要求(　　　　)包装。

5. 组培苗木运输的管理目标是(　　　　)运输,要求及时、准确、安全和经济。

二、判断题

1. 市场调研中的实验法与自然科学中的实验法是相同的。(　　)

2. 市场调研报告一般由标题、目录、概述、正文、结论与建议等几部分组成。(　　)

3. 采用防水纸箱或包装内衬塑料薄膜,可有效保持运输车内湿度。(　　)

4. 在贮运中产生的乙烯会诱导花苞、叶的脱落,增加花的畸形。(　　)

5. 多数组培企业以穴盘苗或裸根苗销售组培苗。(　　)

三、案例分析题

1. 某高职院校要求学生结合顶岗实习对实习单位进行调查,并写出调查报告。2008 级学生张升在组培企业每天从事 8 小时的接种工作,白天没有时间调查。于是他就电话咨询指导教师。你也帮他出出主意。

2. 大连鸿大公司与荷兰签订一批仙客来组培苗的种苗销售合同。合同规定 3 月 10 日在大连港交苗装船运至荷兰某港口。由于公司设备维修和多日停电,导致这批组培苗到 3 月 9 日晚才培养到期。工人连夜将生根苗出瓶,直接装进塑料袋,每 30 袋一个包装箱(内衬塑料)。请问工人的做法有何不妥?组培苗在运输过程中将会发生怎样的外表和内在的变化?

测试要求:先独立自测后核对答案

温馨提示:自律彰显素养　诚信成就人生

项目 15 自我测试题参考答案

自我总结

结合本项目学习与实践,绘制组培苗木工销售与包装运输的思维导图。

模块6

知识拓展——组培专题

本模块为拓展性学习模块，设计了组培空间规划设计、次生代谢物质生产和体细胞杂交三个技术专题。通过组培空间规划设计专题介绍，了解组培室、组培工厂和家庭组培室的设计原则与总体要求，为今后建设和管理组培空间奠定技术基础；结合紫杉醇生产、狭叶柴胡与胡萝卜体细胞杂交两个案例，概要介绍了次生代谢物质的生产和体细胞杂交技术，旨在让学生了解与植物组织培养及其相关技术领域的研究与应用状况，拓展学生视野，更好地理解和把握植物组织培养技术的技术优势和良好的应用前景。

名人名言

科学要求每个人有极紧张的工作和伟大的热情。

——苏联生理学家、心理学家　巴甫洛夫

专题 1　组培空间规划设计

植物组织培养是一项技术性较强的工作，需在无菌环境下进行。建造组培设施，创造无菌空间环境，所需的一次性投资较大，建成后的运转费用和维护费用也较高。因此，因地制宜地统筹规划与科学设计组培空间，既避免一次性投资成本过高，又能切实满足生产需要，是种苗组培与快繁工作开展前的一项非常重要的工作。

组培室规划设计

组培工厂规划设计

家庭组培室设计

专题 2　次生代谢物质的生产

次生代谢物质的生产技术简介

案例：紫杉醇的生产

专题 3　体细胞杂交技术

体细胞杂交技术简介

案例：狭叶柴胡与胡萝卜体细胞杂交

自我测试

一、填空题

1. 组培室必须满足(　　　　)、(　　　　)、(　　　　)三项基本工作的需要。

2. 一般要求培养室与接种室的面积之比为(　　　　);培养室的有效面积占总面积的(　　　　);一台超净台一般需配备(　　　　)个培养架(1.2 m×0.5 m×5 层)。

3. 组培育苗工厂的选址应远离交通干线(　　　　)m 以外,一般选择建在城市的近郊区,要求地下水位在(　　　　)m 以下,并且要远离污染源。

4. 组培室设计应坚持以下原则:防止(　　　　);按照组培苗生产操作流程和技术工艺要求设计,经济、实用;结构和布局(　　　　),节能、安全;规划设计与(　　　　)、单位实际和当地条件等相适应。

5. 组培室内每组培养架上的光照时间可用(　　　　)控制。

6. 次生代谢物质的生产的主要步骤包括(　　　　)、(　　　　)、(　　　　)等。

7. 在细胞大量培养阶段主要是利用生物反应器为次生代谢产物的生产获得(　　　　)、(　　　　)、(　　　　),并且能大量积累次生代谢产物的细胞。

8. 影响细胞大量培养与次生物质生产的因素有(　　　　)、外植体和愈伤组织生理状态的影响、(　　　　)、(　　　　)、合成前体、诱导剂、抑制剂和目的代谢产物等。

9. 植物体细胞杂交是以(　　　　)为基础,使两种异源的(　　　　),在诱导剂的诱发下相互接触、发生(　　　　)、(　　　　)和(　　　　),形成杂种细胞并进一步发育成杂种植物体。

10. 体细胞杂交过程包括(　　　　)的制备、(　　　　)的诱导、(　　　　)的筛选和培养,以及植株的再生与鉴定等环节。

二、判断题

1. 组培室和组培育苗工厂的设计都必须遵循组培苗生产操作流程。(　　)

2. 从组培空间净化水平上比较,10 万级的净化效果好于万级。(　　)

3. 组培育苗工厂内边角处弧形设计的目的是为了美观。(　　)

4. 为方便消毒,组培室的管线不用暗敷。(　　)

5. 组培育苗工厂采用全彩钢板建造,因此地基不用高出地面以上。(　　)

6. 组培室的选址可以建在山区和离污染源较近的地方。(　　)

7. 配制室的主要功能是洗涤培养器皿、配制培养基。(　　)

8. 市面照明用的 LED 灯管可直接用作组培光源。(　　)

9. 接种室、培养室的装修材料需经得起消毒、清洁,并设置能确保与其洁净度相应的控温、控湿设施。(　　)

10. 在体细胞杂交过程中不涉及性配子,并且可进行人为操作。(　　)

11. 体细胞杂种主要从形态学、同工酶等方面来鉴别。(　　)

12. 对称性融合的亲本原生质体在融合前未进行任何处理(如碘乙酰胺、辐射等)的一种融合方式。(　　)

测试要求：先独立自测后核对答案

温馨提示：自律彰显素养　诚信成就人生

模块 6 自我测试题参考答案

自我总结

结合本专题学习，绘制组培空间规划设计的思维导图。

附　录

附录 1　参考文献

附录 2　组培相关英文缩写符号

附录 3　常见植物组培配方

附录 4　项目考核方案

课程学习反思

请同学们认真思考，学习本门课程后在知识掌握、技能习得、素质养成方面有哪些收获和感悟。

1. 在知识学习方面，我了解了：

2. 在技能操作方面，我掌握了：

3. 在素质养成方面，我具备了：

4. 关于课程学习和组培技术的价值，你的体会、感悟和建议：